重庆市长寿区
暴雨天气分析与预报技术手册

田凤国　主编

气象出版社
China Meteorological Press

内容简介

本书旨在通过分析研究发生在重庆市长寿区的暴雨天气过程，揭示暴雨的规律和成因，提高对暴雨的分析预报能力。书中概述了重庆市长寿区的暴雨天气气候特点和暴雨分析预报思路，重点分析了2011—2017年发生在长寿区的28个暴雨天气的个例，建立了基于本地物理量特征的暴雨预报模型和暴雨落区预报模型。本书为典型的气象基层为精细化预报而努力的成果，是研究型业务的重要抓手，具有很好的示范意义，可供天气预报人员或相关部门的工作人员参考。

图书在版编目（CIP）数据

重庆市长寿区暴雨天气分析与预报技术手册 / 田凤国主编. — 北京：气象出版社，2021.7
ISBN 978-7-5029-7491-6

Ⅰ. ①重… Ⅱ. ①田… Ⅲ. ①暴雨分析－长寿区－技术手册②暴雨预报－长寿区－技术手册 Ⅳ.
①P458.1-62②P457.6-62

中国版本图书馆CIP数据核字(2021)第134317号

Chongqing Shi Changshouqu Baoyu Tianqi Fenxi yu Yubao Jishu Shouce

重庆市长寿区暴雨天气分析与预报技术手册

田凤国　主编

出版发行：	气象出版社		
地　　址：	北京市海淀区中关村南大街46号	邮政编码：	100081
电　　话：	010-68407112（总编室）　010-68408042（发行部）		
网　　址：	http://www.qxcbs.com	E-mail：	qxcbs@cma.gov.cn
责任编辑：	张锐锐　刘瑞婷	终　　审：	吴晓鹏
责任校对：	张硕杰	责任技编：	赵相宁
封面设计：	地大彩印设计中心		
印　　刷：	北京建宏印刷有限公司		
开　　本：	889 mm×1194 mm　1/16	印　　张：	11.5
字　　数：	364千字		
版　　次：	2021年7月第1版	印　　次：	2021年7月第1次印刷
定　　价：	89.00元		

本书如存在文字不清、漏印以及缺页、倒页、脱页等，请与本社发行部联系调换。

主　　编：田凤国

副主编：方　丽

编　委：江　姣　徐元照　李　科　张力宇
　　　　贺开利　左艳萍　胡　晓　黎　明
　　　　徐进明　张守凯　饶德华

前言

重庆市长寿区地处四川盆地东部、重庆中部，全区地势高低起伏，岭谷相间，东有黄草山，西临西山、铜锣山，南有五堡山，四山之间为长垫、洪湖丘陵平坝地区，辖区内有长江、龙溪河、大洪河、御临河等过境。复杂的地形和水域分布同大气环流的相互作用，使得该地区降水有着独特的分布规律和特征，局地小气候多样，暴雨发生、发展的特征与其他区域有一定差异。

暴雨是重庆市长寿区汛期重大自然灾害之一，极易引发城乡内涝、山洪、山体滑坡、泥石流等次生灾害。暴雨，尤其是大暴雨，因其来势猛、强度大、历时短且局地性强，给地方经济和人民生命财产带来极大影响。如2010年"5·6"风雹、2014年"9·13"北部地区特大暴雨、2014年"9·18"区域大暴雨、2017年"9·18"偏北地区大暴雨等都给当地造成重大损失和人员伤亡。

书中基于1959—2017年长寿区暴雨的气候特征，重点分析了2011—2017年发生在长寿区的28个暴雨天气个例，建立了基于本地物理量特征的暴雨预报模型。编写《重庆市长寿区暴雨天气分析与预报技术手册》旨在通过分析研究发生在长寿区的暴雨天气个例，揭示暴雨的规律和成因，提高暴雨预报能力。

编写组
2021年2月

目 录

前言

第1章 重庆市长寿区暴雨气候特征 … 1

1.1 长寿区降雨量、降雨日数分析 … 1
1.2 暴雨及短时强降水的时间变化特征 … 3
1.3 暴雨及短时强降水空间分布特征 … 6
1.4 长寿区短历时最大降雨量（降雨强度）空间分布特征 … 7
1.5 小结 … 8

第2章 重庆市长寿区暴雨个例选择标准及说明 … 9

2.1 长寿区暴雨个例选择标准 … 9
2.2 长寿区暴雨个例分析内容 … 9
2.3 长寿区暴雨个例资料来源 … 9

第3章 重庆市长寿区暴雨个例分析 … 12

3.1 2011—2017年区域暴雨分析 … 12
3.2 2011—2017年区域暴雨个例分析 … 13
3.3 小结 … 158

第4章 重庆市长寿区暴雨的预报思路 … 159

4.1 长寿区暴雨的影响系统 … 159
4.2 长寿区暴雨的分型 … 159
4.3 小结 … 159

第5章 重庆市长寿区暴雨预报模型建立及检验 … 160

5.1 暴雨与物理量的相关性分析 … 160

5.2　分季节暴雨物理量指标 ……………………………………………………… 161
5.3　暴雨及落区预报模型建立 ……………………………………………………… 161
5.4　暴雨及落区预报模型个例检验 ………………………………………………… 165
5.5　小结 ……………………………………………………………………………… 175

参考文献 ……………………………………………………………………………… **176**

第 1 章　重庆市长寿区暴雨气候特征

重庆市长寿区总体气候特点可以概括为：冬暖春早，夏热秋凉，四季分明，初夏多雨，盛夏炎热多伏旱，秋季多阴雨，无霜期长；空气湿润，降水丰沛；太阳辐射弱，日照时间短；多云雾，少霜雪；气候资源丰富。

1959—2017 年，长寿区降雨量年际变化经历了两个相对枯水期和一个持续近 40 年的相对丰水期；降雨主要集中在 4—10 月，季节变化表现为春末夏初降雨充沛，盛夏初秋相对丰富，冬季明显偏少；降雨日数表现为"先稳定增多后急剧减少再急剧增多"的变化特征；全年多夜雨，且主要出现在春季、初夏和初秋。暴雨日数年际变化呈现出微弱的增加趋势，增幅不显著；3—10 月均会出现暴雨天气，但多集中在 5—9 月，尤以 6 月暴雨日数最多；年降雨量空间分布差异较大，在 900～1300 mm，中部地区降雨量较大，其余地区相对较少；日最大降雨量由北向南逐渐减少；2011—2017 年累积暴雨日数在 13～23 d，大值区集中在中东部及西南部，其中新市街道、双龙镇暴雨日数最多，年均暴雨日数为 3.3 d；大暴雨日数分布与暴雨分布特征相似，出现大暴雨概率较小；短时强降水极值由南向北逐渐增大；短历时（10 min、30 min、60 min 和 120 min）最大降雨量空间分布特征基本一致，降水极值由西北、东北向东南逐渐减小，尤以明月山一线最大。

1.1　长寿区降雨量、降雨日数分析

降雨量、降雨日数所用资料为长寿国家基本气象站 1959—2017 年逐日降雨量数据。夜雨日数所用资料为长寿国家基本气象站 1981—2017 年逐日降雨量数据。

降雨日数定义：24 h（20—20 时）降雨量 ≥ 0.1 mm 定义为一个降雨日。

夜雨日数定义：12 h（20—08 时）降雨量 ≥ 0.1 mm 定义为一个夜雨日。

1.1.1　长寿区降雨量的时间变化特征

由图 1.1 可看出，近 60 年来，长寿区年降雨量为 800～1600 mm，年均降雨量为 1146.9 mm。降雨

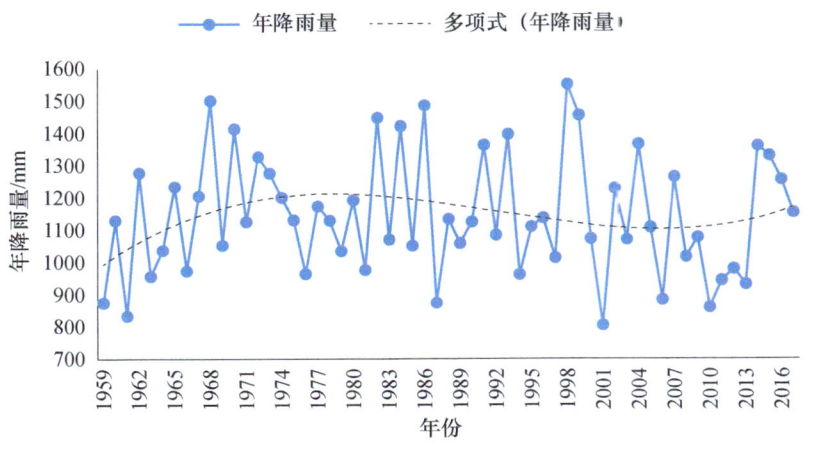

图 1.1　1959—2017 年长寿区降雨量变化

量整体上阶段性变化特征明显，从1959年开始，年均降雨量有逐渐增加的趋势，但增幅不明显；1986年以后降雨量有逐渐减少的趋势，直到2011年才逐渐增加，此时增幅较为显著。近60年来，长寿区经历了两个相对枯水期和一个持续近40年的相对丰水期。

由图1.2可知，长寿区年均降雨量的季节变化表现为春末夏初降雨充沛，盛夏初秋相对丰富，冬季明显偏少。从全年来看，降雨主要集中在4—10月，6月达最大为189.2 mm，1月最少为19.7 mm。

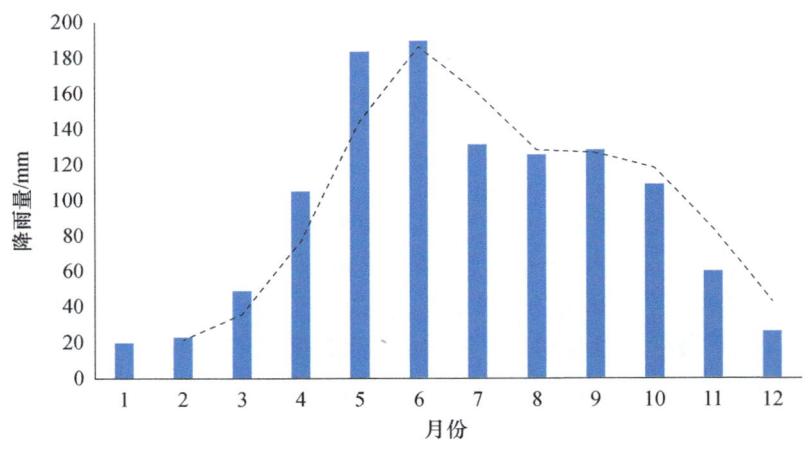

图1.2　1959—2017年长寿区降雨量月变化

1.1.2　长寿区雨日分析

长寿区年降雨日数为130～200 d，年均降雨日数153.2 d，2014年最多达199 d，1960年最少为131 d（图1.3）。降雨日数总体上表现为先持续稳定增多后快速减少又急剧增加的特征，1959—1996年，降雨日数变化较为平稳，增幅不显著；1998—2012年骤然减少，到2013年开始进入降雨日数明显增加的阶段。降雨日数的年代际变化规律与年均降雨量的变化规律吻合。

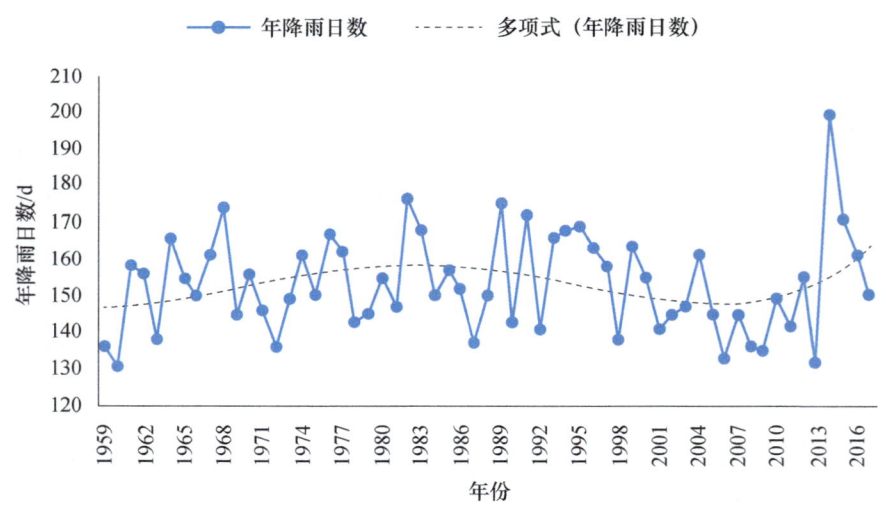

图1.3　1959—2017年长寿区降雨日数变化

长寿区夜雨日数月变化呈"双峰型"分布（图1.4），4—6月、10月多夜雨，夜雨日数均超过15 d，10月夜雨日数最多。全年各月夜雨日数占降雨日数的百分比较高，均在75%以上，其中3月、4月及10月夜雨日数占降雨日数的百分比分别为86%、88%、86%。从季节分布来看，长寿区夜雨主要出现在春季、初夏和初秋。

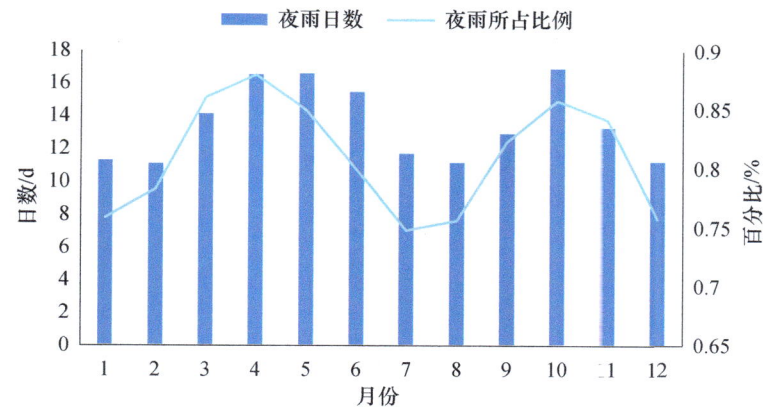

图 1.4　1981—2017 年长寿区夜雨日数、夜雨日数占降雨日数百分比变化

1.2　暴雨及短时强降水的时间变化特征

暴雨时间分布所用资料为长寿国家基本气象站 1959—2017 年逐日降雨量数据，短时强降水时间分布所用资料为长寿国家基本气象站 1991—2017 年逐日逐时降雨量数据。

暴雨日定义：24 h（20—20 时）降雨量 ≥ 50 mm 定义为一个暴雨日。

短时强降水定义：小时降雨量 ≥ 20 mm。

1.2.1　暴雨变化特征

1.2.1.1　暴雨日数年际、年代际变化特征

由图 1.5 可知，1959—2017 年长寿年暴雨日数呈现微弱的增加趋势，增幅不显著。从四阶多项式拟合可知，20 世纪 60—80 年代中期暴雨日数表现出增加趋势，80 年代中后期到 21 世纪初为减少趋势，之后到 2009 年维持平稳态势，2010—2017 年呈明显增加趋势。年暴雨日数最多出现在 1986 年，为 10 d；最少出现在 2001 年，当年无暴雨日数。年均暴雨日数为 2.8 d，在重庆市境内长寿区为暴雨相对少发区。

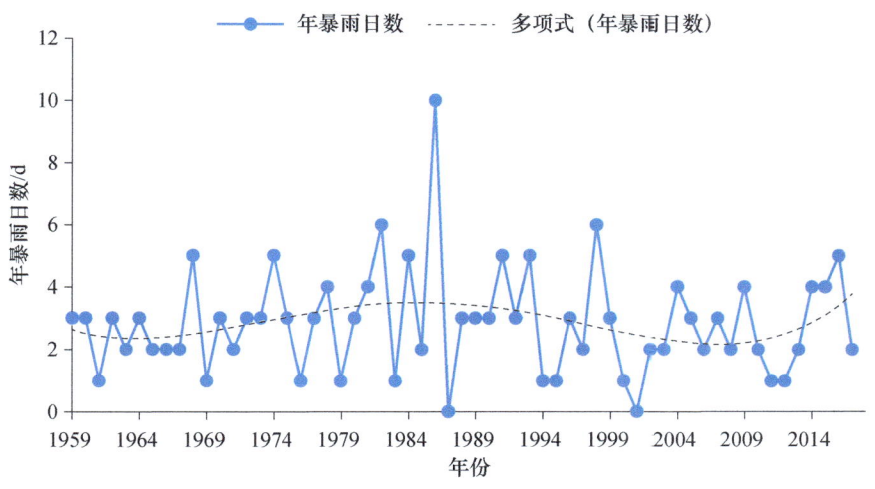

图 1.5　1959—2017 年长寿区暴雨日数变化

1.2.1.2　暴雨日数月、季分布

由图 1.6 可知，1959—2017 年 3—10 月长寿区均可能出现暴雨天气，但暴雨集中在 5—9 月，其中

6月累计出现暴雨日数最多,为43 d;7月次之,为36 d;5月和8月分别有28 d和32 d。从季节分布来看,夏季出现最多,累计为111 d;春季次之,为34 d;秋季较少,冬季无暴雨出现。

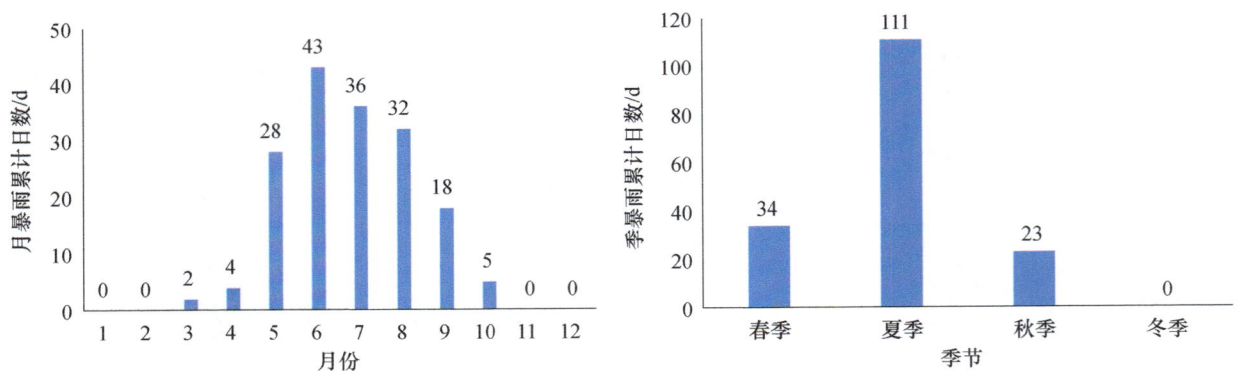

图1.6　1959—2017年长寿区暴雨累计日数月、季节分布

1.2.2　短时强降水变化特征

1.2.2.1　短时强降水日数年际、年代际变化

在盆地复杂的气候条件下,长寿区多局地短时强降水天气,极易引发洪涝,造成河水猛涨、淹没农田、冲毁道路及人员伤亡等,因此,分析短时强降水的变化特征意义重大。分析图1.7可知,近30年来,长寿区短时强降水年平均日数为3.5 d。短时强降水日数最多的年份有1995、1998、2004和2016年,均为7 d;1992年未出现短时强降水。由四阶多项式拟合得知,20世纪90年代初到21世纪初短时强降水日数呈现明显上升趋势,之后到2013年明显下降,此后又呈上升趋势。

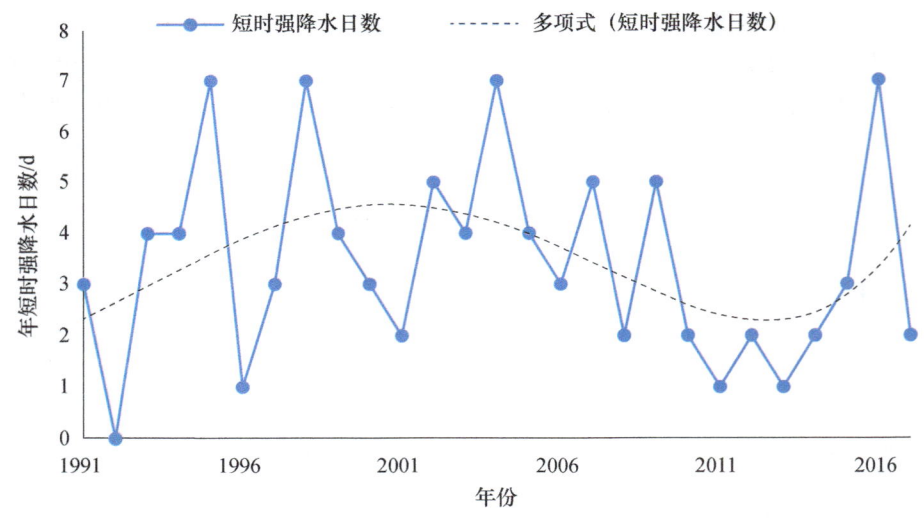

图1.7　1991—2017年长寿区年短时强降水日数变化

1.2.2.2　短时强降水日数月、季分布

由图1.8可知,短时强降水多出现在5—8月,但与暴雨日数不同的是,短时强降水出现日数最多的月份为7月,1991—2017年累计达25 d;其次是8月,为22 d;6月有17 d;干季出现的概率极小。与暴雨日数季节分布相似:夏季出现最多,高达64 d,主要是因为夏季午后受到较强的太阳辐射,下垫面升温快,热力条件好,如果再配以较好的动力抬升条件,易引发局地热对流,产生短时强降水;春季和秋季短时强降水日数较少,分别为16 d和13 d;冬季无短时强降水发生。

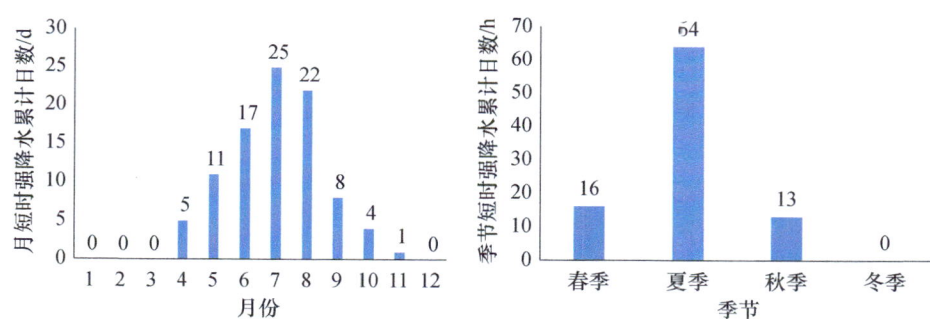

图1.8　1991—2017年长寿区短时强降水累计日数月、季节分布

1.2.2.3　短时强降水时数年际变化及强降水时数日分布

由图1.9可知，1991—2017年长寿区年短时强降水累计小时数整体呈微弱增加的趋势。多年短时强降水时数平均为3.9 h；短时强降水时数最多的年份为1998年和2004年，均为8 h。短时强降水日中出现短时强降水时数平均为1.3 h，最多为3 h（2014年8月11日03—05时）。

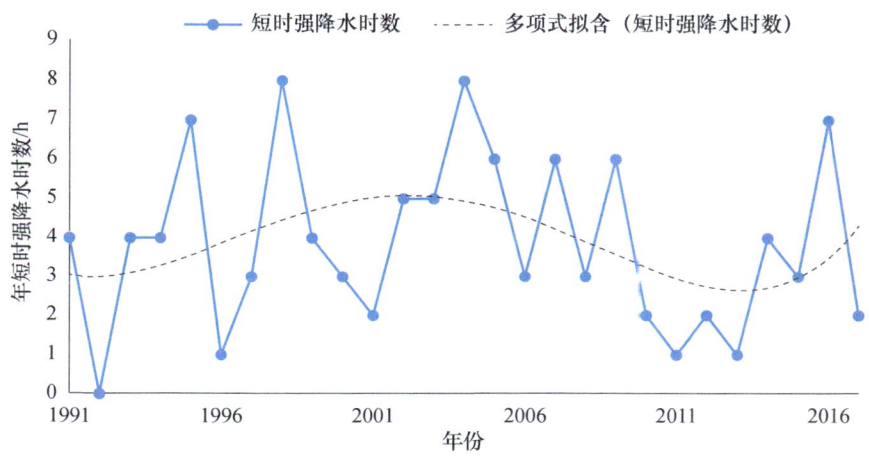

图1.9　1991—2017年长寿区年短时强降水时数变化

由图1.10可知，短时强降水较为集中出现时段在02：00—09：00和17：00—19：00，尤以02：00—05：00最为集中。04：00—05：00为短时强降水出现时数峰值，累计出现了10次。中午和前半夜短时强降水出现次数较少。这与长寿独特的地形特征及西南涡的活动有关。由于长寿地处四川盆地东部，强降水受西南涡影响明显，而西南涡夜间出现的降水较白天强，因此导致短时强降水天气主要集中在凌晨。

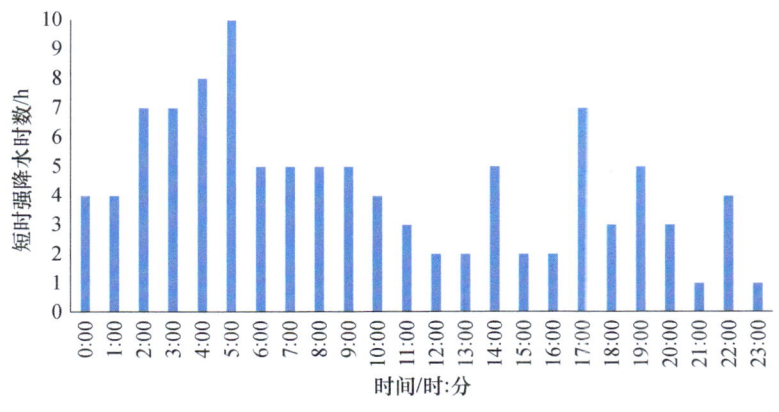

图1.10　1991—2017年长寿区短时强降水时数日分布

1.3 暴雨及短时强降水空间分布特征

空间分布所用资料为 2011—2017 年长寿国家基本气象站和 21 个区域站点降雨量数据，利用克里金插值法进行格点数据处理。

短历时最大降雨量所用资料为 2013—2015 年长寿国家基本气象站和 21 个区域站点逐年历时短雨量最大的前 8 次过程雨量。

1.3.1 年降水量空间分布

从图 1.11 可以看出，近年来长寿区年降雨量空间分布差异较大，为 900～1300 mm，中部地区降雨较多，其余地区相对较少。新市年降雨量最多，达 1248 mm；洪湖、长寿湖、葛兰、凤城、双龙、天台、沙石等地年降雨量在 1100 mm 以上；而云台、江南、但渡、龙河、飞龙、晏家、华中等地不足 1000 mm，其中但渡最少，仅 921 mm。2017 年年平均降雨量最多，为 1241 mm；2016 年最少，仅 932 mm。

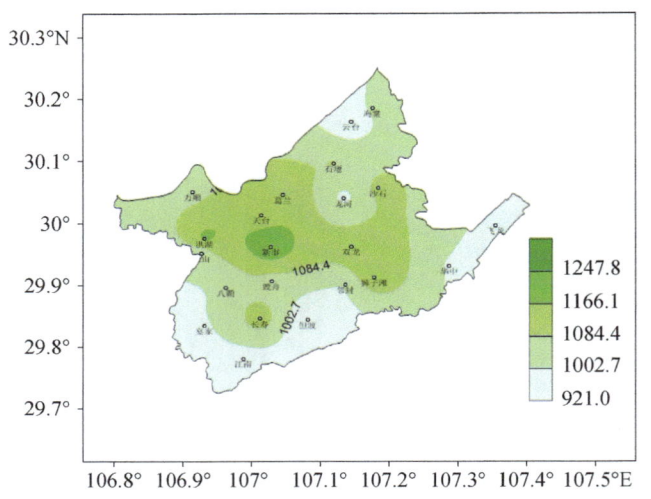

图 1.11　2011—2017 年长寿区年均降雨量的空间分布（单位：mm）

1.3.2 日最大降雨量空间分布

由图 1.12 得知，长寿区日最大降雨量由北向南逐渐减少，大值区位于石堰、天台一带和万顺境内，最大日降雨量均超过 200 mm，其中石堰镇最大，为 246.1 mm；江南街道最小，为 107.8 mm。

1.3.3 暴雨日数及短时强降水极值空间分布

从图 1.13 可知，2011—2017 年长寿区累计暴雨日数为 13～23 d，大值区集中在中东部及西南部，其中新市、双龙暴雨日数最多（23 d），年均暴雨日为 3.3 d。暴雨出现较少的区域暴雨日数小于 15 d。从年际变化来看，2015 年出现暴雨日数最多，各地平均 3.6 d；2013 年和 2017 年次之，均为 3 d；2014 年和 2012 年暴雨日数相对较少，分别为 2.6 d 和 2.3 d；2011 年和 2016 年显著偏少，不足 2 d。长寿区大暴雨日数与暴雨日数分布类似，但总的来说，出现大暴雨的概率较小，7 年仅 2014 年和 2017 年出现大暴雨，对应这两年的灾情较其他年偏重，其中 2014 年在中部及偏北区域出现特大暴雨。

从 2011—2017 年短时强降水极值分布（图 1.14）可以看出，长寿区短时强降水极值由南向北逐渐增大。凤城、洪湖、八颗、但渡、邻封、渡舟、晏家等地短时强降水极值小于 40 mm/h，其余地区短时强降水极值普遍在 45～65 mm/h，葛兰镇天台村短时强降水极值最大，达 94.7 mm/h（2014 年）。

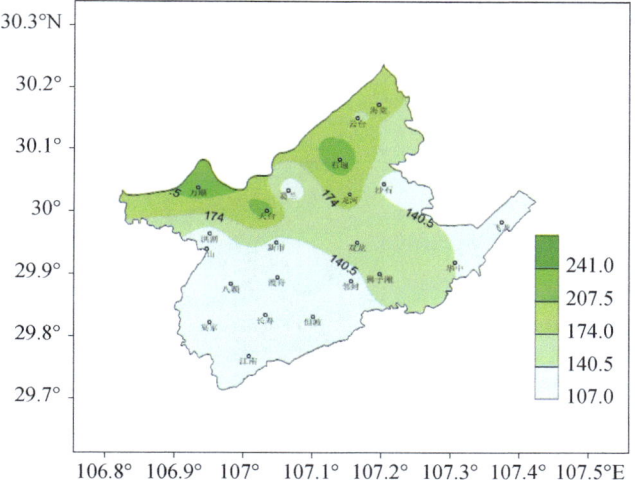
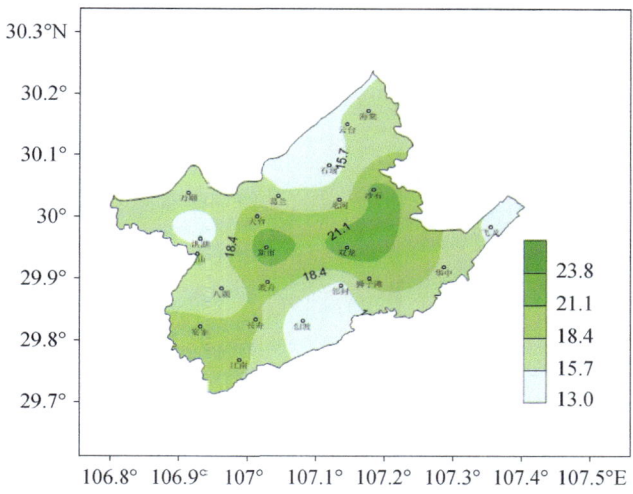

图1.12　2011—2017年长寿区日最大降雨量分布
（单位：mm）

图1.13　2011—2017年长寿区累计暴雨日数的
空间分布（单位：d）

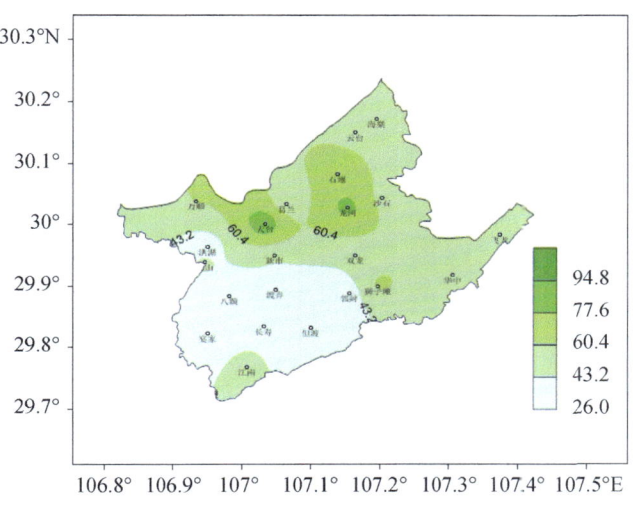

图1.14　2011—2017年长寿区短时强降水极值分布（单位：mm/h）

1.4　长寿区短历时最大降雨量（降雨强度）空间分布特征

利用2013—2015年长寿国家基本气象站和21个区域站点逐年历时短雨量最大的前8场雨量资料，按"年多个样法"原则建立统计样本，即不论年次将各历时资料样本按从大到小顺序进行排序，绘制10 min、30 min、60 min和120 min的最大降雨量分布图（图1.15）。

从图1.15可以看出，各历时的最大降雨量分布趋势基本一致，短时强降水极值分布为由北向南减弱的趋势，明月山地区（从西山、万顺往东北方向延伸到石堰）最大。其中，10 min降水极值西山最大达59.6 mm；葛兰次之，为35.0 mm，其余云台、新市、海棠、但渡、龙河、天台以及长寿本站的10 min降水极值均在20 mm以上。天台、西山、龙河30 min累计降水达暴雨量级。60 min短时强降水范围以天台（97.7 mm）、西山（86.2 mm）、万顺（83.3 mm）、龙河（84.9 mm）为中心扩大，1 h暴雨区覆盖了天台、西山、万顺、石堰、龙河、海棠、双龙、长寿湖等站点。120 min降水极值分布特征与60 min降水极值分布特征相似，降水强度显著增强。通过统计分析得出，2014年"9·13"北部区域特大暴雨过程中，西山、天台、龙河沿线的街镇出现了短时强降水，与 10 min、30 min、60 min 和 120 min 的最大降水量分布情况相差不大。此次暴雨过程也是 2013—2015 年最强的一次暴雨过程，有 5 个站点 24 h 累计降水达特大暴雨，15 个站点 24 h 累计降水达大暴雨。

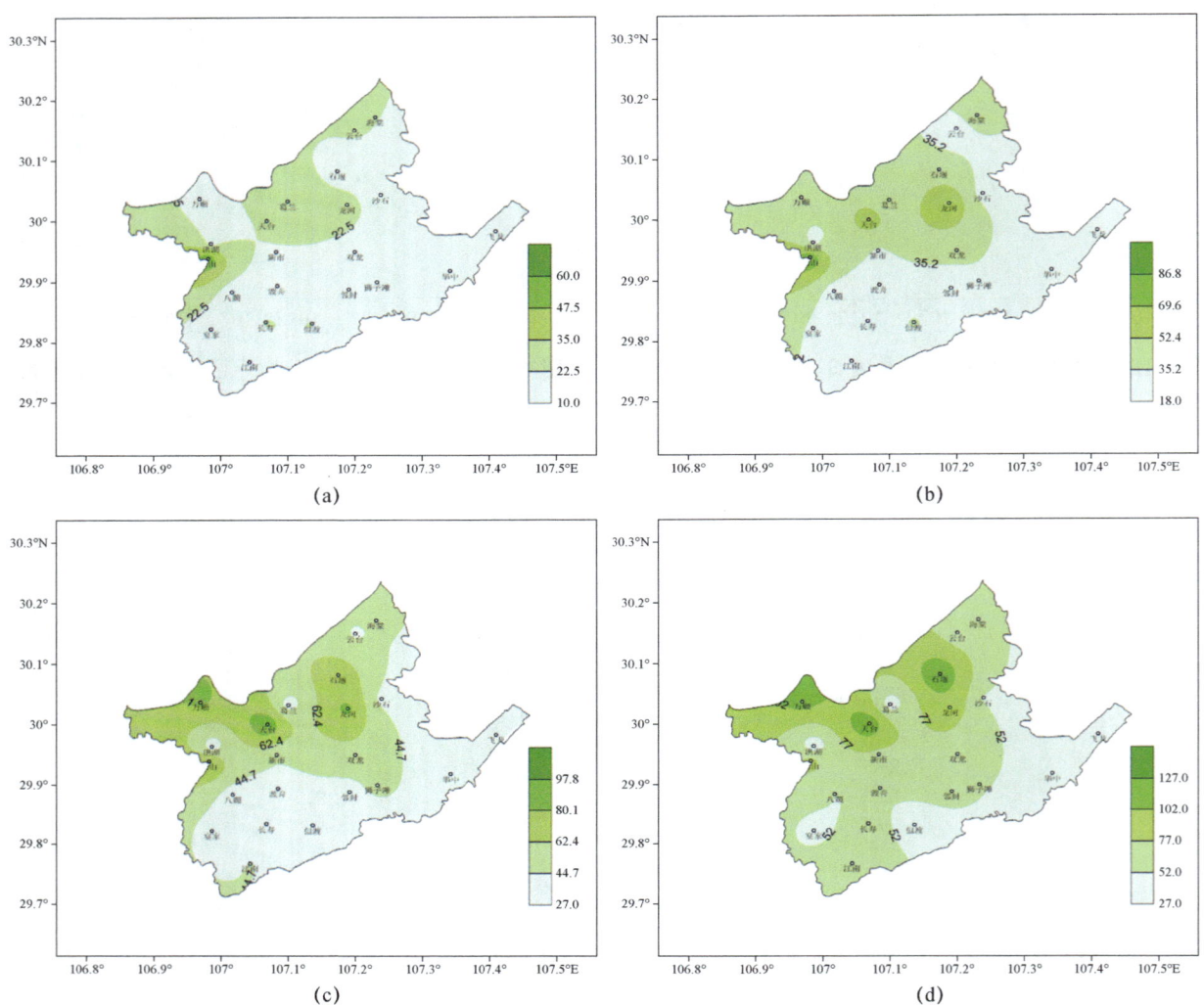

图 1.15　2013—2015 年长寿区历时 10min（a）、30min（b）、60min（c）、120min（d）最大降雨量分布（单位：mm）

1.5　小结

（1）近 60 年来，长寿暴雨日数阶段性变化特征显著，20 世纪 90 年代为暴雨的高发期，总体上年际变化表现为"中间多两头少"的特征。

（2）近年来，长寿暴雨和短时强降水集中出现在 5—9 月，暴雨日数 6 月最多，短时强降水 7 月最多。短时强降水出现时段较为集中，主要出现在 02—05 时。

（3）近年来，长寿年降雨量空间分布差异较大，大值区主要在中部。日最大降雨量空间上由北向南逐渐减少。暴雨日数大值区主要集中在中东部及西南部，其中新市、双龙暴雨日数最多。短时强降水极值由南向北逐渐增大，其大值区主要分布在葛兰、石堰等地，1 h 降雨量极大值超过 90 mm。

第 2 章 重庆市长寿区暴雨个例选择标准及说明

2.1 长寿区暴雨个例选择标准

根据《关于调整短期重要天气预报中暴雨预报考核各区县雨量站数及其参考基数的通知》(渝气办发〔2011〕82号）文件，长寿暴雨预报考核以辖区内22个雨量站（1个国家基本气象站和21个区域气象站）中任意5个站在4个任意24 h时间段（02—次日02时、08—次日08时、14—次日14时、20—次日20时）出现暴雨为准。暴雨等级定义为：

暴雨：24 h降雨量50.0～99.9 mm；
大暴雨：24 h降雨量100.0～249.9 mm；
特大暴雨：24 h降雨量＞250.0 mm；
共筛选出符合要求个例28例，具体见表2.1。

2.2 长寿区暴雨个例分析内容

（1）暴雨时段：记录暴雨开始时间和结束时间。
为便于计算连续性暴雨的开始和结束期，特定义如下：
开始期：暴雨主要降水时段之前24 h出现大雨的站少于2个；
结束期：暴雨主要降水时段之后24 h出现大雨的站少于2个。
（2）雨情描述：描述暴雨主要降水时段内逐24 h（20—次日20时或08—次日08时）雨量、暴雨过程总雨量。
（3）灾情描述：总括暴雨过程的主要灾害情况。
（4）天气形势分析：概括分析天气形势。
（5）天气分析图：包括主要时段高低空天气图、探空图。
（6）卫星云图：主要影响时段卫星云图。
（7）雷达回波：主要时段雷达回波图及分析。
（8）物理量指标：暴雨过程初期、发展、减弱结束3个时期的水汽、动力、热力和不稳定能量条件物理量指标。

2.3 长寿区暴雨个例资料来源

（1）雨量资料来源于重庆市气象信息与技术保障中心。
（2）灾情资料来源于重庆市长寿区民政局。
（3）常规天气图资料来源于国家气象信息中心的报文资料。时间为2011年1月—2017年12月。
（4）卫星云图资料来源于国家气象信息中心。
（5）雷达回波为重庆本地保留的资料，时间为2013年1月—2017年12月。
（6）物理量数据来源于国家气象信息中心的报文资料，南北径向风资料来源于2011年1月—2017年12月ECMWF（欧洲中期天气预报中心）的再分析资料。

表 2.1 长寿区暴雨个例降水概况

个例序号	暴雨个例名"年.月.日"	暴雨开始时间 年.月.日.时	暴雨结束时间 年.月.日.时	逐日暴雨站数（日期（暴雨及以上站数））	暴雨主要降水时段					
					年.月.日	暴雨及以上站次	大暴雨及以上站次	特大暴雨站次	1 h 最大降雨量（mm）	24 h 最大降雨量（mm）
1	"2011.5.21" 暴雨	2011.5.21.02	2011.5.21.20	21（18）	2011.5.21	18	1	0	15.2（洪湖）	102.4（万顺）
2	"2011.10.1" 暴雨	2011.10.1.08	2011.10.2.08	1（9）	2011.10.1	9	1	0	18.3（洪湖）	102.0（洪湖）
3	"2012.5.11" 暴雨	2012.5.11.08	2012.5.12.08	11（13）	2012.5.11	13	1	0	55.9（双龙）	106.3（天台）
4	"2012.5.29" 暴雨	2012.5.29.02	2012.5.29.14	29（6）	2012.5.29	6	1	0	49.5（云台）	179.5（天台）
5	"2012.9.1" 暴雨	2012.9.1.14	2012.9.2.02	1（17）	2012.9.1	17	3	0	46.0（天台）	125.1（石堰）
6	"2012.9.11" 暴雨	2012.9.11.08	2012.9.12.08	11（20）	2012.9.11	20	3	0	20.1（新市）	138.1（海棠）
7	"2013.5.14" 暴雨	2013.5.14.02	2013.5.14.14	14（7）	2013.5.14	7	0	0	28.2（西山）	78.8（万顺）
8	"2013.5.25" 暴雨	2013.5.24.14	2013.5.25.20	25（13）/26（0）	2013.5.25	13	0	0	15.6（邻封）	72.8（长寿湖）
9	"2013.5.29" 暴雨	2013.5.28.20	2013.5.29.08	29（8）	2013.5.29	8	0	0	40.5（云台）	86.2（云台）
10	"2013.6.9" 暴雨	2013.6.8.14	2013.6.9.20	9（14）/10（0）	2013.6.9	14	0	0	13.0（云台）	103.9（云台）
11	"2013.9.2" 暴雨	2013.9.2.02	2013.9.2.14	2（14）	2013.9.2	14,	0	0	15.0（新市）	69.3（西山）
12	"2014.3.20" 暴雨	2014.3.19.20	2014.3.20.08	20（10）	2014.3.20	10	0	0	26.9（西山）	80.8（西山）
13	"2014.9.13" 暴雨	2014.9.12.20	2014.9.13.14	13（5）	2014.9.13	5	4	1	88.7（天台）	252.5（石堰）
14	"2014.9.18" 暴雨	2014.9.17.20	2014.9.18.20	18（21）	2014.9.18	21	15	0	13.8（华中）	144.3（长寿湖）
15	"2015.6.1" 暴雨	2015.6.1.02	2015.6.1.14	1（11）	2015.6.1	11	0	0	33.9（邻封）	88.3（长寿）
16	"2015.6.17" 暴雨	2015.6.16.20	2015.6.17.08	17（13）	2015.6.17	13	0	0	26.6（新市）	87.3（新市）
17	"2015.7.22" 暴雨	2015.7.22.02	2015.7.22.08	22（10）	2015.7.22	10	0	0	23.6（渡舟）	72.7（长寿）

续表

个例序号	暴雨个例名"年.月.日"	暴雨开始时间 年.月.日.时	暴雨结束时间 年.月.日.时	逐日暴雨站数（日期（暴雨及以上站数））	年.月.日	暴雨主要降水时段			1 h最大降雨量（mm）	24 h最大降雨量（mm）
						暴雨及以上站次	大暴雨及以上站次	特大暴雨站次		
18	"2015.8.17"暴雨	2015.8.17.08	2015.8.18.08	17（20）	2015.8.17	20	1	0	18.4（万顺）	101.1（秤砣）
19	"2015.9.5"暴雨	2015.9.4.20	2015.9.5.14	5（8）	2015.9.5	8	0	0	59.7（龙河）	83.1（龙河）
20	"2015.9.11"暴雨	2015.9.11.02	2015.9.11.20	11（16）	2015.9.11	16	0	0	35.1（海棠）	98.8（海棠）
21	"2016.5.7"暴雨	2016.5.6.20	2016.5.7.08	7（5）	2016.5.7	5	0	0	61.2（葛兰）	81.2（葛兰）
22	"2016.6.30"暴雨	2016.6.30.08	2016.6.30.20	30（5）	2016.6.30	7	0	0	20.6（秤砣）	88.6（万顺）
23	"2016.7.19"暴雨	2016.7.19.02	2016.7.19.14	19（5）	2016.7.19	5	1	0	39.4（长寿）	64.4（长寿）
24	"2017.5.22"暴雨	2017.5.21.02	2017.5.22.14	21（1）/22（11）	2017.5.22	12	1	0	23.3（晏家）	129.3（渡舟）
25	"2017.8.8"暴雨	2017.8.8.02	2017.8.8.14	8（9）	2017.8.8	9	1	0	63.8（长寿湖）	107.3（龙河）
26	"2017.9.2"暴雨	2017.9.1.20	2017.9.2.14	2（22）	2017.9.2	22	14	0	28.6（沙石）	128.0（沙石）
27	"2017.9.10"暴雨	2017.9.9.08	2017.9.10.08	9（22）	2017.9.10	22	7	0	38.9（长寿湖）	112.3（天台）
28	"2017.9.18"暴雨	2017.9.18.02	2017.9.19.08	18（7）/19（0）	2017.9.18	7	3	0	55.3（云台）	182.7（海棠）

第3章 重庆市长寿区暴雨个例分析

3.1 2011—2017年区域暴雨分析

3.1.1 暴雨过程中各站点暴雨、大暴雨频次

分析28个区域暴雨过程中22个站点暴雨频次,中部地区的天台、新市出现暴雨的频次最高,达22次;西山、渡舟次之,为21次;暴雨频次由中部向四周逐渐递减;东南部地区较少。与暴雨发生频次不同,大暴雨频次最高的区域为东北部的云台、石堰、天台,其余地区为2～5次,南部地区的江南街道出现大暴雨最少,仅1次(图3.1、表3.1)。

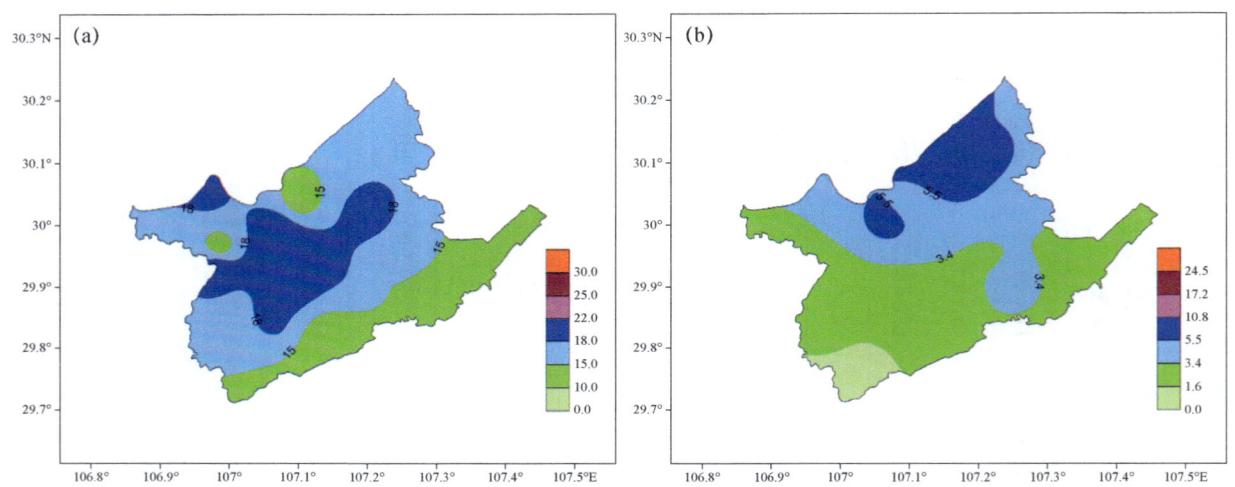

图3.1 长寿各区域站出现暴雨(a)、大暴雨(b)频次图(单位:次)

表3.1 长寿各区域站出现暴雨、大暴雨频次

站名	暴雨频次	大暴雨频次	出现暴雨及以上的比例(%)	站名	暴雨频次	大暴雨频次	出现暴雨及以上的比例(%)
万顺	19	4	67.9	双龙	17	3	60.7
西山	21	2	75.0	邻封	17	3	60.7
洪湖	12	3	42.9	华中	14	3	50.0
海棠	17	5	60.7	长寿湖	15	4	53.6
龙河	20	5	71.4	江南	15	1	53.6
天台	22	7	78.6	长寿	19	2	67.9
新市	22	4	78.6	但渡	12	3	42.9
沙石	18	4	81.8	飞龙	11	3	39.3
云台	17	8	60.7	宴家	16	2	57.1
渡舟	21	2	75.0	葛兰	12	4	42.9
八颗	17	2	60.7	石堰	17	8	60.7

3.2 2011—2017年区域暴雨个例分析

个例1　2011年5月21日暴雨

1. 暴雨时段

2011年5月21日02时—20时。

2. 雨情描述

2011年5月20日后半夜至21日白天，长寿出现了一次区域性暴雨天气过程（图3.2），全区普降暴雨，南部和北部部分地区大雨。万顺镇降雨量最大为87.9 mm，最大小时降雨强15.2 mm（洪湖，5月21日09时）。

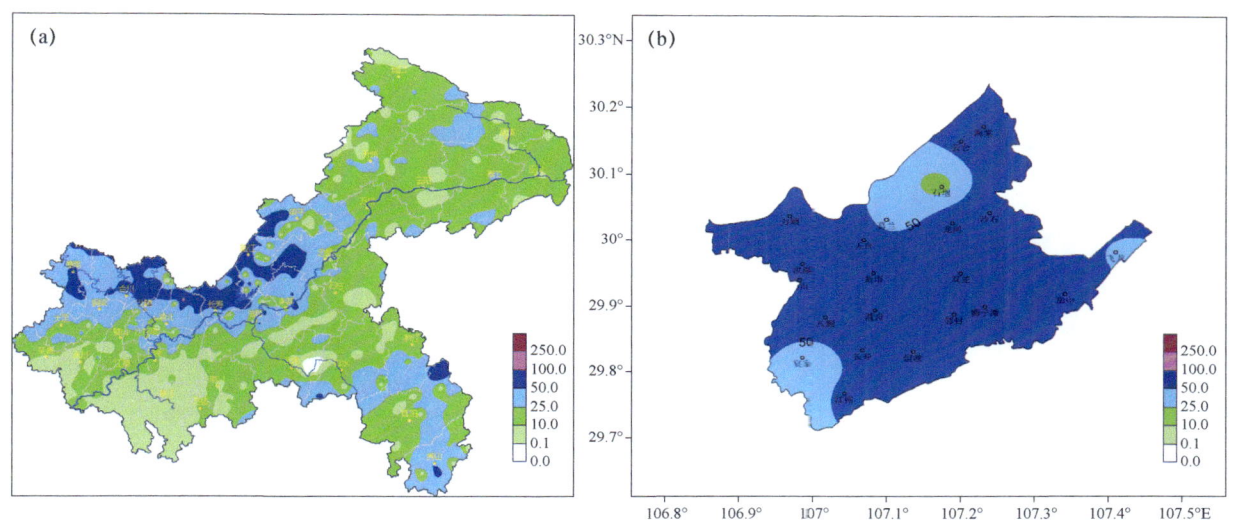

图3.2　2011年5月20日20时—21日20时重庆市（a）和长寿区（b）降雨量分布图（单位：mm）

3. 灾情描述

此次过程无灾情。

4. 形势分析

影响系统：高原槽、西南涡、切变线、冷锋。

20日20时，500 hPa为"两槽一脊"环流型，我国东北到华北有一低槽，槽后偏北气流引导冷空气南下，青藏高原上空有低槽东移，槽前正涡度平流有利于低层低压系统的生成发展。中低层四川盆地西部西南涡已生成并东移发展加强。

21日08时，随着西南涡的东移，700 hPa和850 hPa西南涡东侧的切变线位于长寿附近，产生明显的上升运动。

20日20时—21日08时，地面有冷锋从盆地北侧侵入。

5. 天气分析图

不同层面天气图、探空图分别在图3.3、图3.4中给出。

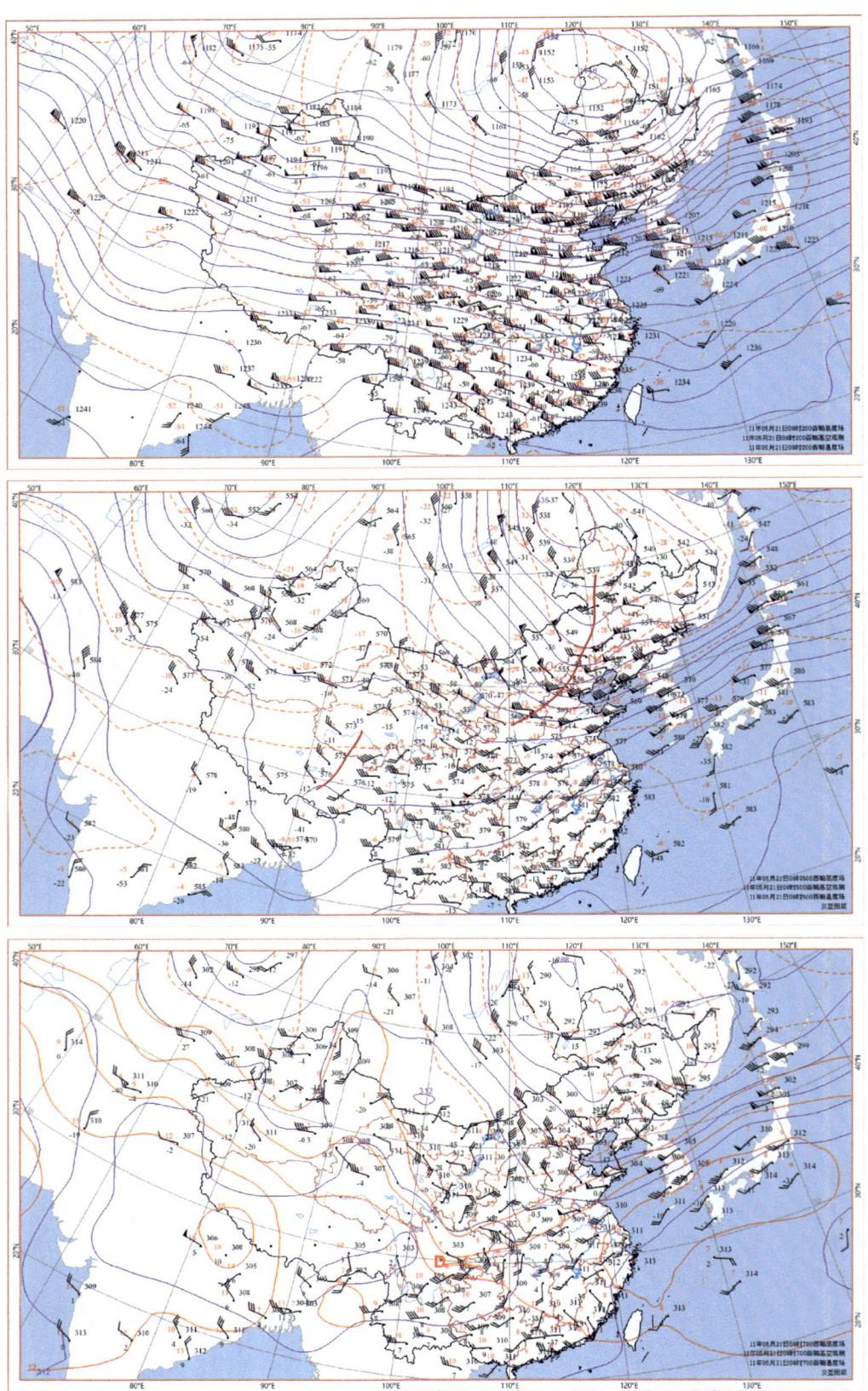

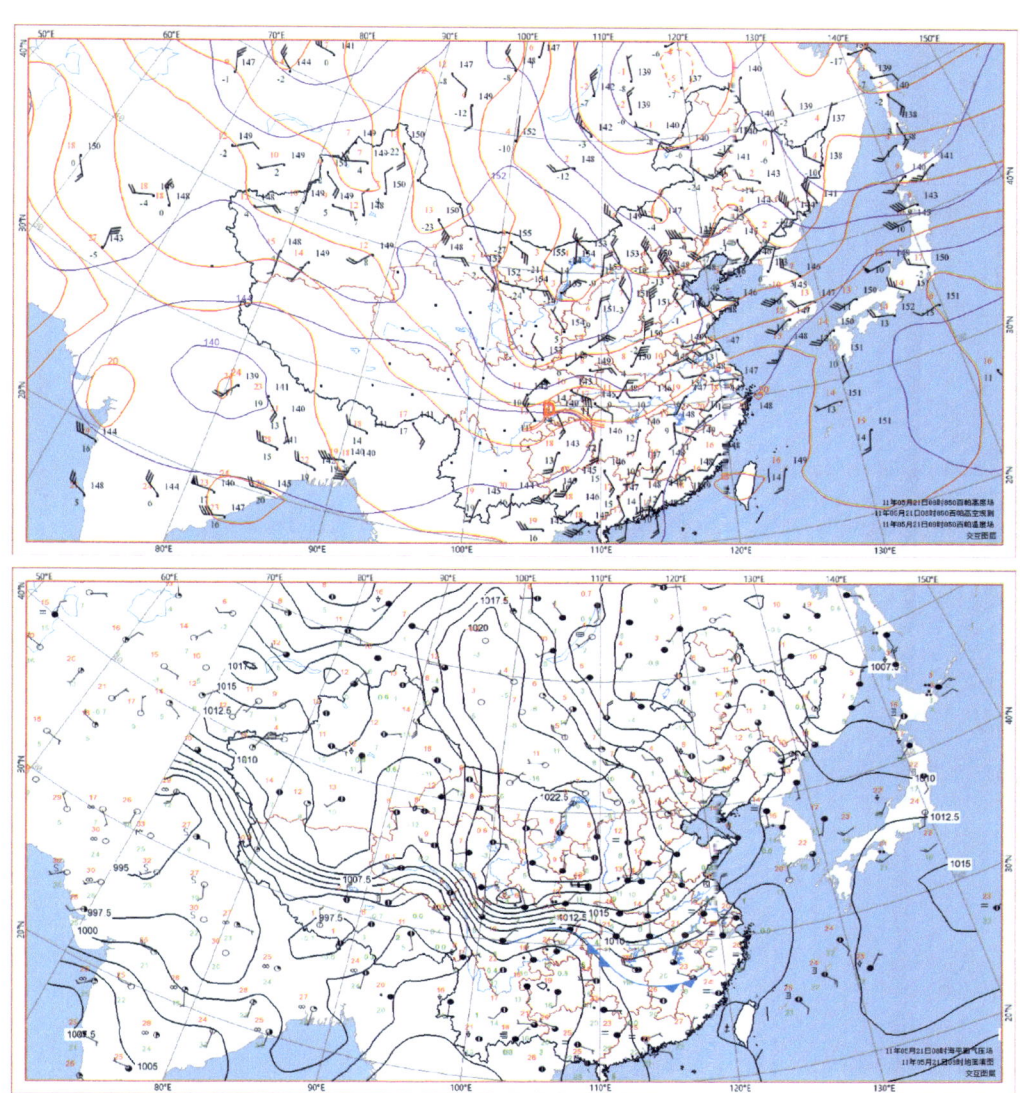

图 3.3　2011 年 5 月 21 日 08 时 200 hPa、500 hPa、700 hPa、850 hPa、地面天气图

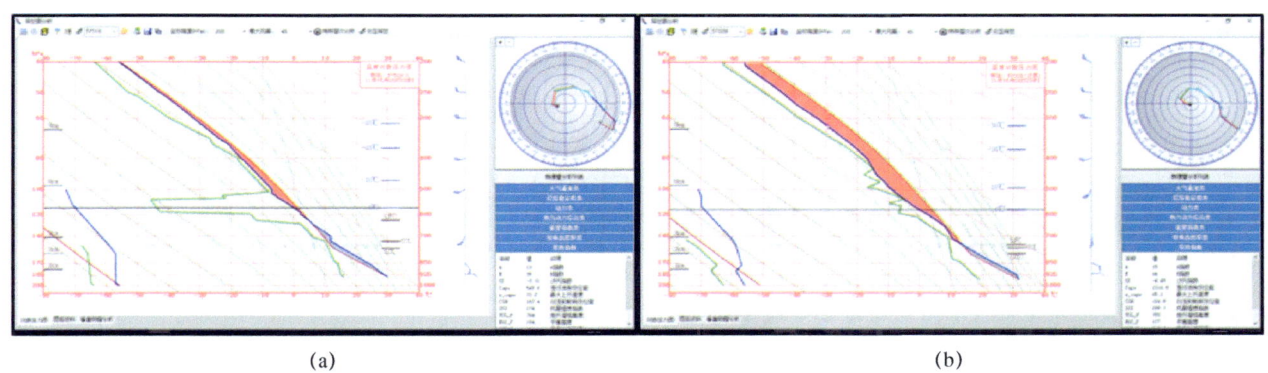

(a)　　　　　　　　　　　　　　　(b)

图 3.4　2011 年 5 月 20 日 20 时沙坪坝（a）、达州（b）探空图

6. 卫星云图

红外云图见图 3.5。

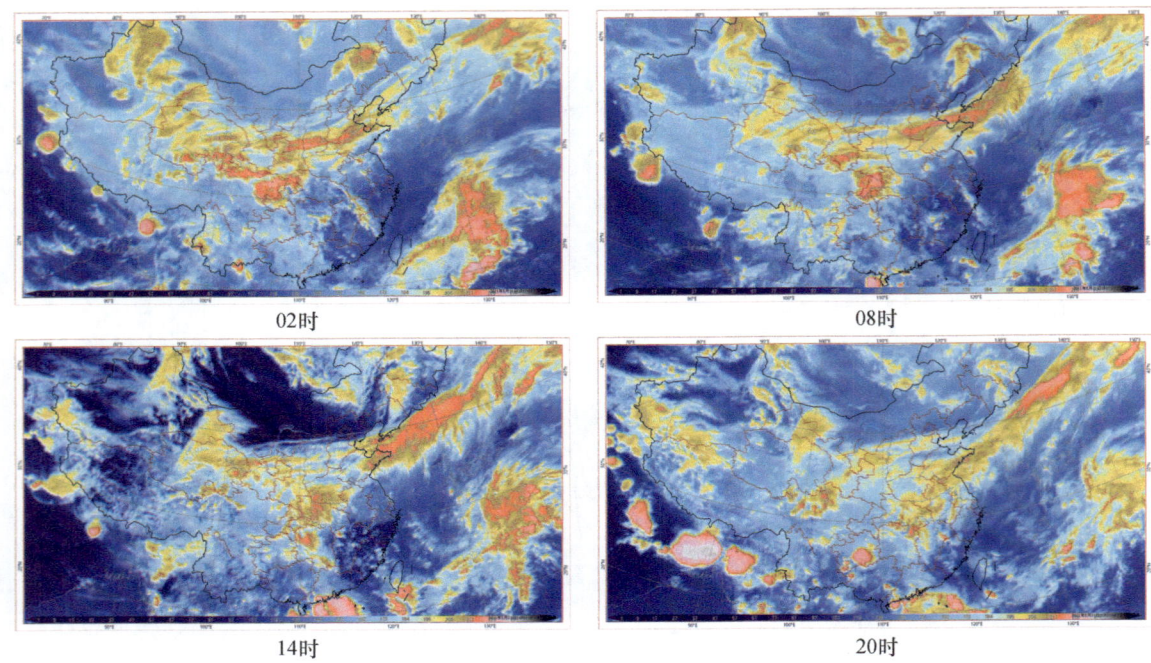

图 3.5　2011 年 5 月 21 日 02、08、14、20 时红外云图

7. 物理量指标

物理量指标见表 3.2。

表 3.2　2011 年 5 月 20 日 20 时、21 日 08 时、21 日 20 时物理量因子

	物理量指标		5 月 20 日 20 时	5 月 21 日 08 时	5 月 21 日 20 时
水汽条件	温度（℃）	500 hPa	−7	−4	−6
		850 hPa	24	16	10
	露点温度（℃）	500 hPa	−9	−6	−7
		850 hPa	14	14	9
	相对湿度（%）	700 hPa	67	81	87
		850 hPa	54	88	93
	水汽通量散度 $(g \cdot s^{-1} \cdot cm^{-2} \cdot hPa^{-1})$	700 hPa	−3.1	−4.6	−2.2
		850 hPa	−12.6	−10.6	−22.7
	比湿（g/kg）	700 hPa	8.36	8.36	8.36
		850 hPa	11.79	11.79	8.45
	温度露点差（℃）	700 hPa	6	3	2
		850 hPa	10	2	1

续表

	物理量指标		5月20日20时	5月21日08时	5月21日20时
动力条件	低空风速（m/s）	850 hPa	7.33	7	6.67
	相对涡度（$10^{-6}s^{-1}$）	500 hPa	8	12	2.6
		700 hPa	20.6	36.4	37.3
		850 hPa	10.45	17.3	8.2
	垂直速度（10^{-3} hPa·s^{-1}）	500 hPa	−26.3	−23	−25
		700 hPa	−24.2	−20.6	−27.5
		850 hPa	−13.2	−11.1	−12.2
	散度（$10^{-6}s^{-1}$）	500 hPa	4.8	4.4	9
		700 hPa	−6.8	−7.7	−0.7
		850 hPa	−12.6	−9	−24.3
热力条件	假相当位温 θ_{se}（℃）	500 hPa	63.06	70.27	66.48
		850 hPa	73.85	64.27	47.74
	假相当位温 θ_{se} 梯度（℃）	500 hPa	1.85	0.8	0.92
		850 hPa	1.1	2.5	3.55
	总温度场 TT（℃）	850 hPa	56.8	53.8	44.4
	温度平流（10^{-5}℃·s^{-1}）	850 hPa	2	3.5	2.2
不稳定能量条件	500 hPa 和 850 hPa 的 θ_{se} 差（℃）		10.79	−6	−18.74
	500 hPa 和 850 hPa 的 T 差（℃）		31	20	16
	500 hPa 和 850 hPa 的 T_d 差（℃）		23	20	16
	A 指数		13	13	12
	K 指数（℃）		39	31	23
	SI 指数（℃）		−3.31	3.44	9.29
	$CAPE$（J·kg^{-1}）		548.6	0	0.2
	CIN（J·kg^{-1}）		187.6	0	0.1
	LI 抬升指数		−2.7	3.68	10.7
	垂直风切变 V_{WS}		1.52	1.42	0.76

个例2　2011年10月1日暴雨

1. 暴雨时段

2011年10月1日08时—2日08时。

2. 雨情描述

2011年10月1日白天到夜间，长寿区出现了一次区域性暴雨天气过程（图3.6），西北部、中北部、中部部分地区出现暴雨，其余地区中到大雨。洪湖镇降雨量最大为102.0 mm，最大小时雨强18.3 mm（洪湖，10月1日17时）。

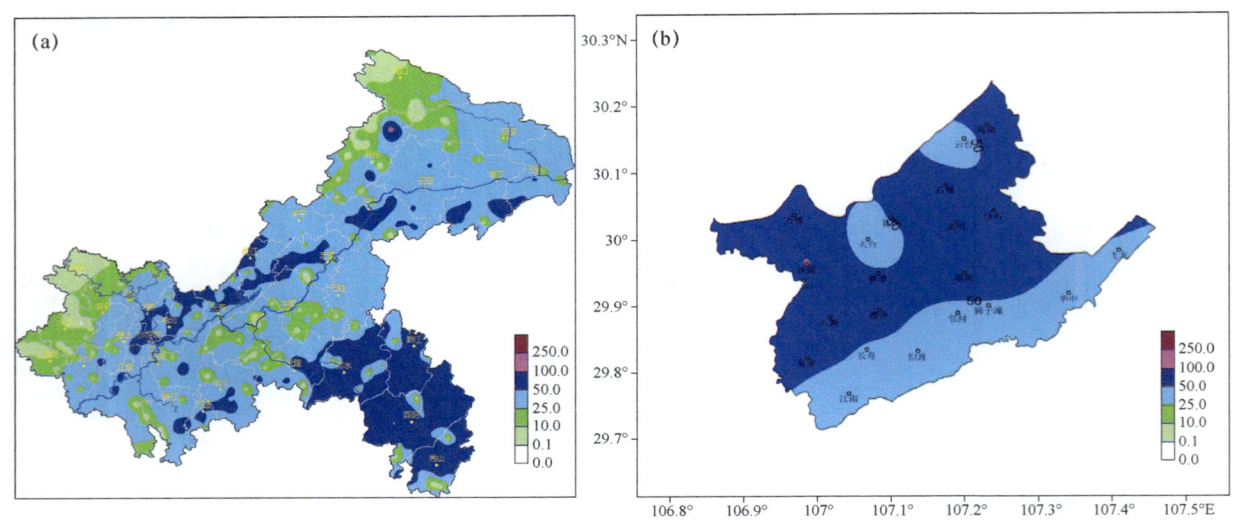

图3.6　2011年10月1日08时—2日08时重庆市（a）和长寿区（b）降雨量分布图（单位：mm）

3. 灾情描述

此次过程无灾情。

4. 形势分析

影响系统：低槽、低压倒槽、冷锋。

1日08日，500 hPa中高纬度为"两槽一脊"型环流，贝加尔湖附近有一高压，其脊前偏北气流引导冷空气南下，副热带高压（下简称副高）脊线位于22°N附近，云南东南部有热带低压，其左侧和副高外围的偏南气流为此次暴雨过程输送水汽，高原上有低槽东移。中低层有低压倒槽影响重庆。

1日08时—2日08时，低槽东移，副高东退，中低层有从东不断侵入的干冷空气与热带低压的暖湿气流在长寿辐合，产生上升运动。

地面有冷空气扩散南下。

5. 天气分析图

不同层面天气图、探空图分别在图3.7、图3.8中给出。

第 3 章 重庆市长寿区暴雨个例分析

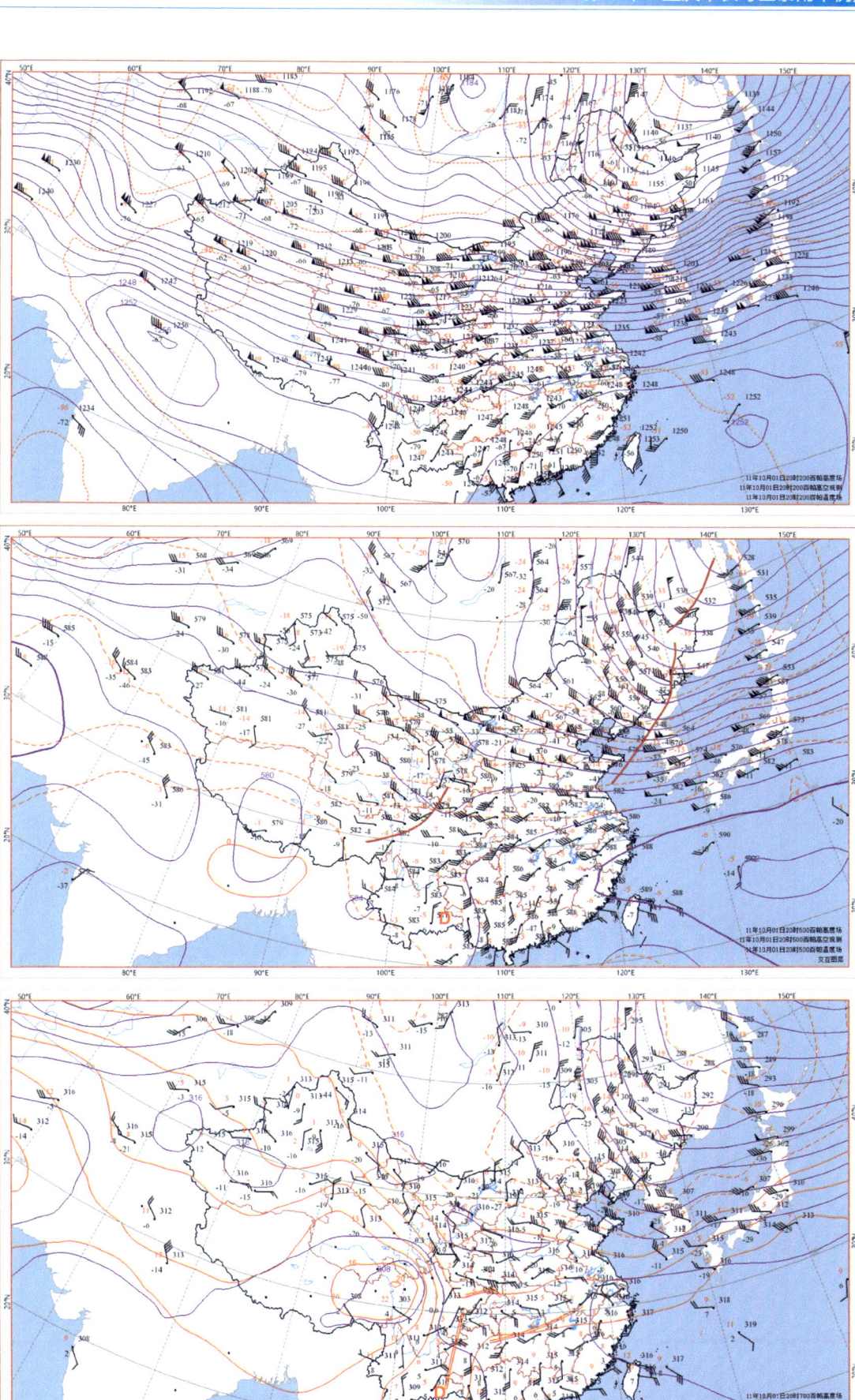

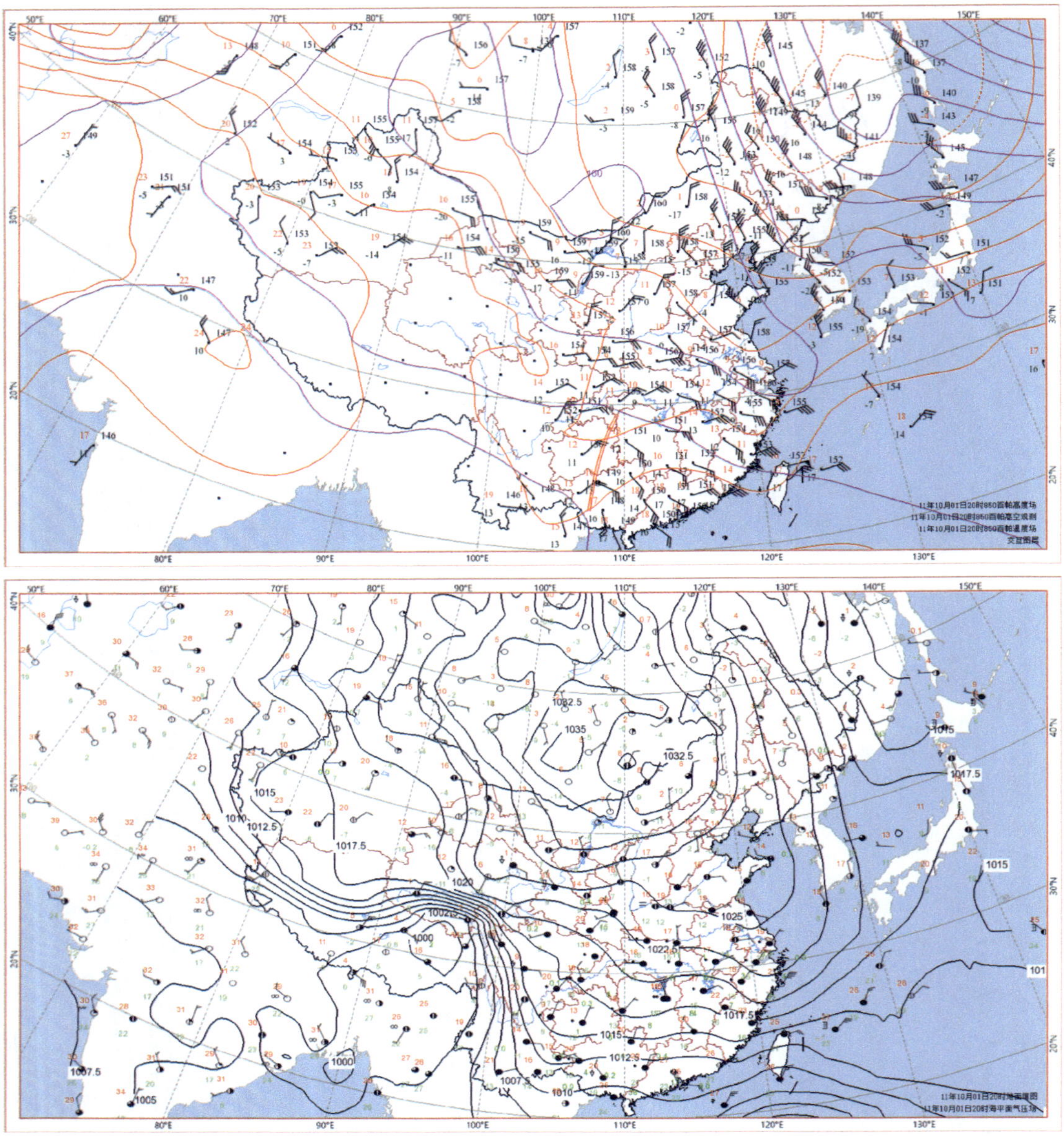

图 3.7 2011 年 10 月 1 日 20 时 200 hPa、500 hPa、700 hPa、850 hPa、地面天气图

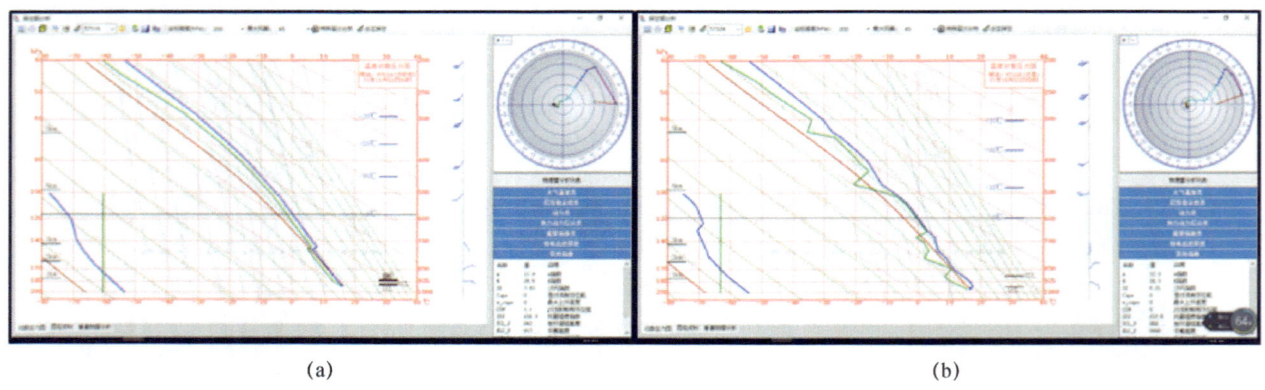

(a)　　　　　　　　　　　　　　　(b)

图 3.8 2011 年 10 月 1 日 08 时沙坪坝（a）、达州（b）探空图

6. 卫星云图

红外云图见图 3.9。

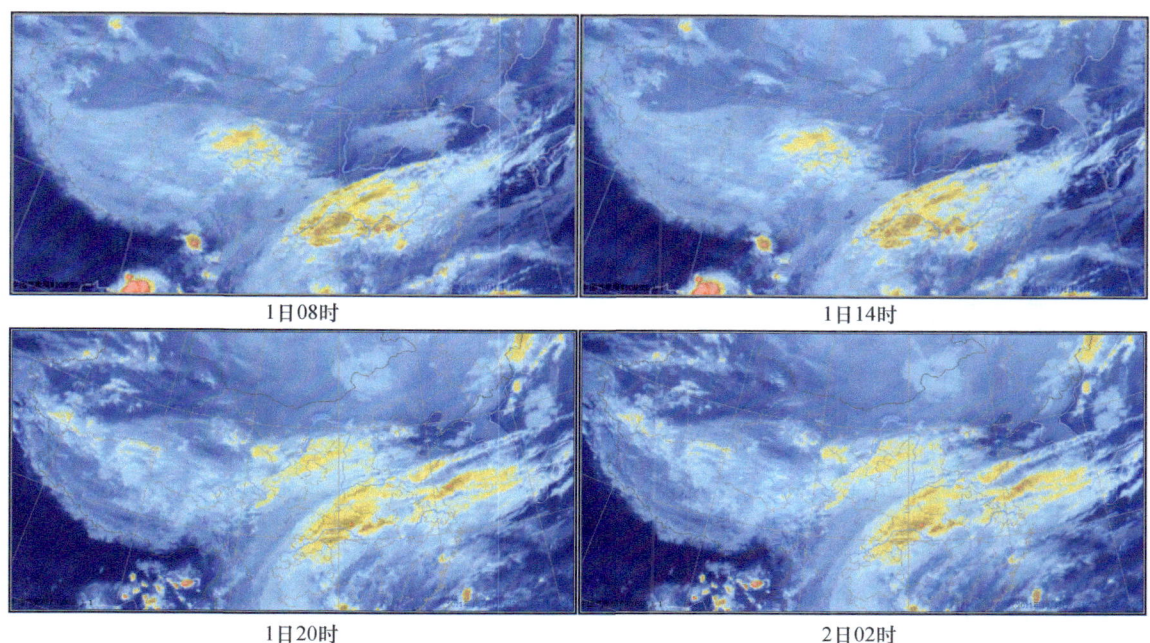

图 3.9　2011 年 10 月 1 日 08 时、1 日 14 时、1 日 20 时、2 日 02 时红外云图

7. 物理量指标

物理量指标见表 3.3。

表 3.3　2011 年 10 月 1 日 08 时、1 日 20 时、2 日 08 时物理量因子

	物理量指标		10月1日08时	10月1日20时	10月2日08时
水汽条件	温度（℃）	500 hPa	−4.9	−4.5	−5.1
		850 hPa	12	12	10.6
	露点温度（℃）	500 hPa	−6.6	−6.1	−6.3
		850 hPa	10.4	10.7	9.7
	相对湿度（%）	700 hPa	88	88	93
		850 hPa	90	92	94
	水汽通量散度 （g·s^{-1}·cm^{-2}·hPa^{-1}）	700 hPa	−11.1	−9.2	−6.8
		850 hPa	−7.8	−11.5	−2
	比湿（g/kg）	700 hPa	7.79	8.01	7.21
		850 hPa	9.29	10.33	8.86
	温度露点差（℃）	700 hPa	1.8	1.8	1.1
		850 hPa	1.6	1.3	0.9

续表

	物理量指标		10月1日08时	10月1日20时	10月2日08时
动力条件	低空风速（m/s）	850 hPa	7.67	7.33	6.67
	相对涡度（$10^{-6}s^{-1}$）	500 hPa	−11.6	4.5	5.6
		700 hPa	7.9	9.2	19.2
		850 hPa	−10.3	2.5	7
	垂直速度（10^{-3} hPa·s^{-1}）	500 hPa	−26.8	−31.2	−19.8
		700 hPa	−16.9	−18.6	−12.7
		850 hPa	−4.5	−6	−4
	散度（$10^{-6}s^{-1}$）	500 hPa	−6.6	−13.3	−4.2
		700 hPa	−11	−9.4	−9.2
		850 hPa	−10.2	−13.6	−5
热力条件	假相当位温 θ_{se}（℃）	500 hPa	68.37	69.5	68.48
		850 hPa	52.41	52.95	49.58
	假相当位温 θ_{se} 梯度（℃）	500 hPa	1.16	0.96	2.63
		850 hPa	1.04	0.8	0.8
	总温度场 TT（℃）	850 hPa	49.6	50.3	47
	温度平流（10^{-5}℃·s^{-1}）	850 hPa	−1.3	−3.5	−3.6
不稳定能量条件	500 hPa 和 850 hPa 的 θ_{se} 差（℃）		−15.96	−16.55	−18.9
	500 hPa 和 850 hPa 的 T 差（℃）		16.9	16.5	15.7
	500 hPa 和 850 hPa 的 T_d 差（℃）		17	16.8	16
	A 指数		11.8	11.8	12.5
	K 指数（℃）		25.5	25.4	24.3
	SI 指数（℃）		7.93	8.1	9.26
	$CAPE$（J·kg^{-1}）		0	0.2	0
	CIN（J·kg^{-1}）		1.1	0.4	0
	LI 抬升指数		6.99	7.99	8.63
	垂直风切变 V_{ws}		1.26	1.86	1.03

个例3　2012年5月11日暴雨

1. 暴雨时段

2012年5月11日08时—12日08时。

2. 雨情描述

2012年5月11日白天到夜间，长寿出现一次区域性暴雨天气过程（图3.10），其西北至东南部一线出现暴雨，局地达大暴雨，其余地区中到大雨。葛兰镇天台站降雨量最大为106.3 mm，最大小时雨强55.9 mm（双龙，5月11日15时）。

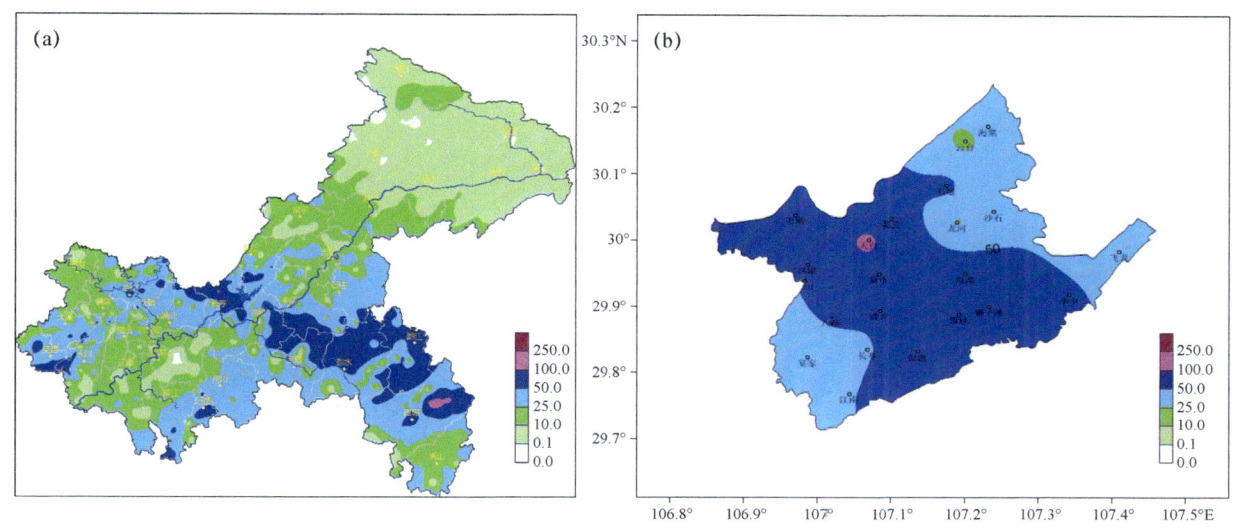

图3.10　2012年5月11日08时—12日08时重庆市（a）和长寿区（b）降雨量分布（单位：mm）

3. 灾情描述

此次过程造成全区共12580人不同程度受灾，紧急转移安置人员220人，房屋倒塌48间，农作物受灾面积达350hm²，其中25hm²绝收，无人员伤亡，直接经济损失270万元。

4. 形势分析

影响系统：低槽、切变线、低涡、冷锋。

11日08时，新疆东部有一冷槽，槽后偏北气流引导冷空气南下，陕西南部—四川盆地西部有低槽东移，长寿受槽前偏南气流控制。700 hPa四川盆地西部有冷切变，850 hPa重庆西部有一低涡。

11日08时—12日08时，700 hPa冷切变东移影响长寿，850 hPa低涡东移南压转为切变线。

11日08时，地面上，冷锋位于陕西西部－甘肃南部，重庆受热低压控制。11日08时—12日08时，冷锋入倒槽锋生加强。

5. 天气分析图

不同层面天气图、探空图分别在图3.11、图3.12中给出。

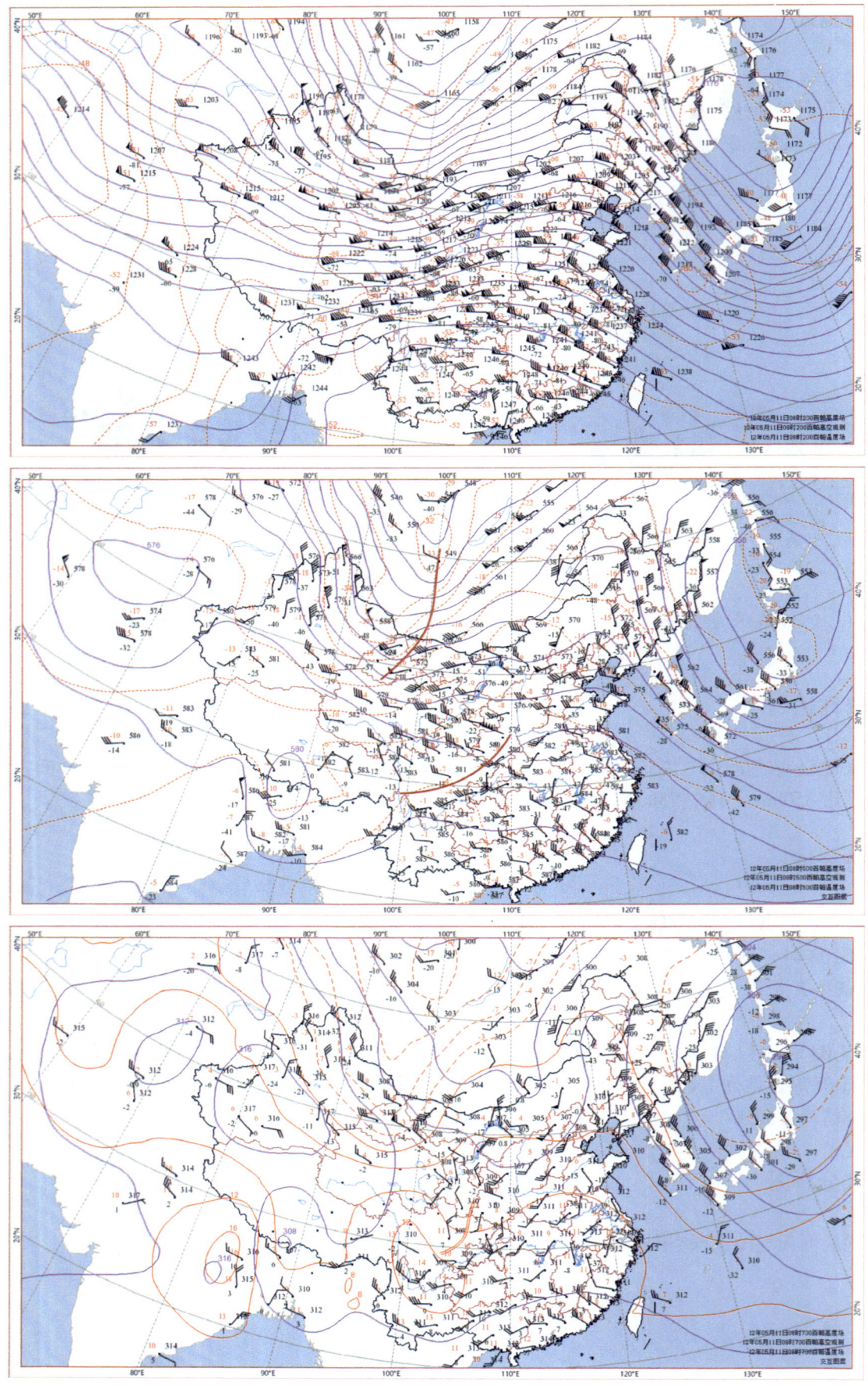

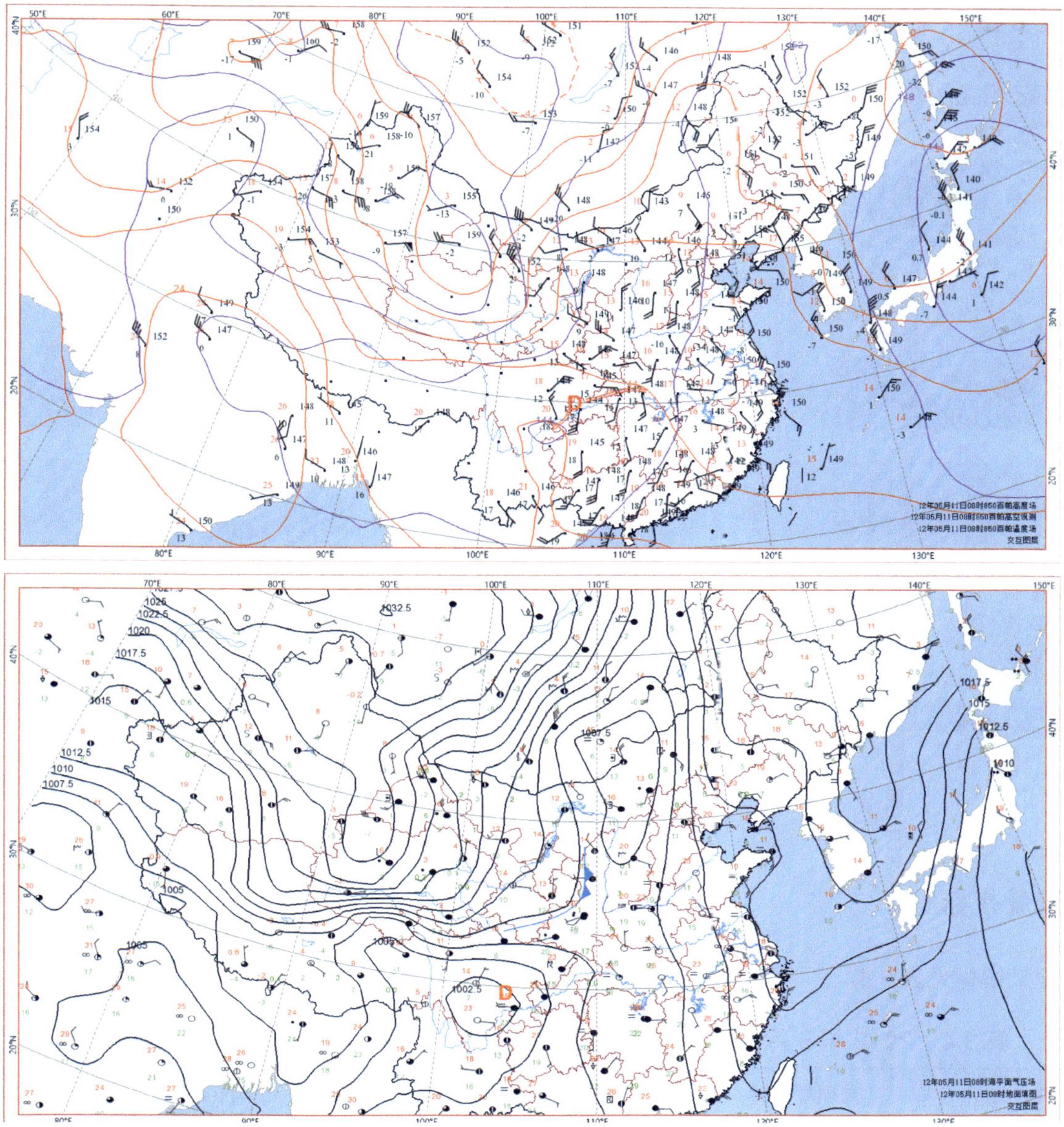

图 3.11　2012 年 5 月 11 日 08 时 200 hPa、500 hPa、700 hPa、850 hPa、地面天气图

(a)　　(b)

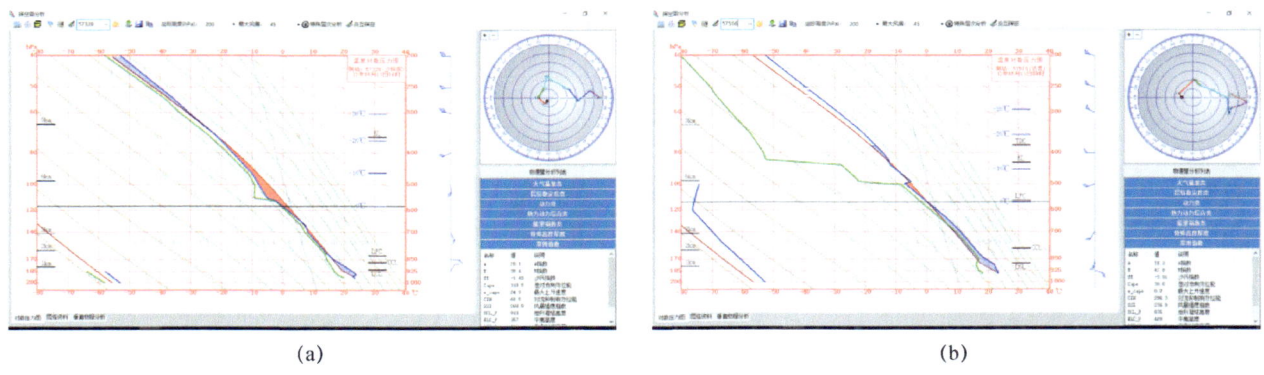

图 3.12　2012 年 5 月 11 日 08 时沙坪坝（a）、达州（b）探空图

6. 卫星云图

红外云图见图 3.13。

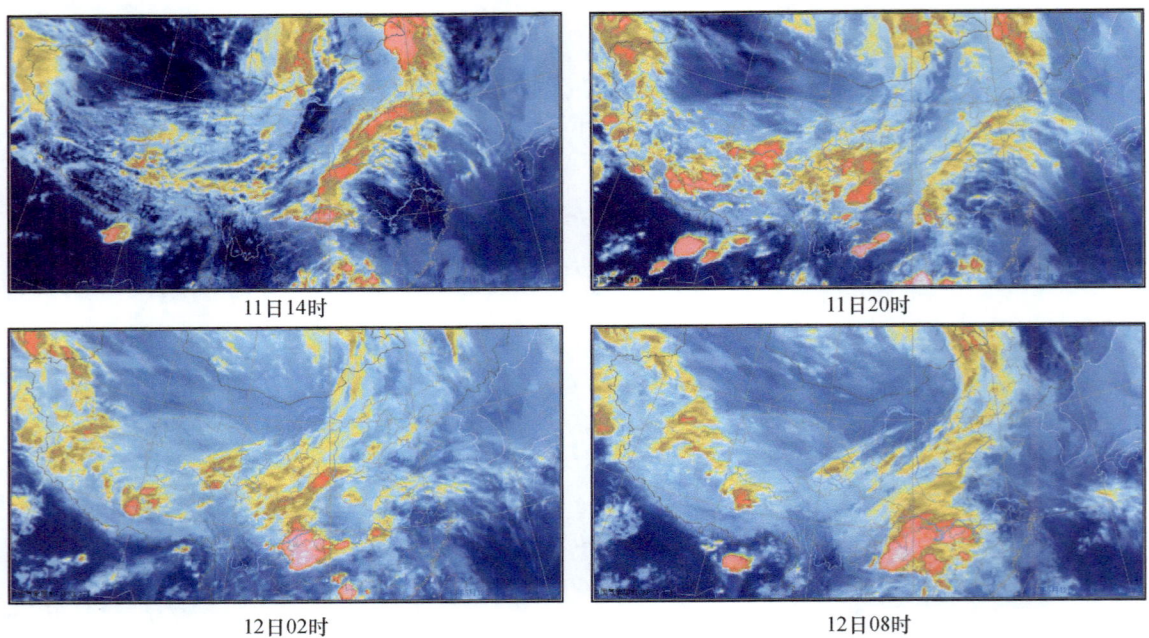

11日14时　　　　　　　　　11日20时

12日02时　　　　　　　　　12日08时

图 3.13　2012 年 5 月 11 日 14、20 时，12 日 02、08 时红外云图

7. 物理量指标

物理量指标见表 3.4。

表 3.4　2012 年 5 月 11 日 08 时、11 日 20 时、12 日 08 时暴雨过程物理量因子

	物理量指标		5月11日08时	5月11日20时	5月12日08时
水汽条件	温度（℃）	500 hPa	−6.9	−5.7	−4.7
		850 hPa	19.4	18.4	16
	露点温度（℃）	500 hPa	−11	−14.7	−7
		850 hPa	17.1	14.8	14.4
	相对湿度（%）	700 hPa	90	71	87
		850 hPa	87	80	90
	水汽通量散度（$g \cdot s^{-1} \cdot cm^{-2} \cdot hPa^{-1}$）	700 hPa	−3	−6	8.5
		850 hPa	−27	−9	−2.2
	比湿（g/kg）	700 hPa	10.7	11.29	8.36
		850 hPa	14.4	15.64	12.1
	温度露点差（℃）	700 hPa	1.6	5	6
		850 hPa	2.3	3.6	14.4

续表

	物理量指标		5月11日08时	5月11日20时	5月12日08时
动力条件	低空风速（m/s）	850 hPa	7	5	8.7
	相对涡度（$10^{-6}s^{-1}$）	500 hPa	4.2	7.8	41.6
		700 hPa	18	23.5	40.5
		850 hPa	29	18	26.5
	垂直速度（10^{-3} hPa·s^{-1}）	500 hPa	−23.5	−15.5	−30
		700 hPa	−16.2	−10.4	−25
		850 hPa	−6.9	−3.6	−13.2
	散度（$10^{-6}s^{-1}$）	500 hPa	−4	−1.3	2.8
		700 hPa	−6.8	−6.6	−4.7
		850 hPa	−13	−3.5	−13.1
热力条件	假相当位温 θ_{se}（℃）	500 hPa	61.36	60.17	68.14
		850 hPa	76.06	69	65.18
	假相当位温 θ_{se} 梯度（℃）	500 hPa	0.1	0.96	1.21
		850 hPa	2.9	1.12	4.8
	总温度场 TT（℃）	850 hPa	66	64.5	59.3
	温度平流（10^{-5}℃·s^{-1}）	850 hPa	0	−2.3	−5.7
不稳定能量条件	500 hPa 和 850 hPa 的 θ_{se} 差（℃）		14.7	8.83	−2.96
	500 hPa 和 850 hPa 的 T 差（℃）		26.3	24.1	20.7
	500 hPa 和 850 hPa 的 T_d 差（℃）		28.1	29.5	21.4
	A 指数		18.3	6.5	14.8
	K 指数（℃）		41.8	33.9	33.1
	SI 指数（℃）		−3.91	−0.25	2.27
	$CAPE$（J·kg^{-1}）		39.5	36.2	48.2
	CIN（J·kg^{-1}）		296.4	280.6	9.8
	LI 抬升指数		−1.89	−0.86	0.77
	垂直风切变 V_{WS}		1.8	1.67	1.81

个例4　2012年5月29日暴雨

1. 暴雨时段

2012年5月29日02时—14时。

2. 雨情描述

2012年5月28日夜间至29日白天，长寿出现一次区域性暴雨天气过程，全区普降暴雨，局地大暴雨，东南部部分地区中到大雨（图3.14）。云台镇降雨量最大为179.5 mm，最大小时雨强49.5 mm（云台，5月29日05时）。

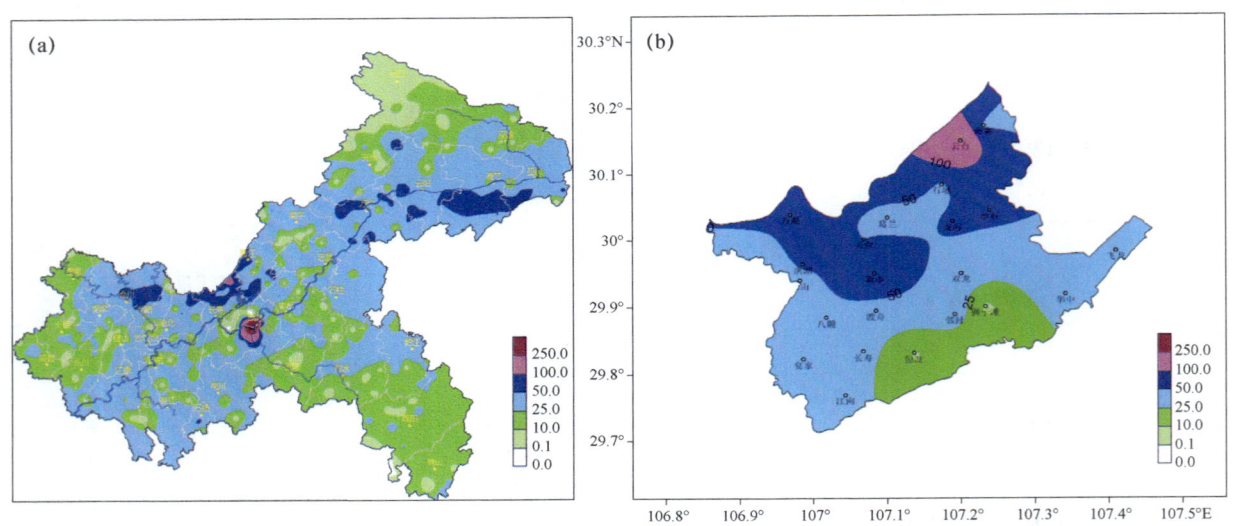

图3.14　2012年5月28日20时—29日20时重庆市（a）和长寿区（b）降雨量分布图（单位：mm）

3. 灾情描述

此次过程造成全区共25460人不同程度受灾，紧急转移安置人口163人，房屋倒塌46间，农作物受灾面积达885hm²，其中28hm²绝收，无人员伤亡，共造成直接经济损失420万元。

4. 形势分析

影响系统：低槽、切变线、冷锋。

28日20时—29日08时，500 hPa贝加尔湖有一冷涡，其底部有冷槽，位于内蒙古中部—四川盆地的低槽快速东移。

28日20时，700 hPa切变线位于四川盆地西部，850 hPa切变线位于重庆西部，随着高空低槽的快速东移，中低层切变线于28日夜间开始影响长寿，同时切变线南侧的偏南气流为暴雨区输送水汽。

28日20时，地面上甘肃北部有冷高压，其前沿冷锋位于四川盆地北部，夜间冷锋向南侵入影响长寿。

5. 天气分析图

不同层面天气图、探空图分别在图3.15、图3.16中给出。

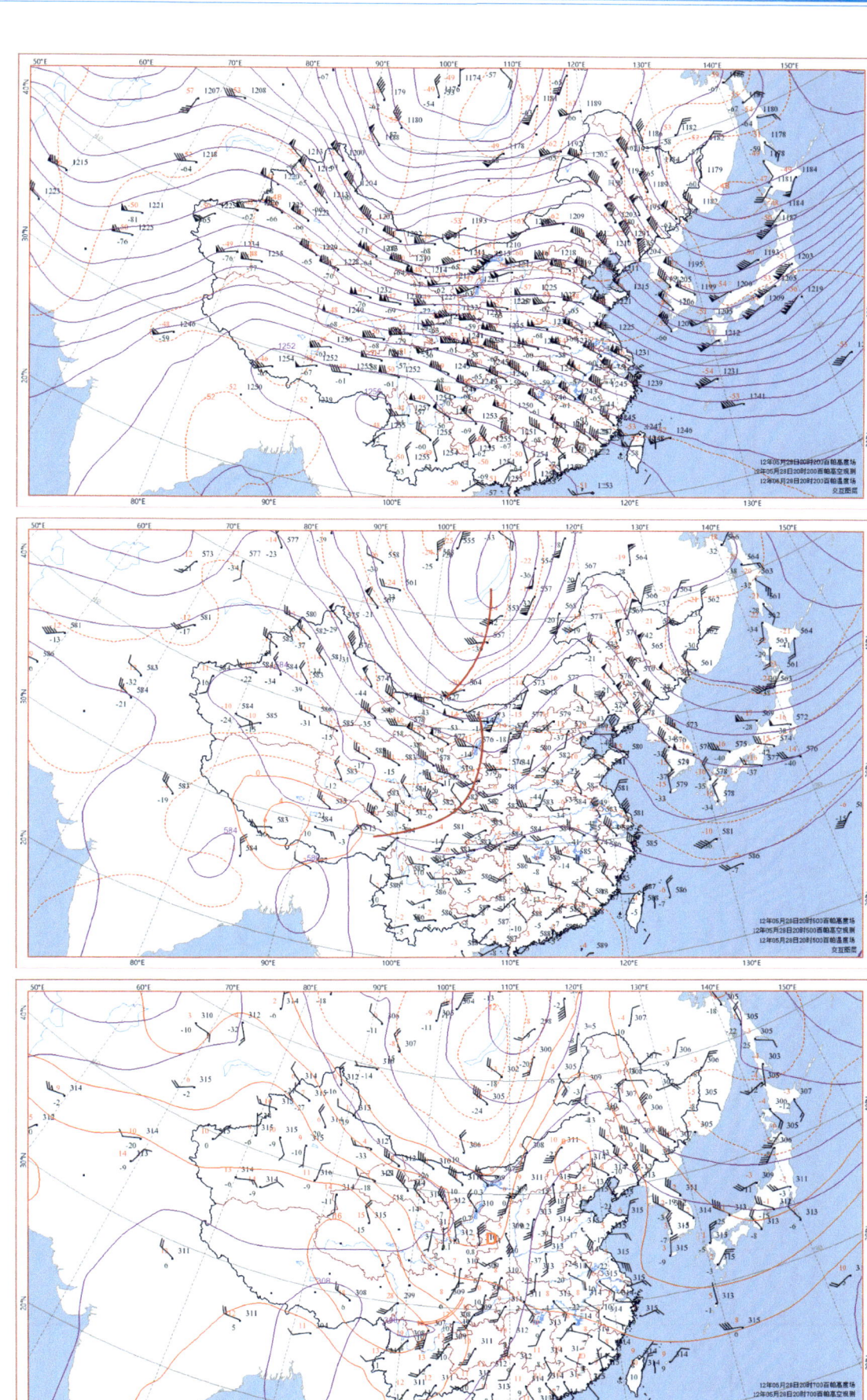

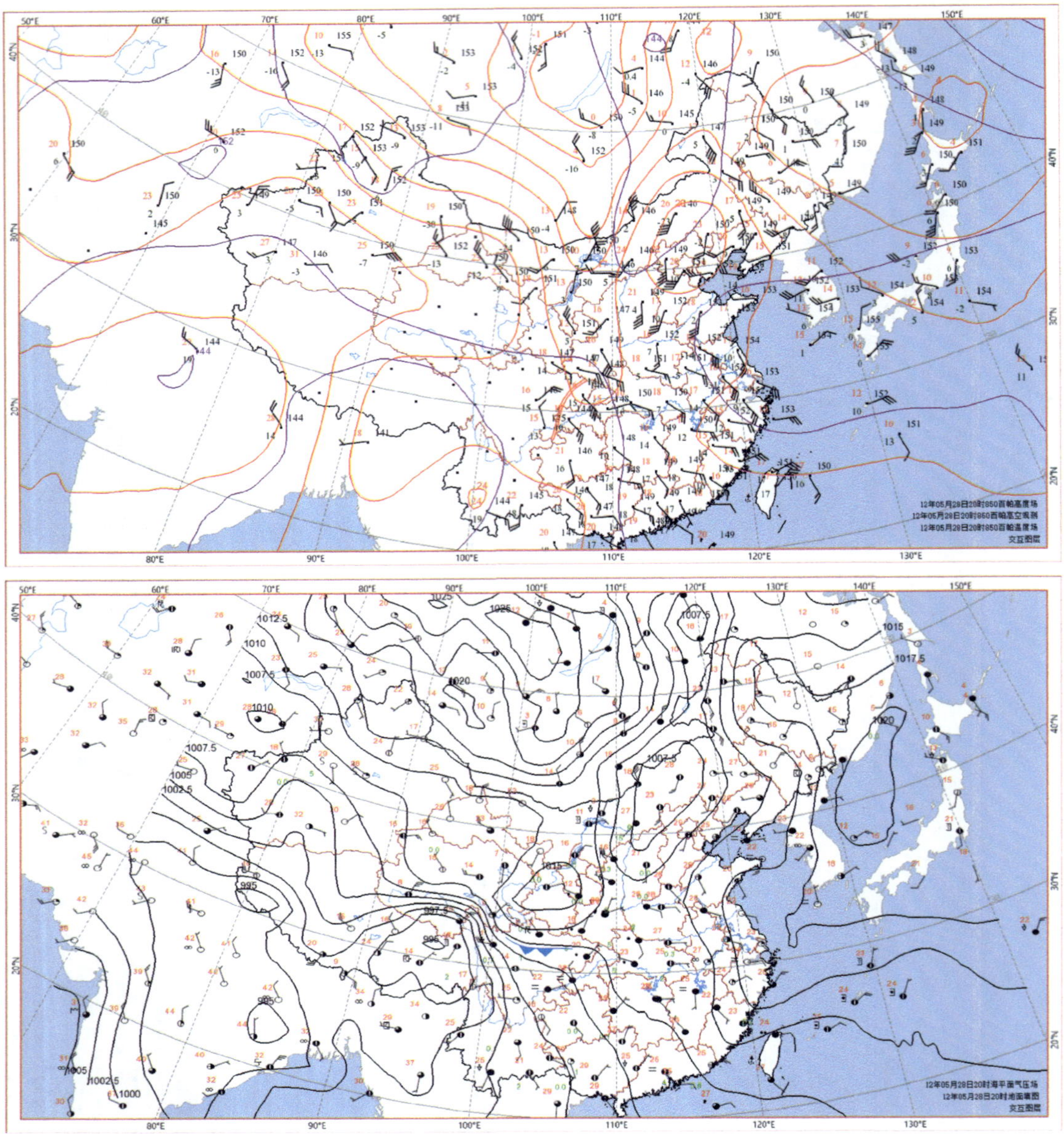

图 3.15　2012 年 5 月 28 日 20 时 200 hPa、500 hPa、700 hPa、850 hPa、地面天气图

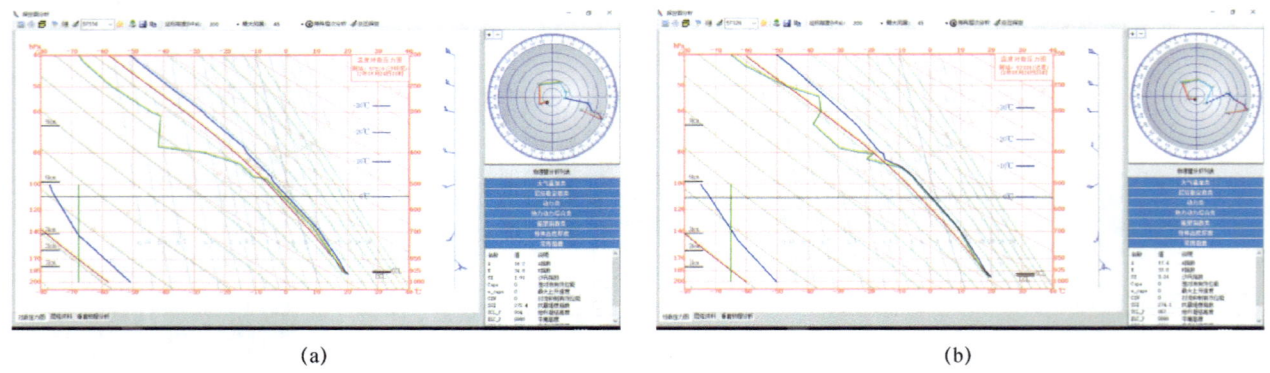

(a)　　　　　　　　　　　　　　　　　(b)

图 3.16　2012 年 5 月 28 日 20 时沙坪坝（a）、达州（b）探空图

6. 卫星云图

红外云图见图 3.17。

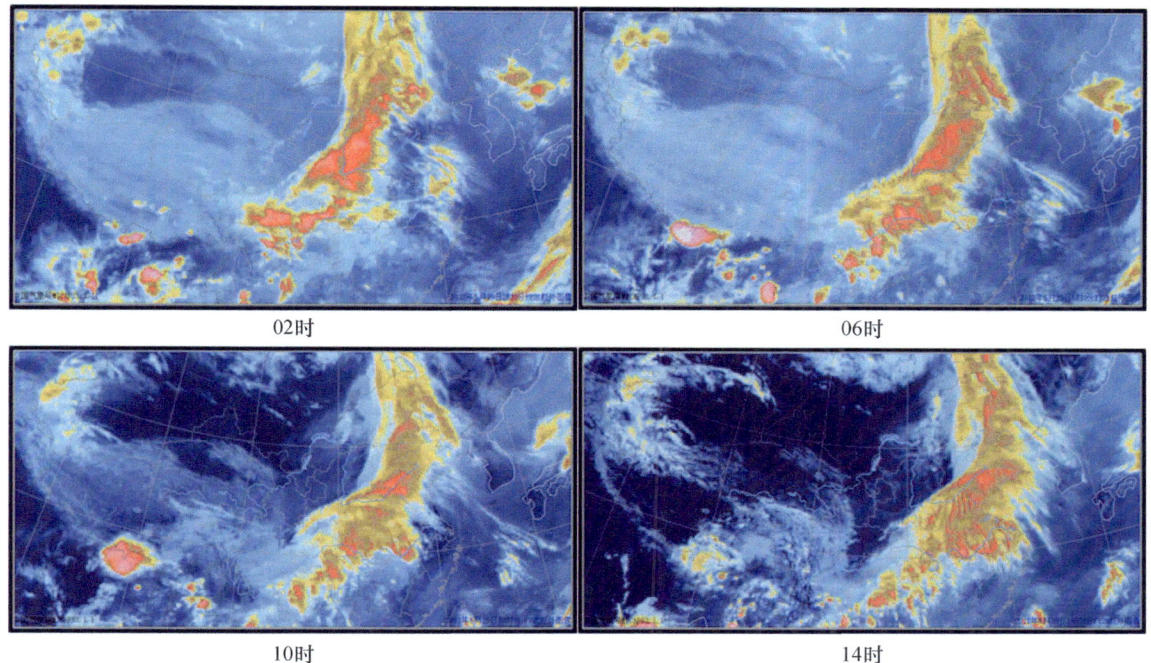

图 3.17　2012 年 5 月 29 日 02、06、10、14 时红外云图

7. 物理量指标

物理量指标见表 3.5。

表 3.5　2012 年 5 月 28 日 20 时、29 日 08 时、29 日 20 时物理量因子

	物理量指标		5 月 28 日 20 时	5 月 29 日 08 时	5 月 29 日 20 时
水汽条件	温度（℃）	500 hPa	−3.3	−3.1	−3.1
		850 hPa	17	14.8	15.6
	露点温度（℃）	500 hPa	−4.9	−4.7	−17.1
		850 hPa	15.8	13.4	14.4
	相对湿度（%）	700 hPa	92	90	28
		850 hPa	93	91	93
	水汽通量散度 $(g \cdot s^{-1} \cdot cm^{-2} \cdot hPa^{-1})$	700 hPa	−7	−5	8.4
		850 hPa	−14	−19.6	13.8
	比湿（g/kg）	700 hPa	10.77	9.59	3.06
		850 hPa	13.25	11.33	12.1
	温度露点差（℃）	700 hPa	9.7	1.6	17
		850 hPa	15.8	1.4	1.2

续表

	物理量指标		5月28日20时	5月29日08时	5月29日20时
动力条件	低空风速（m/s）	850 hPa	7	7.7	6.3
	相对涡度（$10^{-6}s^{-1}$）	500 hPa	15.4	7.8	−0.5
		700 hPa	−4	60	−1
		850 hPa	11.8	25	6.4
	垂直速度（$10^{-3}hPa·s^{-1}$）	500 hPa	−17.7	−31.6	18.4
		700 hPa	−13.9	−21	13.6
		850 hPa	−5.4	−9.5	6.5
	散度（$10^{-6}s^{-1}$）	500 hPa	5.3	−7.1	0.2
		700 hPa	−4.7	−9.6	−7.4
		850 hPa	−4.4	−13.1	6
热力条件	假相当位温 θ_{se}（℃）	500 hPa	72.63	73.17	62.05
		850 hPa	69.73	61.53	64.69
	假相当位温 θ_{se} 梯度（℃）	500 hPa	1.38	1.6	3.26
		850 hPa	0.7	1.96	2.9
	总温度场 TT（℃）	850 hPa	62.6	57.5	56.9
	温度平流（$10^{-5}℃·s^{-1}$）	850 hPa	1.4	−1.3	−1.4
不稳定能量条件	500 hPa 和 850 hPa 的 θ_{se} 差（℃）		−2.9	−11.64	2.64
	500 hPa 和 850 hPa 的 T 差（℃）		20.3	17.9	18.7
	500 hPa 和 850 hPa 的 T_d 差（℃）		20.7	18.1	31.5
	A 指数		16.2	13.3	−13.5
	K 指数（℃）		34.8	29.7	16.1
	SI 指数（℃）		1.91	5.4	4.11
	$CAPE$（J·kg^{-1}）		0	0	2.5
	CIN（J·kg^{-1}）		0	0	29.8
	LI 抬升指数		2.51	4.52	3.96
	垂直风切变 V_{ws}		1.41	0.99	0.56

个例5　2012年9月1日暴雨

1. 暴雨时段

2012年9月1日14时至2日02时。

2. 雨情描述

2012年9月1日下午至夜间，长寿出现了一次区域性暴雨天气过程（图3.18），全区普降暴雨，石堰、天台、新市达大暴雨。石堰镇降雨量最大为125.1 mm，最大小时雨强46.0 mm（天台，9月1日21时）。

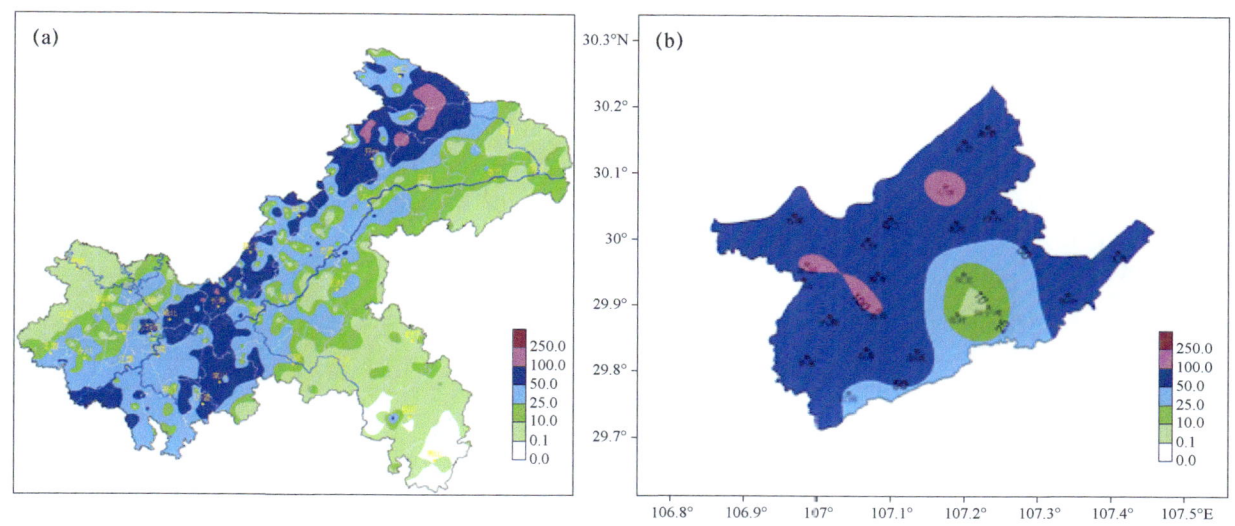

图3.18　2012年9月1日08时—2日08时重庆市（a）和长寿区（b）降雨量分布图（单位：mm）

3. 灾情描述

此次过程造成全区共27350人不同程度受灾，紧急转移安置人口2450人，房屋倒塌71间，农作物受灾面积达700 hm^2，其中90 hm^2绝收，无人员伤亡，共造成直接经济损失750万元。

4. 形势分析

影响系统：低槽、切变线、冷锋。

1日20时，200 hPa长寿位于南亚高压脊线附近，辐散抽吸作用明显。

1日20时，500 hPa青藏高原上大陆高压强盛，副热带高压588 dagpm控制华东、华中、华南一带，"两高"之间的高空槽从陕西北部延伸至四川盆地西部。20日夜间，随着高空槽东移，副高东退减弱。

1日20时，700 hPa位于陕西北部有一低涡，其南侧的冷切变延伸至重庆东北部，四川盆地中部切变线影响长寿，随着高空槽东移，南北两条切变线合并。850 hPa低涡位置较700 hPa略偏南，其右侧切变线位于陕西北部—重庆中部—贵州北部一线，切变线东侧的偏南气流有利于水汽输送。

1日20时，地面上，冷锋位于重庆长江沿线一带，影响长寿。

5. 天气分析图

不同层面天气图、探空图分别在图3.19、图3.20中给出。

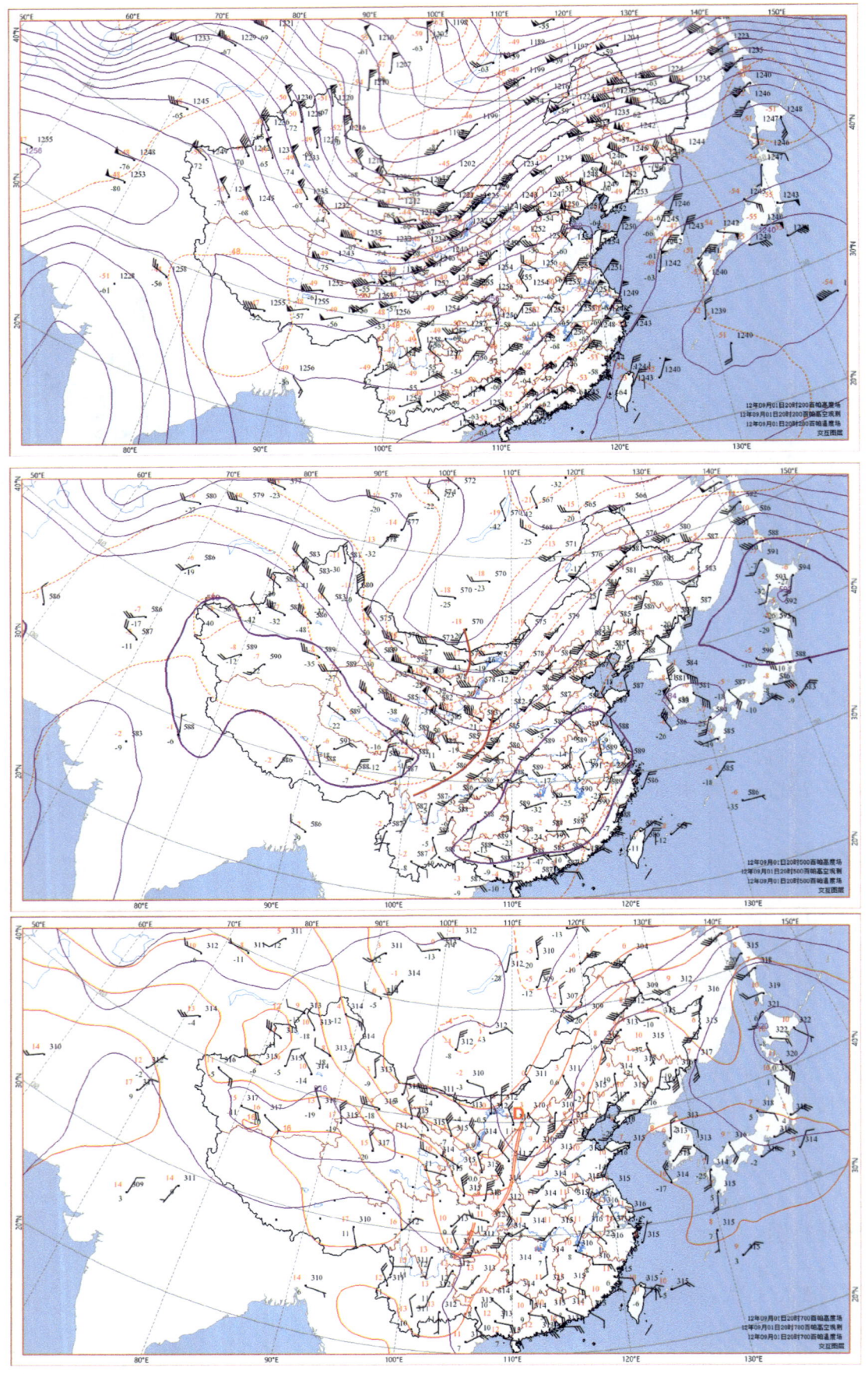

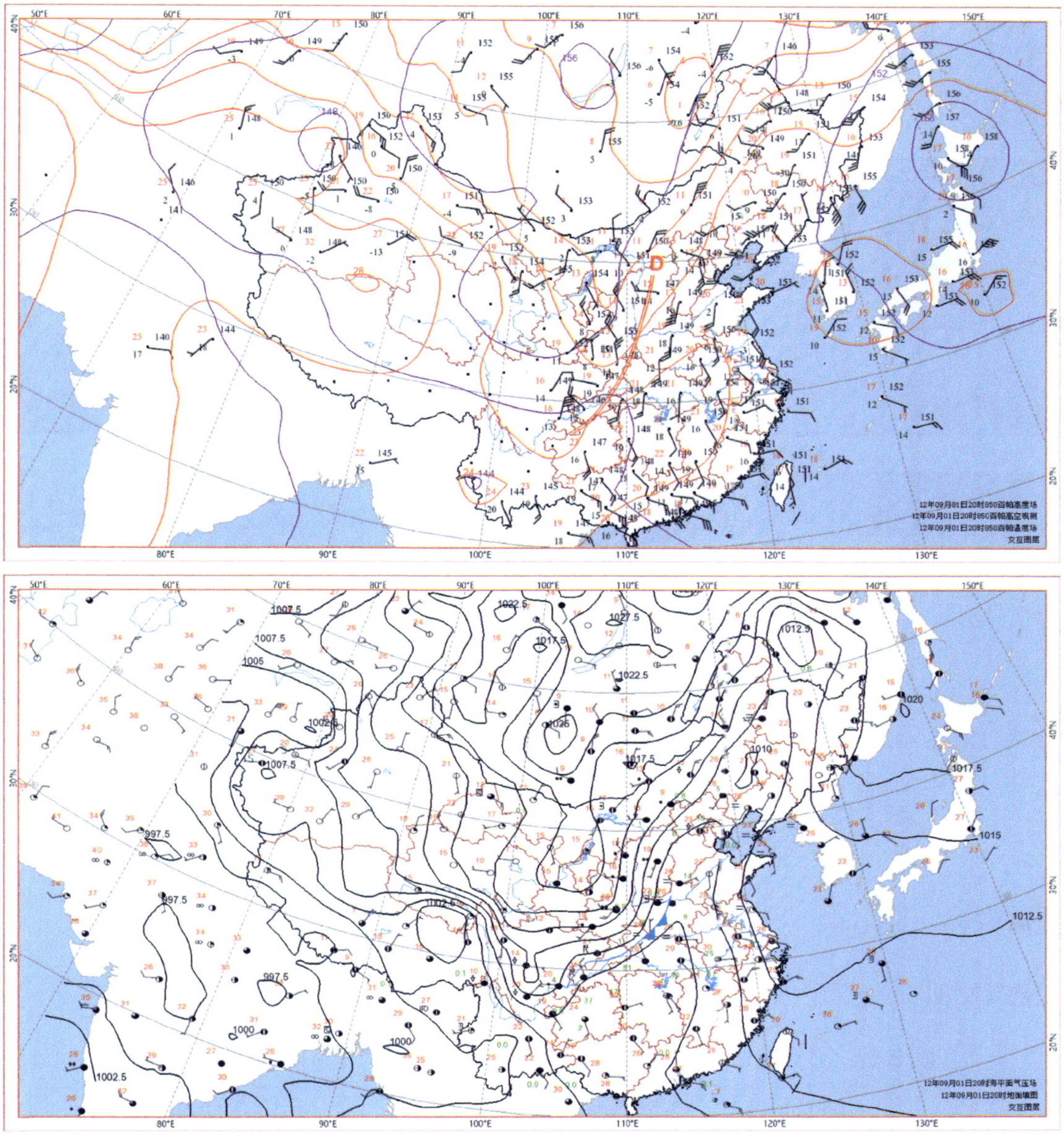

图 3.19　2012 年 9 月 1 日 20 时 200 hPa、500 hPa、700 hPa、850 hPa、地面天气图

(a)　　(b)

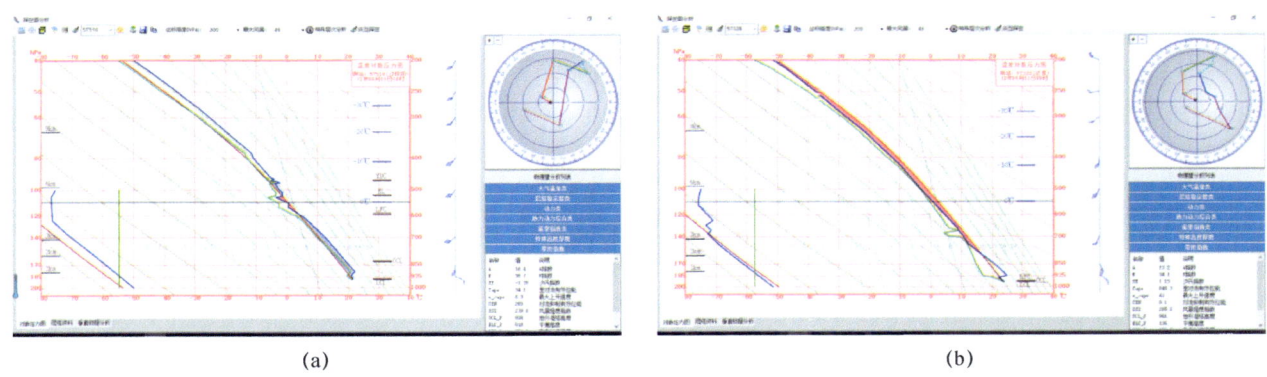

图 3.20　2012 年 9 月 1 日 08 时沙坪坝（a）、达州（b）探空图

6. 卫星云图

红外云图见图 3.21。

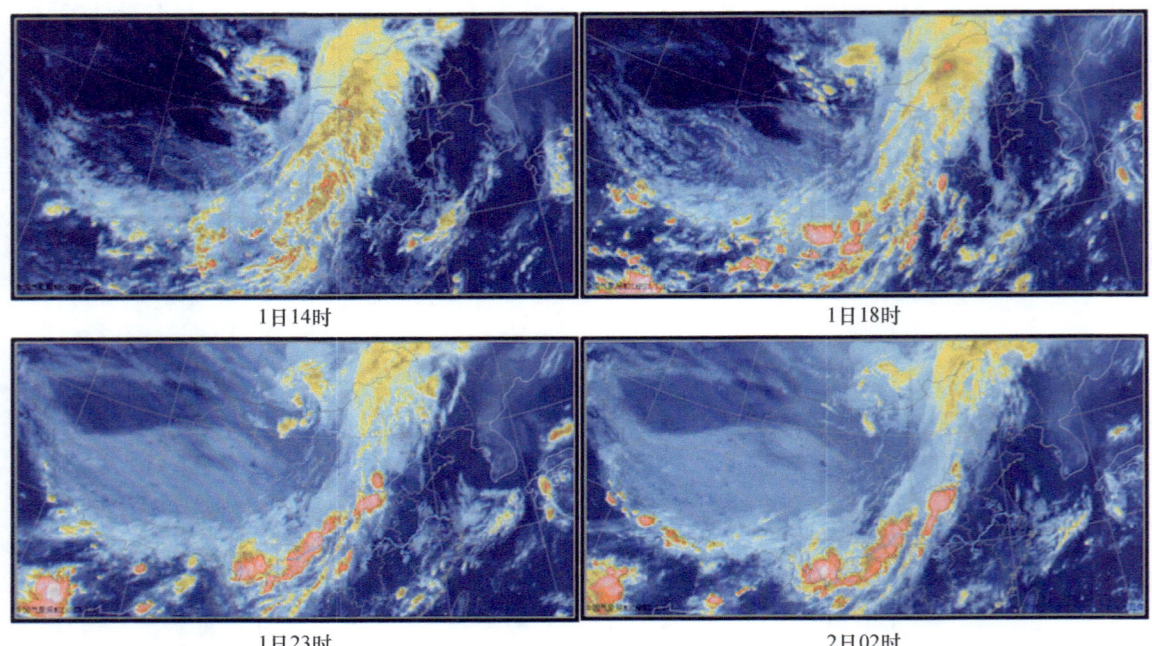

图 3.21　2012 年 9 月 1 日 14 时、18、23 时，2 日 02 时红外云图

7. 物理量指标

物理量指标见表 3.6。

表 3.6　2012 年 9 月 1 日 08 时、1 日 20 时、2 日 08 时物理量因子

	物理量指标		9月1日08时	9月1日20时	9月2日08时
水汽条件	温度（℃）	500 hPa	−2.5	−3.7	−2.3
		850 hPa	20.2	18.6	14.8
	露点温度（℃）	500 hPa	−4.6	−5.5	−5.1
		850 hPa	18.7	14.5	10.7
	相对湿度（%）	700 hPa	84	71	23
		850 hPa	91	77	76
	水汽通量散度 $(g \cdot s^{-1} \cdot cm^{-2} \cdot hPa^{-1})$	700 hPa	−9	−15	12
		850 hPa	−32	−19	0.8
	比湿（g/kg）	700 hPa	10.92	9.08	2.62
		850 hPa	15.94	12.18	9.48
	温度露点差（℃）	700 hPa	2.7	5	19
		850 hPa	1.5	4.1	4.1

续表

	物理量指标		9月1日08时	9月1日20时	9月2日08时
动力条件	低空风速（m/s）	850 hPa	10.3	7	9.3
	相对涡度（$10^{-6}s^{-1}$）	500 hPa	−11.5	−15.5	14
		700 hPa	13	23.4	37.3
		850 hPa	18.2	40.3	29.4
	垂直速度（10^{-3}hPa·s^{-1}）	500 hPa	−17.7	−29.1	−1.8
		700 hPa	−19.4	−15.4	−5
		850 hPa	−10.5	−4.3	−5.4
	散度（$10^{-6}s^{-1}$）	500 hPa	1.5	−2	−1.6
		700 hPa	1	−17.4	2.9
		850 hPa	−14.7	−7.6	−5.5
热力条件	假相当位温 θ_{se}（℃）	500 hPa	74.09	71.3	73.66
		850 hPa	81.62	68.53	56.22
	假相当位温 θ_{se} 梯度（℃）	500 hPa	1.43	1.8	1.9
		850 hPa	2.98	2.54	2.94
	总温度场 TT（℃）	850 hPa	68.8	68.2	55.5
	温度平流（10^{-5}℃·s^{-1}）	850 hPa	3.6	−2	−3
不稳定能量条件	500 hPa 和 850 hPa 的 θ_{se} 差（℃）		7.53	−2.77	−17.44
	500 hPa 和 850 hPa 的 T 差（℃）		22.7	22.3	17.1
	500 hPa 和 850 hPa 的 T_d 差（℃）		23.3	20	15.8
	A 指数		16.4	11.4	−8.8
	K 指数（℃）		38.7	31.8	8.8
	SI 指数（℃）		−1.39	1.98	8.66
	CAPE（J·kg^{-1}）		34.1	0	0
	CIN（J·kg^{-1}）		253.1	0	0
	LI 抬升指数		0.7	3.84	7.19
	垂直风切变 V_{WS}		0.46	0.7	0.55

个例6　2012年9月11日暴雨

1. 暴雨时段

2012年9月11日08时—12日08时。

2. 雨情描述

2012年9月11日白天到12日白天,长寿出现了一次区域性暴雨天气过程,全区普降暴雨,海棠、云台、洪湖镇达大暴雨(图3.22)。海棠镇降雨量最大为138.1 mm,全区最大小时雨强20.1 mm(新市,9月11日12时)。

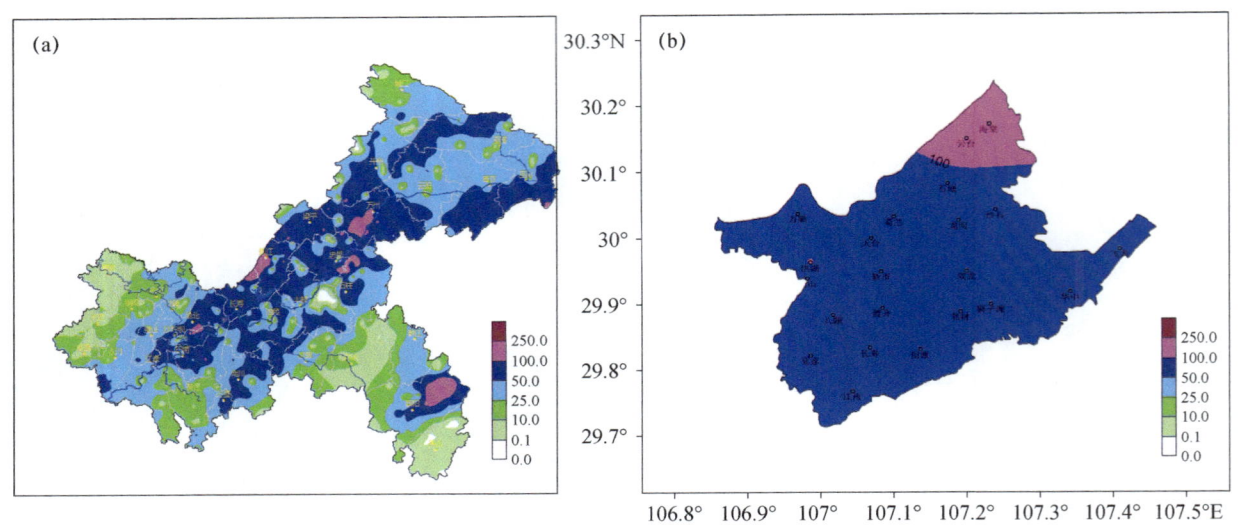

图3.22　2012年9月11日08时—12日08时重庆市(a)和长寿区(b)降雨量分布图(单位:mm)

3. 灾情描述

此次过程造成全区共21500人不同程度受灾,紧急转移安置人口1120人,房屋倒塌25间,共750公顷农作物受灾,其中110公顷绝收,无人员伤亡,共造成直接经济损失270万元。

4. 形势分析

影响系统:低槽、西南涡、冷锋。

11日08时,500 hPa内蒙古中部—甘肃南部、重庆长江沿线附近分别有一低槽,形成阶梯槽形势,有利于北侧的低槽东移加强,槽前的正涡度平流有利于低层低值系统的发展,同时,副高稳定控制华南和华东南部地区,其外围的偏南气流有利于水汽的输送。700 hPa在四川盆地西部有西南涡生成,850 hPa西南涡位置与700 hPa位置接近。

11日08时—12日08时,西南涡向东南方向移动影响长寿,并产生强烈的上升运动。850 hPa在广西—华南南部低空急流发展,为此次暴雨过程输送充足的水汽。

11日08时,东北地区有冷高压,其前沿冷锋位于四川盆地北部。11日08时—12日08时,冷锋继续南移影响长寿。

5. 天气分析图

不同层面天气图、探空图分别在图3.23、图3.24中给出。

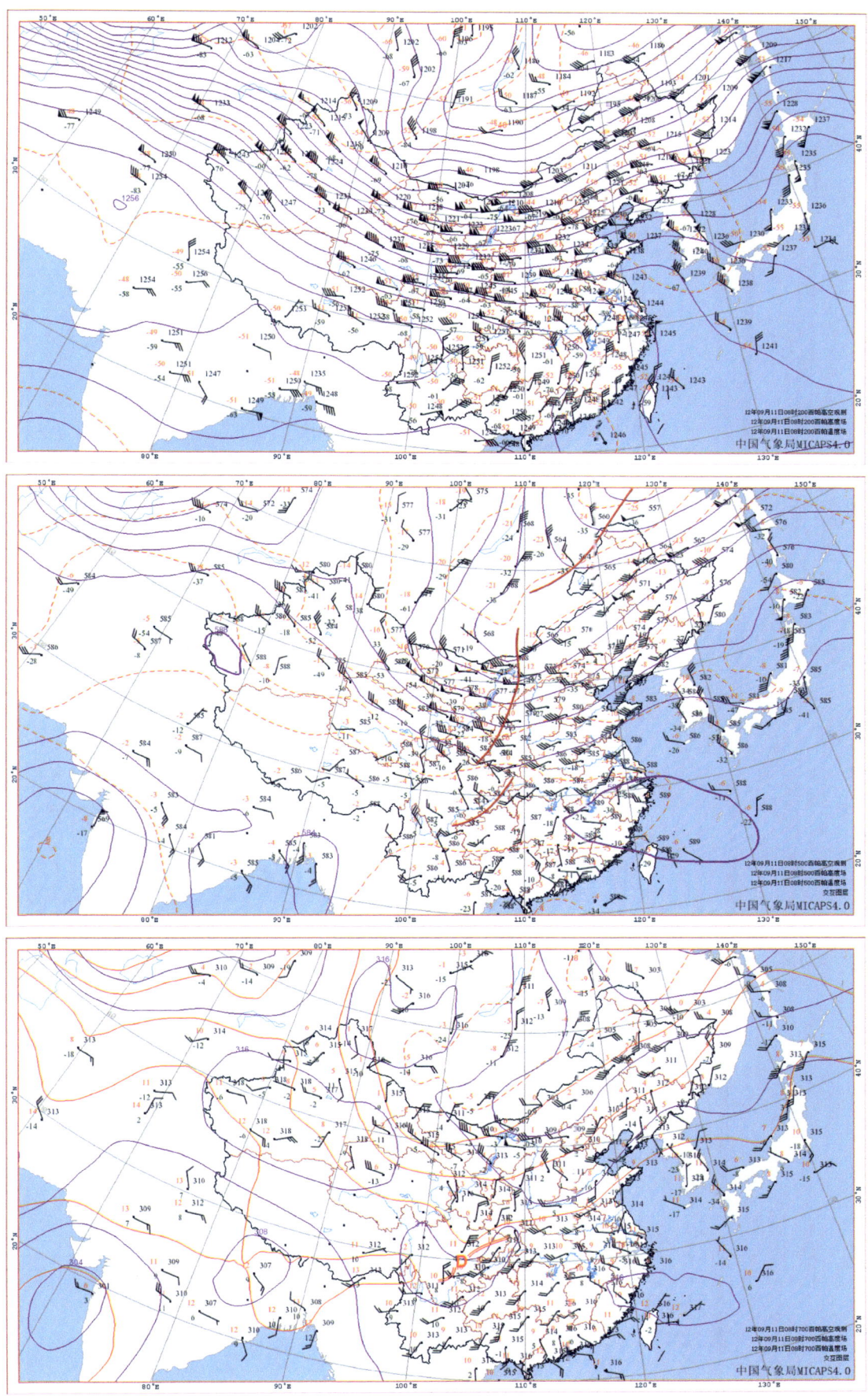

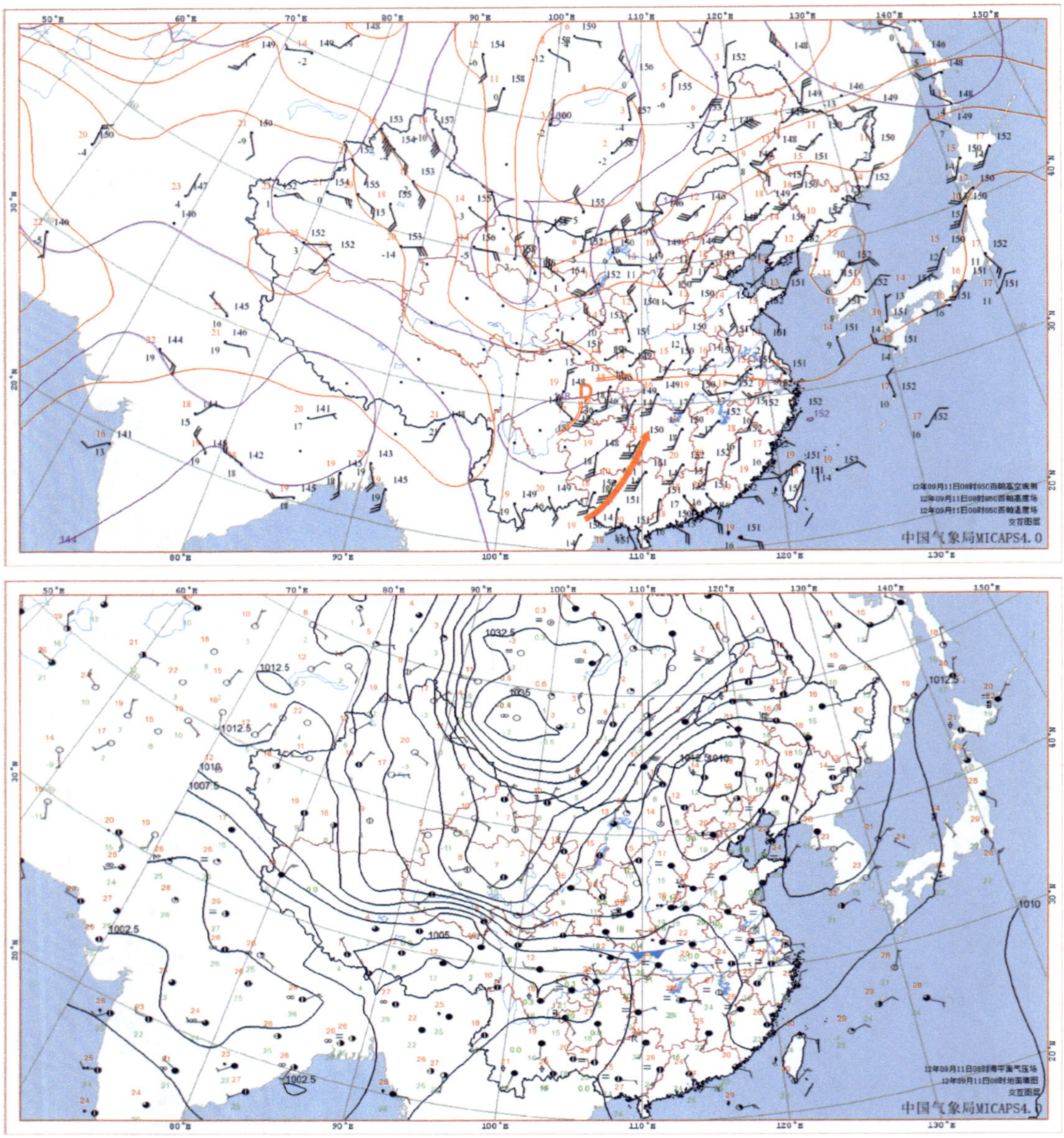

图 3.23 2012 年 9 月 11 日 08 时 200 hPa、500 hPa、700 hPa、850 hPa、地面天气图

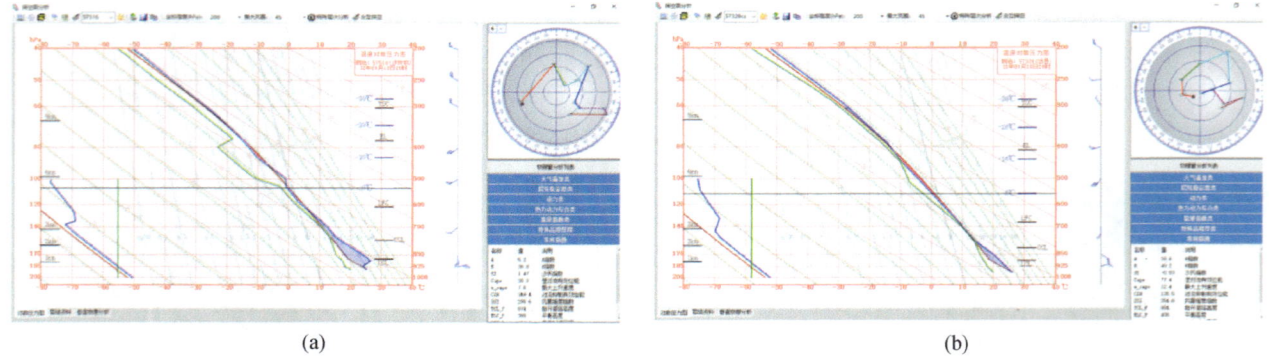

(a)　　　　　　　　　　　　　　(b)

图 3.24 2012 年 9 月 10 日 20 时沙坪坝（a）、达州（b）探空

6. 卫星云图

红外云图见图 3.25。

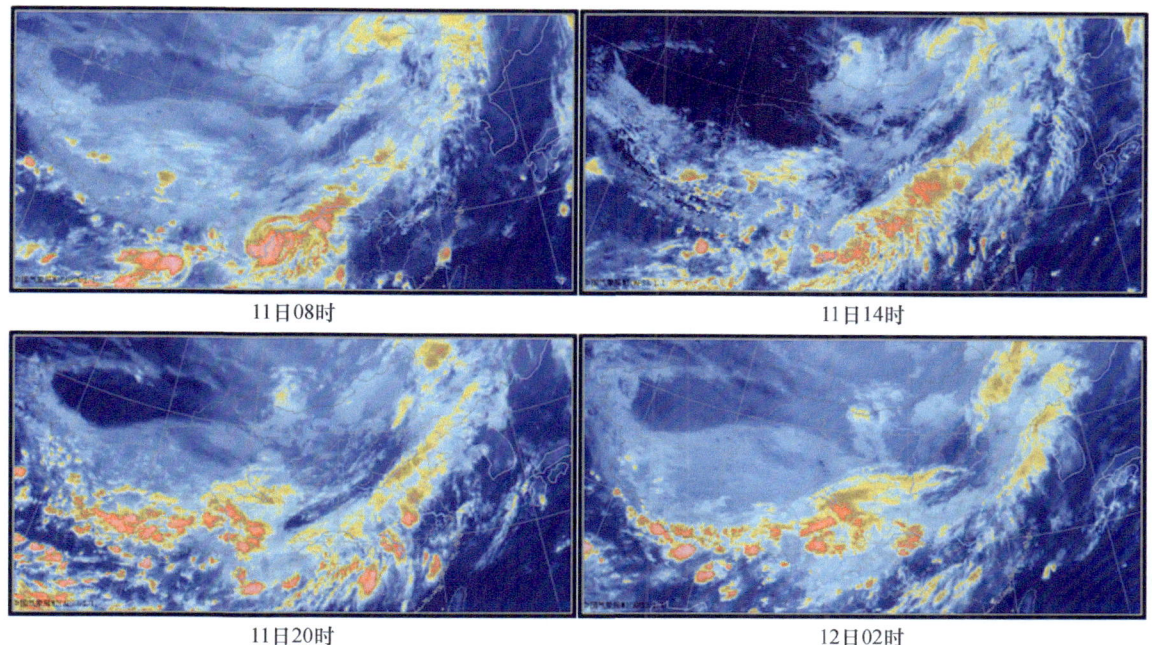

图 3.25　2012 年 9 月 11 日 08 时、14 时、20 时、12 日 02 时红外云图

7. 物理量指标

物理量指标见表 3.7。

表 3.7　2012 年 9 月 11 日 08 时、11 日 20 时、12 日 08 时物理量因子

	物理量指标		9月11日08时	9月11日20时	9月12日08时
水汽条件	温度（℃）	500 hPa	−2.3	−2.5	−4.7
		850 hPa	18	17.4	15.2
	露点温度（℃）	500 hPa	−4.1	−4.3	−6.5
		850 hPa	15.4	15.7	13.7
	相对湿度（%）	700 hPa	89	87	87
		850 hPa	85	90	91
	水汽通量散度 ($g·s^{-1}·cm^{-2}·hPa^{-1}$)	700 hPa	−6.4	2.5	−0.9
		850 hPa	−23.5	−11.3	−10.6
	比湿（g/kg）	700 hPa	9.79	9.86	8.24
		850 hPa	12.91	13.17	11.56
	温度露点差（℃）	700 hPa	1.7	2	2
		850 hPa	2.6	1.7	1.5

续表

	物理量指标		9月11日08时	9月11日20时	9月12日08时
动力条件	低空风速（m/s）	850 hPa	10.3	7.3	9
	相对涡度（$10^{-6}s^{-1}$）	500 hPa	4.6	−3.5	5
		700 hPa	27.2	20.4	23.5
		850 hPa	19.5	17.8	7.2
	垂直速度（10^{-3} hPa·s^{-1}）	500 hPa	−32.5	−9.5	−28.5
		700 hPa	−23.2	−13.6	−20.3
		850 hPa	−10.2	−8.2	−7.5
	散度（$10^{-6}s^{-1}$）	500 hPa	−5.7	6.5	−3.6
		700 hPa	−10	−1	−7.7
		850 hPa	−18	−8.7	−14.6
热力条件	假相当位温 θ_{se}（℃）	500 hPa	75.08	74.53	68.75
		850 hPa	69.95	69.96	62.66
	假相当位温 θ_{se} 梯度（℃）	500 hPa	1.43	0.73	1.47
		850 hPa	2.92	0.49	3.17
	总温度场 TT（℃）	850 hPa	66	63.3	56
	温度平流（10^{-5}℃·s^{-1}）	850 hPa	1.7	−1.2	−3.6
不稳定能量条件	500 hPa 和 850 hPa 的 θ_{se} 差（℃）		−5.13	−4.57	−6.09
	500 hPa 和 850 hPa 的 T 差（℃）		20.3	19.9	19.9
	500 hPa 和 850 hPa 的 T_d 差（℃）		19.5	20	20.2
	A 指数		14.2	14.4	14.6
	K 指数（℃）		34	33.6	31.6
	SI 指数（℃）		2.8	2.6	3.33
	CAPE（J·kg^{-1}）		1.4	0	2.8
	CIN（J·kg^{-1}）		27.4	0	67.2
	LI 抬升指数		1.18	1.17	2.18
	垂直风切变 V_{ws}		0.71	0.23	1.08

个例7　2013年5月14日暴雨

1. 暴雨时段

2013年5月14日02时—14时。

2. 雨情描述

2013年5月13日后半夜至14日白天，长寿出现了一次区域性暴雨天气过程，全区普降暴雨，西北部部分地区达大暴雨，偏南部分地区中到大雨（图3.26）。万顺降雨量最大为78.8 mm，最大小时雨强28.2 mm（西山，5月14日06时）。

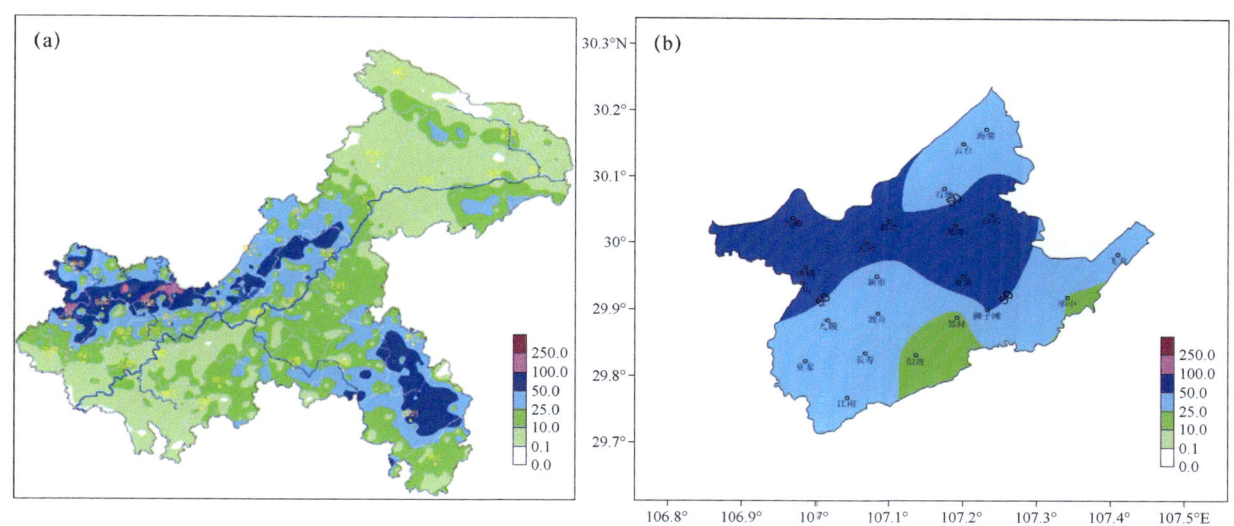

图3.26　2013年5月13日20时—14日20时重庆市（a）和长寿区（b）降雨量分布图（单位：mm）

3. 灾情描述

此次过程造成全区共26000人不同程度受灾，紧急转移安置人口160人，房屋倒塌10间，农作物受灾面积达310 hm^2，无人员伤亡，造成直接经济损失290万元。

4. 形势分析

影响系统：低涡、切变线、冷锋。

14日08时，500 hPa上，东北低涡底部的低槽位置偏北，四川盆地中部有低涡，长寿位于低涡右侧。700 hPa有西南涡生成并移动至渝西北，其右侧切变线位于渝西北—渝东北一线，850 hPa西南涡位置位于700 hPa西南涡附近，其右侧切变线位于渝西北—渝中—鄂西南一线，长寿位于两条切变线之间，南侧有最大风速为18 m/s的西南急流，为此次过程输送充足水汽。

14日08时，地面上，长寿受热低压控制，有利于能量的积累。

13日20时沙坪坝探空显示，$CAPE$值为601.6 J/kg，有一定的不稳定能量。

5. 天气分析图

不同层面天气图、探空图分别在图3.27、图3.28中给出。

重庆市长寿区暴雨天气分析与预报技术手册

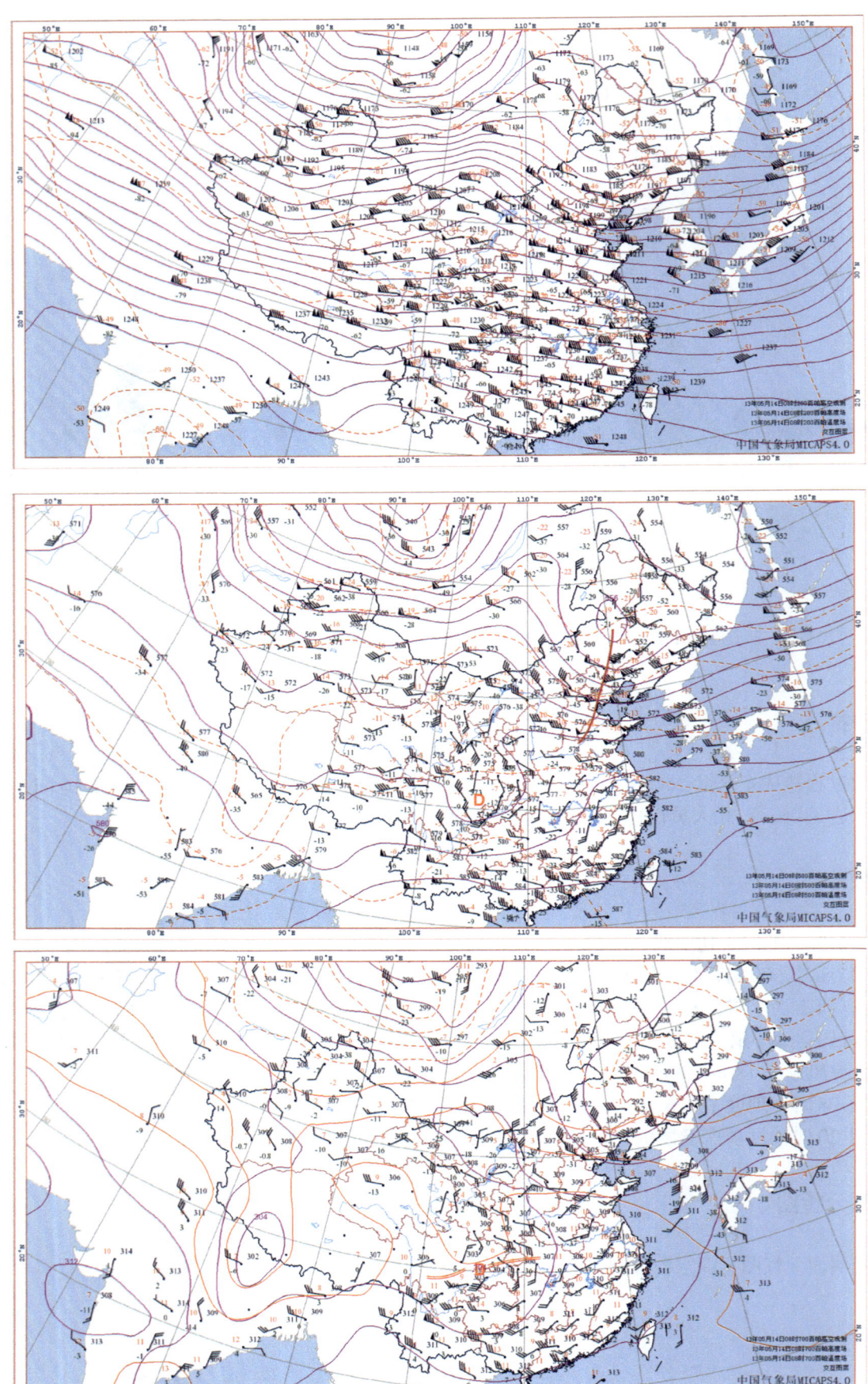

.44.

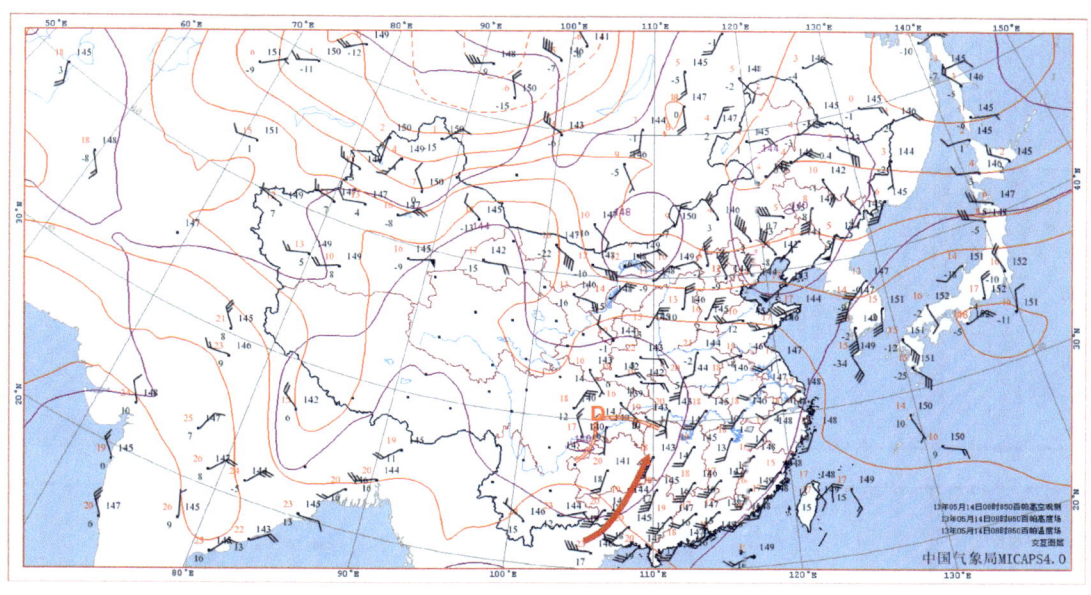

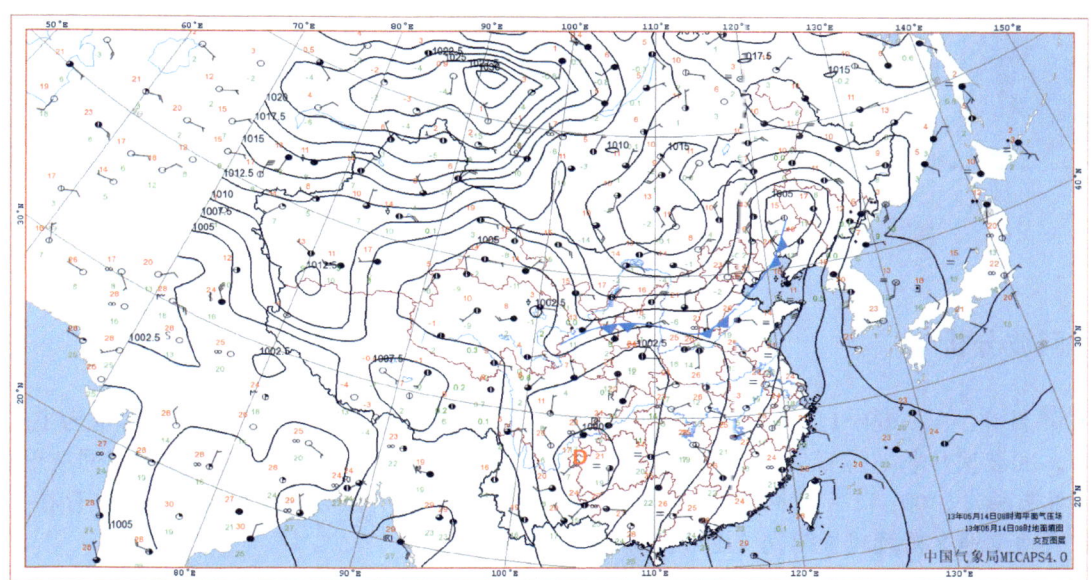

图 3.27　2013 年 5 月 14 日 08 时 200 hPa、500 hPa、700 hPa、850 hPa、地面天气图

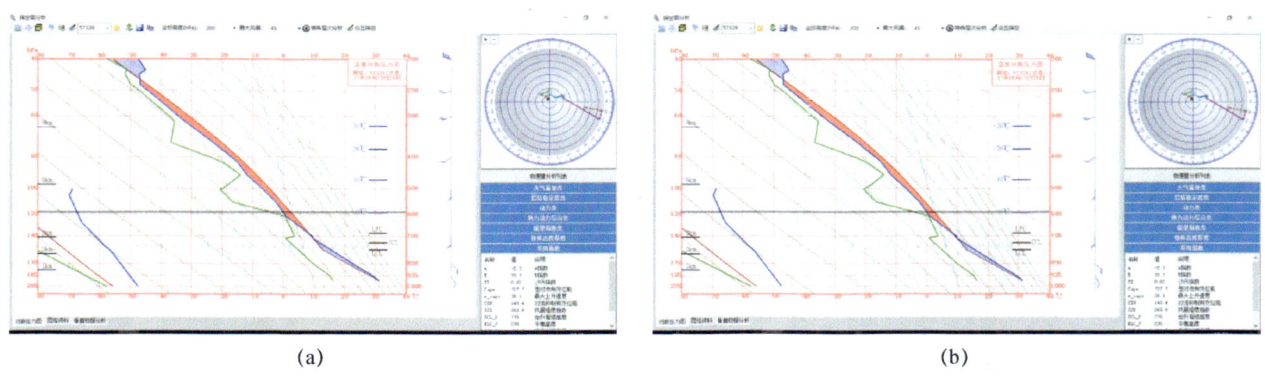

图 3.28　2013 年 5 月 13 日 20 时沙坪坝（a）、达州（b）探空图

6. 卫星云图

红外云图见图 3.29。

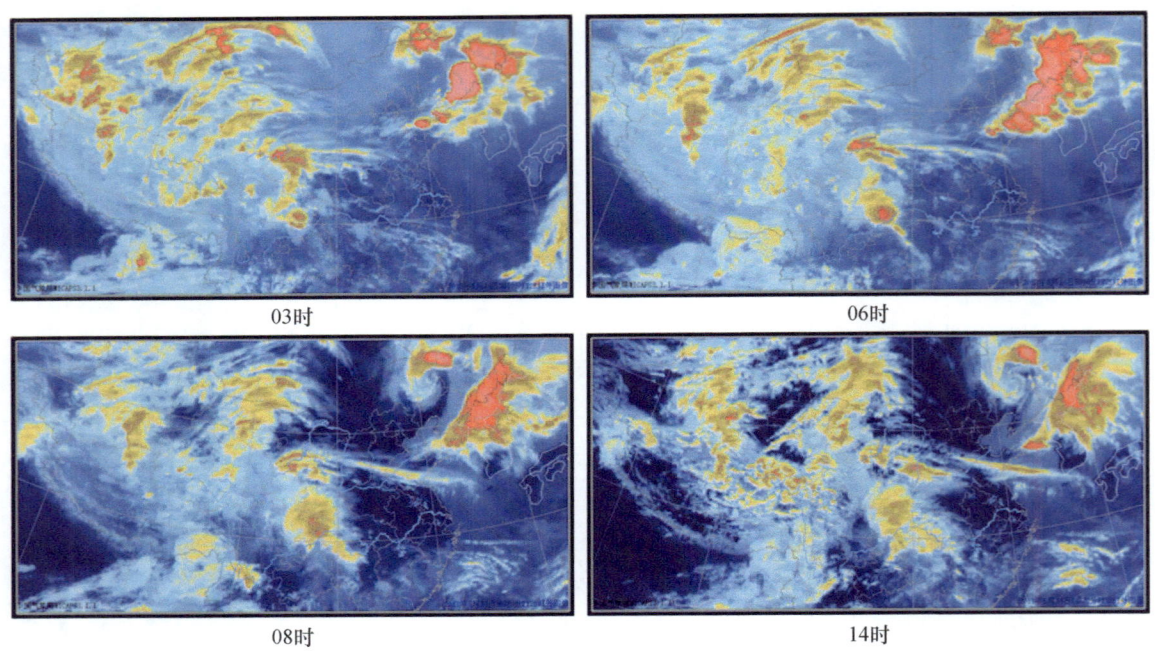

图 3.29　2013 年 5 月 14 日 03 时、06 时、08 时、14 时红外云图

7. 雷达回波分析

5 月 14 日 02：31—09：11，强对流回波向东北方向移动开始影响长寿，且为积云降水为主的层积混合型降水，回波呈片状，位置偏北，长寿位于回波的南侧，07：41 在江津—江北有带状回波迅速发展，并向东偏北方移动，09：11 带状回波开始影响长寿南部，速度图上长寿南部有低层辐合区存在，有利于降水在长寿南部地区持续较长时间（图 3.30）。

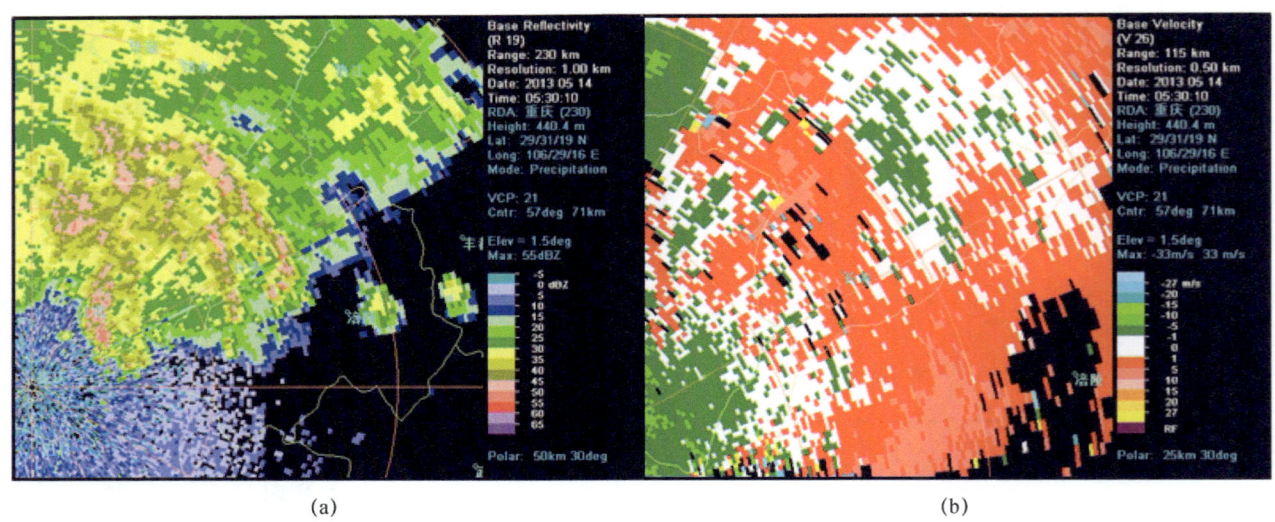

(a)　　　　　　　　　　　　　　　(b)

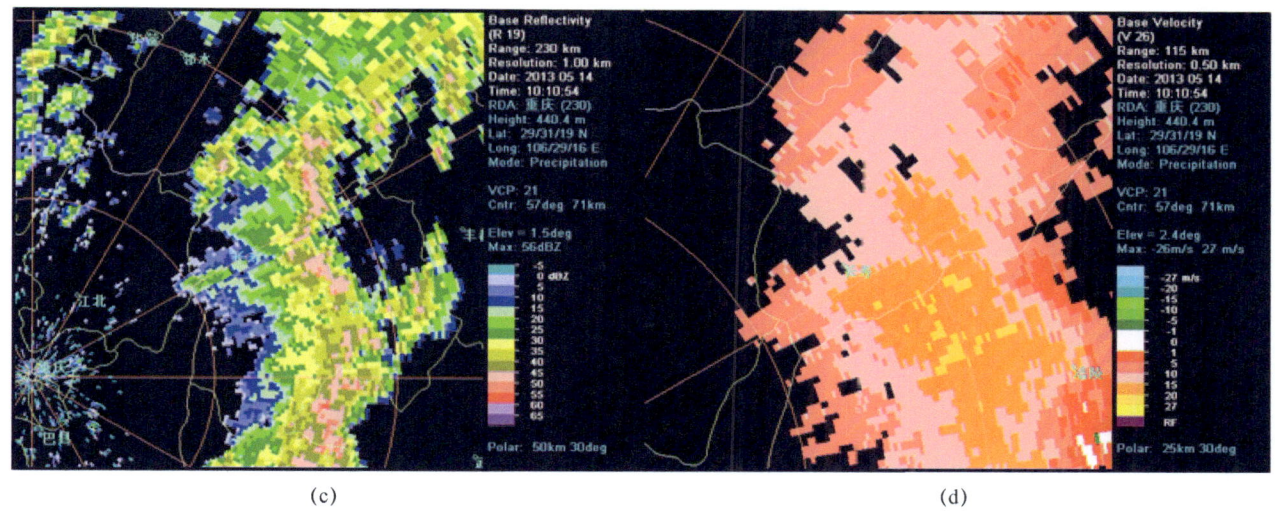

(c) (d)

图3.30 2013年5月14日重庆多普勒天气雷达（a）05：30基本反射率因子，（b）05：30径向速度图，（c）10：10基本反射率因子，（d）10：10径向速度图

8. 物理量指标

物理量指标见表3.8。

表3.8 2013年5月13日20时、14日08时、20时物理量因子

	物理量指标		5月13日20时	5月14日08时	5月14日20时
水汽条件	温度（℃）	500 hPa	−5.1	−0.9	−4.3
		850 hPa	22.2	16.8	15.6
	露点温度（℃）	500 hPa	−25.1	−2.8	−17.3
		850 hPa	13.2	15.6	14.2
	相对湿度（%）	700 hPa	82	88	85
		850 hPa	57	93	91
	水汽通量散度（$g \cdot s^{-1} \cdot cm^{-2} \cdot hPa^{-1}$）	700 hPa	−0.2	−11	−10.6
		850 hPa	−1.5	−18.5	−5
	比湿（g/kg）	700 hPa	9.14	9.21	8.96
		850 hPa	11.19	13.08	11.94
	温度露点差（℃）	700 hPa	2.9	1.8	2.4
		850 hPa	9	1.2	1.4
动力条件	低空风速（m/s）	850 hPa	5	8.7	3
	相对涡度（$10^{-6}s^{-1}$）	500 hPa	39.2	39.5	31.8
		700 hPa	4	35.6	33.3
		850 hPa	17.3	29	3

续表

物理量指标			5月13日20时	5月14日08时	5月14日20时
动力条件	垂直速度（10^{-3} hPa·s^{-1}）	500 hPa	−3.5	−20.2	−19
		700 hPa	−2.5	−14.4	−20.3
		850 hPa	−2	−8.7	−9.2
	散度（$10^{-6} s^{-1}$）	500 hPa	−2.4	−7	5.8
		700 hPa	0.8	−2	0.9
		850 hPa	−0.6	−8.6	−16.9
热力条件	假相当位温 θ_{se}（℃）	500 hPa	56.57	78.94	60.45
		850 hPa	69.91	68.99	64.26
	假相当位温 θ_{se} 梯度（℃）	500 hPa	1.3	0.65	1.04
		850 hPa	2.69	1.97	1.94
	总温度场 TT（℃）	850 hPa	58.5	63.7	63.5
	温度平流（10^{-5}℃·s^{-1}）	850 hPa	−2.8	1.2	−0.3
不稳定能量条件	500 hPa 和 850 hPa 的 θ_{se} 差（℃）		13.34	−9.95	3.81
	500 hPa 和 850 hPa 的 T 差（℃）		27.3	17.7	19.9
	500 hPa 和 850 hPa 的 T_d 差（℃）		38.3	18.4	31.5
	A 指数		−4.6	12.8	3.1
	K 指数（℃）		37.6	31.5	31.7
	SI 指数（℃）		−0.01	4.55	3.14
	CAPE（J·kg^{-1}）		601.6	107.1	3.2
	CIN（J·kg^{-1}）		235.1	134.7	8.2
	LI 抬升指数		−1.46	4.68	1.77
	垂直风切变 V_{WS}		1.37	1.06	1.19

个例8 2013年5月25日暴雨

1. 暴雨时段

2013年5月24日14时—25日20时。

2. 雨情描述

2013年5月24日白天到25日白天，长寿出现了一次区域性暴雨天气过程，全区普降暴雨，中部及偏北部分地区大雨（图3.31）。海棠镇降雨量最大为93.9 mm，最大小时雨强15.6 mm（邻封，5月24日20时）。

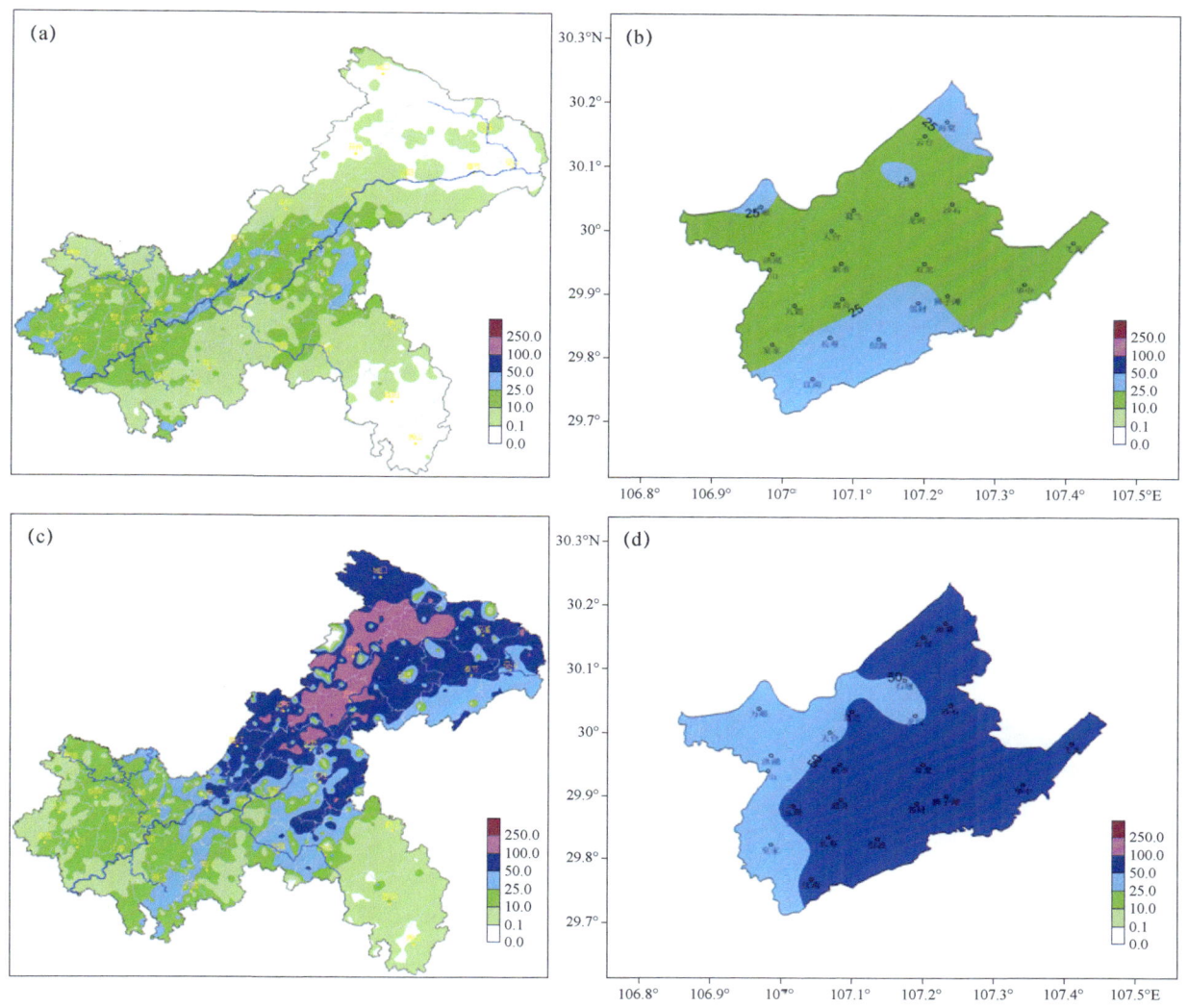

图3.31 2013年5月23日24时—24日20时（a-b）、24日20时—25日20时（c-d）重庆市和长寿区降雨量分布图（单位：mm）

3. 灾情描述

此次过程造成全区共8000人不同程度受灾，紧急转移安置人口150人，房屋倒塌8间，农作物受灾面积达100hm²，无人员伤亡，造成直接经济损失110万元。

4. 形势分析

影响系统：低槽、西南涡、低空急流。

24日20时，500 hPa高原上有低槽东移，25日08时低槽东移至甘肃南部发展为低涡。

24日20时，700 hPa重庆西北部有西南涡生成并向东北方移动，25日08时，西南涡移动至四川盆地东部，四川盆地西部重新生成一低涡，同时，低涡南部的偏南气流发展为低空急流，为此次过程输送充足的水汽。

24日20时—25日08时，850 hPa位于重庆西北部的西南涡少动，但强度加强。地面上长寿受高压后部的偏南气流控制。

5. 天气分析图

不同层面天气图、探空图分别在图 3.32、图 3.33 中给出。

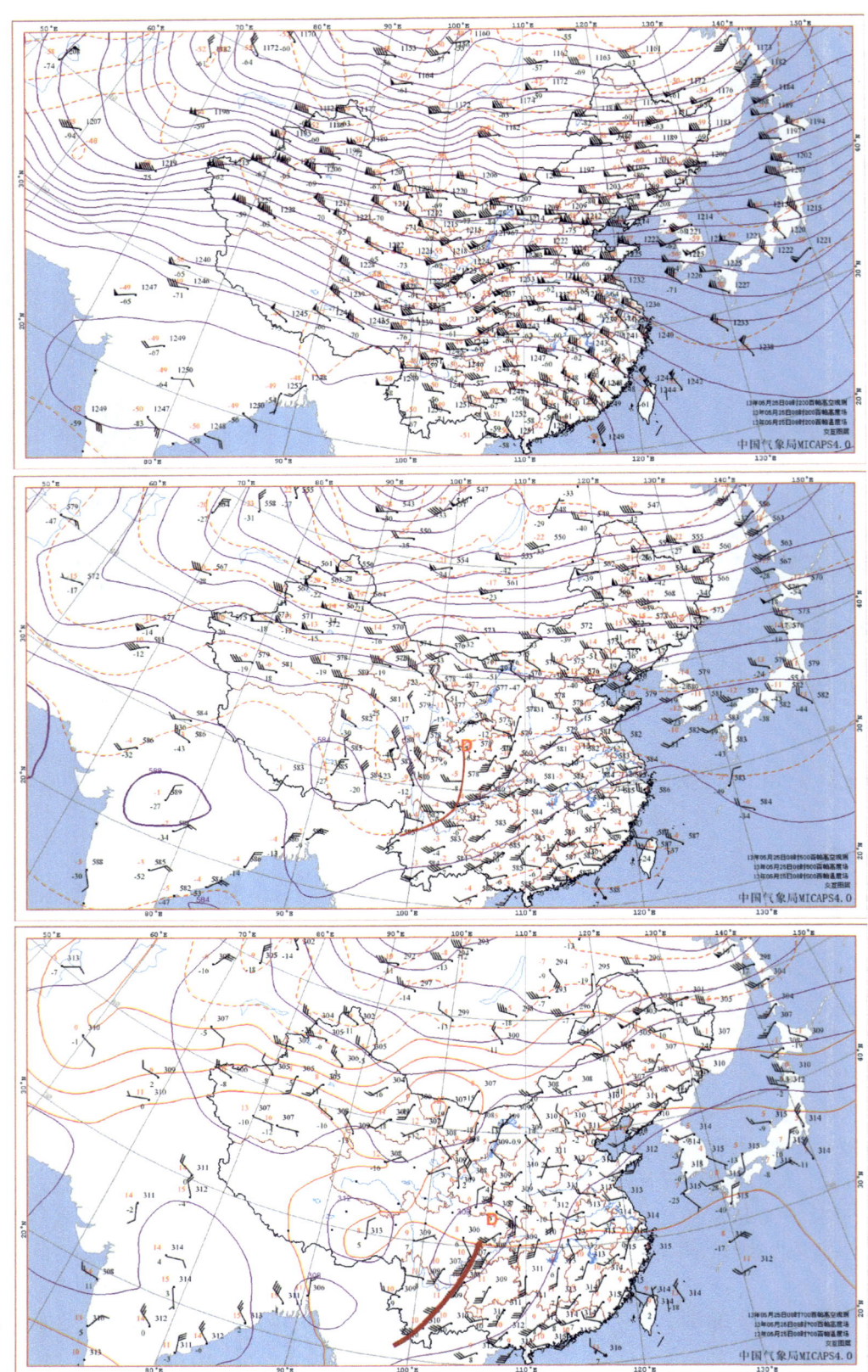

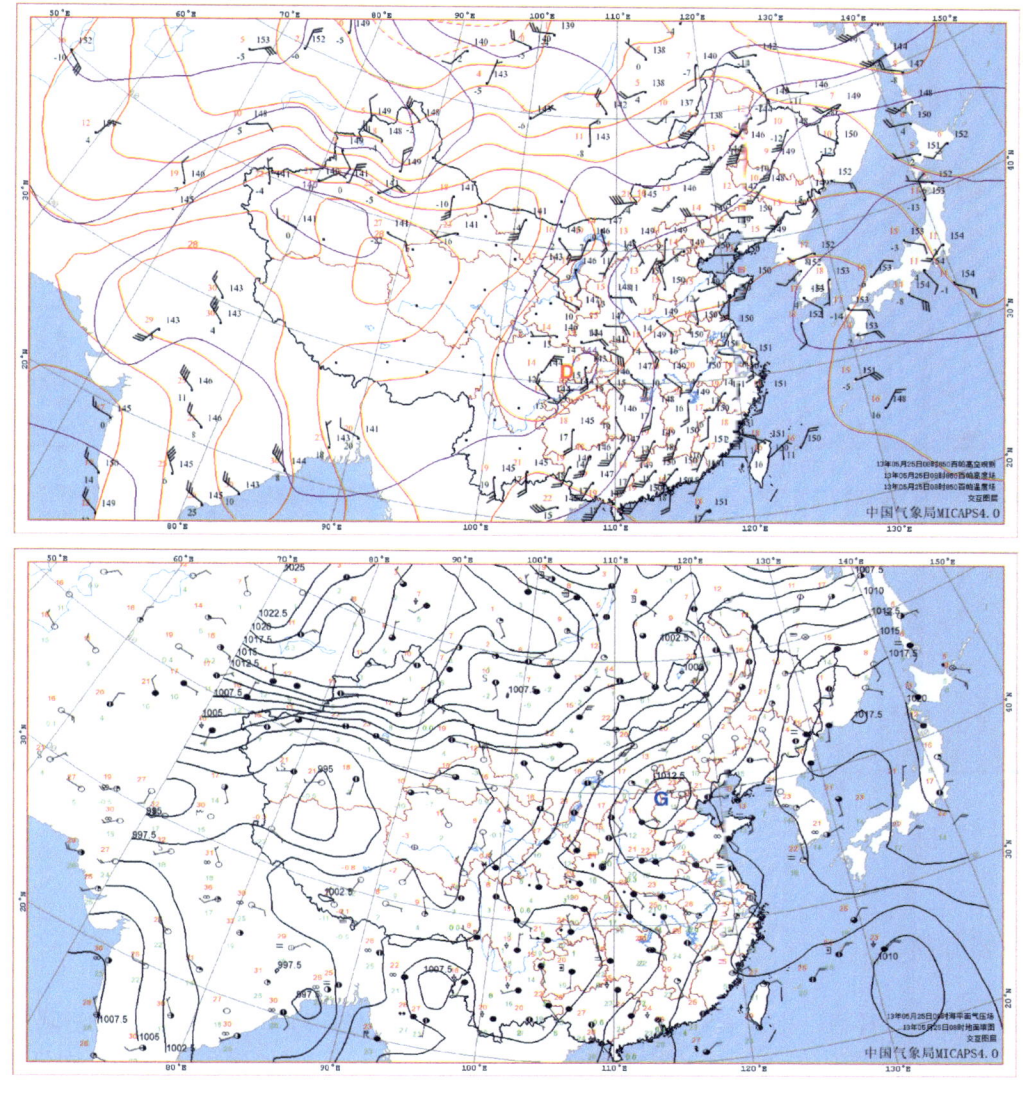

图 3.32 2013 年 5 月 25 日 08 时 200 hPa、500 hPa、700 hPa、850 hPa、地面天气图

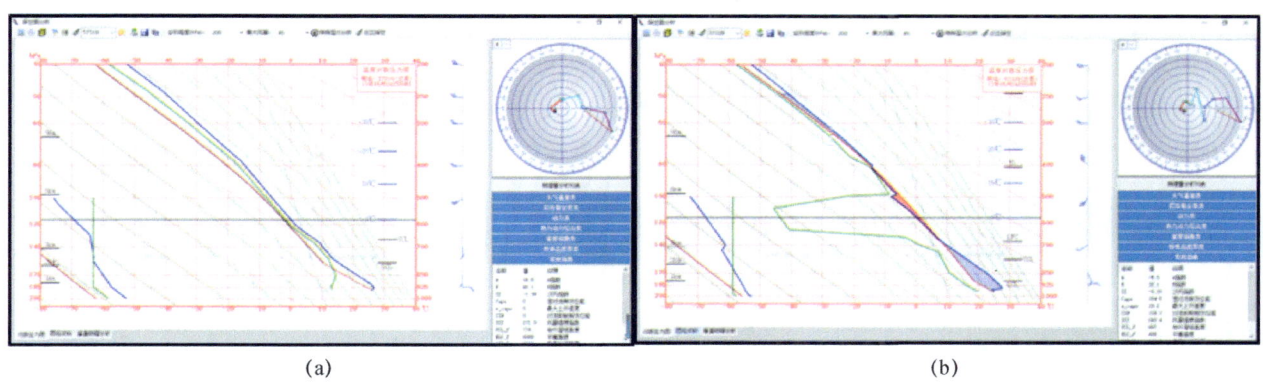

图 3.33 2013 年 5 月 24 日 08 时沙坪坝（a）、达州（b）探空图

6. 卫星云图

红外云图见图3.34。

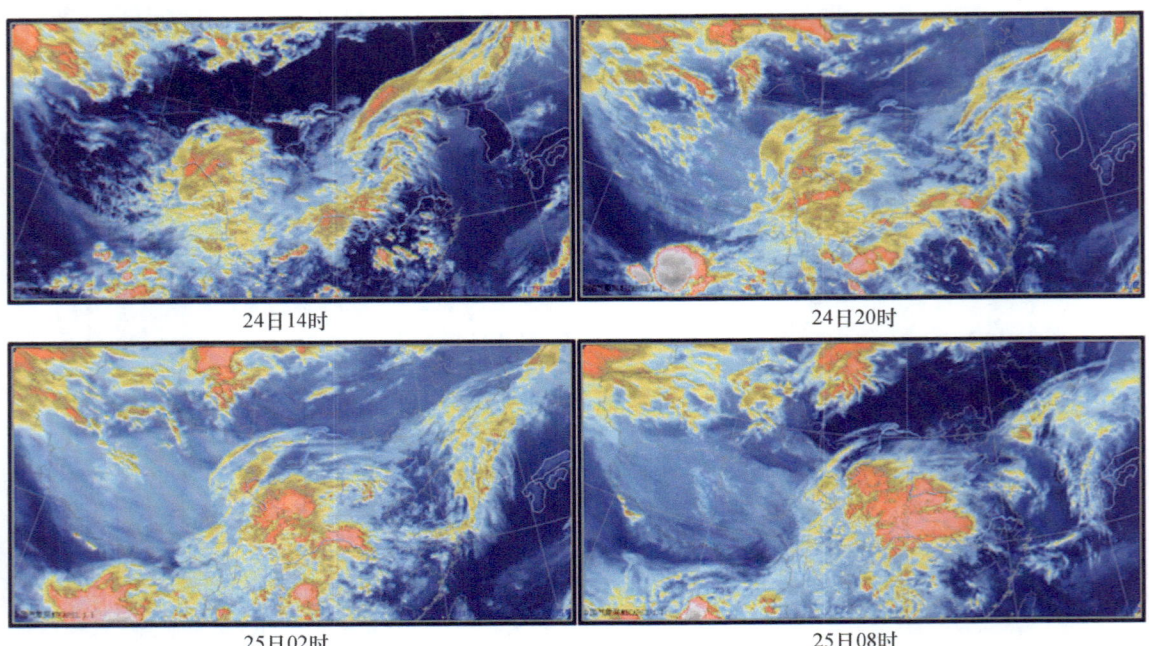

图3.34 2013年5月24日14时、20时和25日02时、08时红外云图

7. 雷达回波分析

24日14:00—25日00:15,长寿上空有分散回波,回波强度在40 dBZ以下,以层云降水回波为主;00:27开始,重庆西部有不断发展成片状的回波向东北方向移动,影响长寿,速度图上中低层有偏南低空急流(图3.35)。

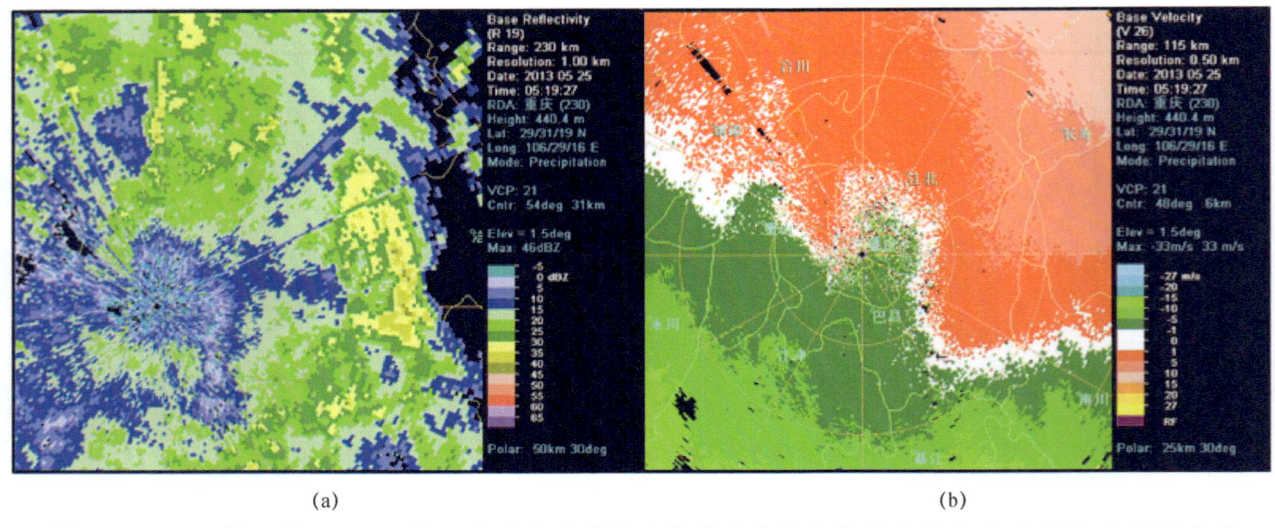

(a)　　　　　　　　　　　　　　　(b)

图3.35 2013年5月25日5时19分重庆多普勒天气雷达基本反射率因子(a)和径向速度图(b)

8. 物理量指标

物理量指标见表3.9。

表3.9　2013年5月24日20时、25日08时、25日20时物理量因子

	物理量指标		5月24日08时	5月24日20时	5月25日08时	5月25日20时
水汽条件	温度（℃）	500 hPa	−5.9	−5.3	−2.7	−5.3
		850 hPa	21.4	16.8	16.2	15.2
	露点温度（℃）	500 hPa	−7.8	−7	−4.5	−8.8
		850 hPa	14.4	14	14	13.4
	相对湿度（%）	700 hPa	90	84	87	89
		850 hPa	64	84	87	89
	水汽通量散度 ($g \cdot s^{-1} \cdot cm^{-2} \cdot hPa^{-1}$)	700 hPa	−20.5	−9.4	−17.6	−6.2
		850 hPa	−21.9	−21.6	−32.5	−38.6
	比湿（g/kg）	700 hPa	10	9.27	9.46	9.79
		850 hPa	12.1	11.79	11.79	11.33
	温度露点差（℃）	700 hPa	1.6	2.5	2	1.7
		850 hPa	7	2.8	2.2	1.8
动力条件	低空风速（m/s）	850 hPa	7	4.7	6	8.7
	相对涡度（$10^{-6} s^{-1}$）	500 hPa	10	3	20.5	39
		700 hPa	14	28.1	15.3	34
		850 hPa	18	17.5	25.2	31.7
	垂直速度（10^{-3} hPa·s^{-1}）	500 hPa	−22.3	−20.5	−44.5	−36.4
		700 hPa	−17.3	−14.7	−30	−27.6
		850 hPa	−6.2	−6.8	−14	−12.7
	散度（$10^{-6} s^{-1}$）	500 hPa	3.4	−4.3	−8	−0.1
		700 hPa	−10.7	−5.4	−11.9	−10
		850 hPa	−12	−10.1	−18.3	−18.4
热力条件	假相当位温 θ_{se}（℃）	500 hPa	65.71	67.38	73.98	65.42
		850 hPa	71.67	65.24	64.52	62.02
	假相当位温 θ_{se} 梯度（℃）	500 hPa	2.32	0.38	0.95	0.85
		850 hPa	1.2	0.46	2.45	1.92
	总温度场 TT（℃）	850 hPa	59	64.4	60.2	62.5
	温度平流（10^{-5}℃·s^{-1}）	850 hPa	2.3	3	3.6	−2.6
不稳定能量条件	500 hPa 和 850 hPa 的 θ_{se} 差（℃）		5.96	−2.14	−9.46	−3.4
	500 hPa 和 850 hPa 的 T 差（℃）		27.3	22.1	18.9	20.5
	500 hPa 和 850 hPa 的 T_d 差（℃）		22.2	21	18.5	22.2
	A 指数		16.8	15.1	12.9	13.5
	K 指数（℃）		40.1	33.6	30.9	32.2
	SI 指数（℃）		−1.39	1.67	4.62	3.08
	$CAPE$（J·kg^{-1}）		0	0.1	0	0.3
	CIN（J·kg^{-1}）		0	0.3	0	0.3
	LI 抬升指数		2.86	0.29	3.11	1.33
	垂直风切变 V_{WS}		1.44	1.63	1.15	0.44

个例9 2013年5月29日暴雨

1. 暴雨时段

2013年5月28日20时—29日08时。

2. 雨情描述

2013年5月28日夜间到29日上午,长寿出现了一次区域性暴雨天气过程,中北部普降暴雨,局地达大暴雨,其余地区中到大雨(图3.36)。云台雨量最大为86.2 mm,最大小时雨强40.5 mm(云台,5月29日04时)。

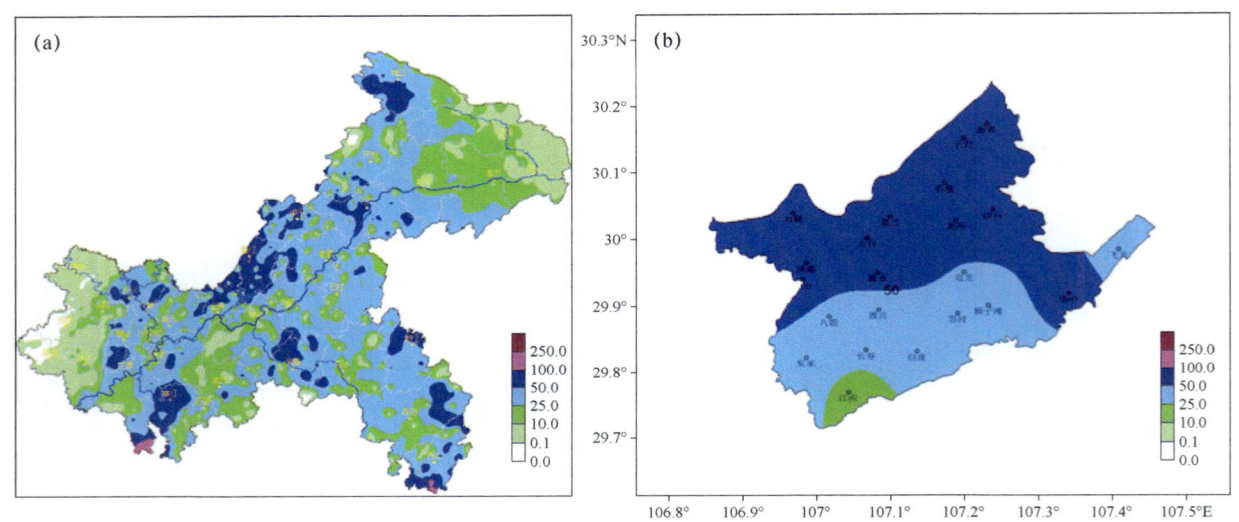

图3.36 2013年5月28日20时—29日20时重庆市(a)和长寿区(b)降雨量分布图(单位:mm)

3. 灾情描述

此次过程造成全区共62000人不同程度受灾,紧急转移安置人口860人,房屋倒塌35间,农作物受灾面积达2000hm²,其中400hm²绝收,无人员伤亡,造成直接经济损失720万元。

4. 形势分析

影响系统:低槽、西南涡、切变线、冷锋。

28日20时,500 hPa副高较强,控制华东、华南一带,东北—河套地区有低槽,高原上有低槽东移,长寿受槽前偏南气流影响;700 hPa四川盆地北部有西南涡生成;850 hPa切变线位于重庆长江沿线一带。

29日08时,西南涡向东南方向移动影响长寿。

28日20时,地面有冷空气侵入盆地。

5. 天气分析图

不同层面天气图、探空图分别在图 3.37、图 3.38 中给出。

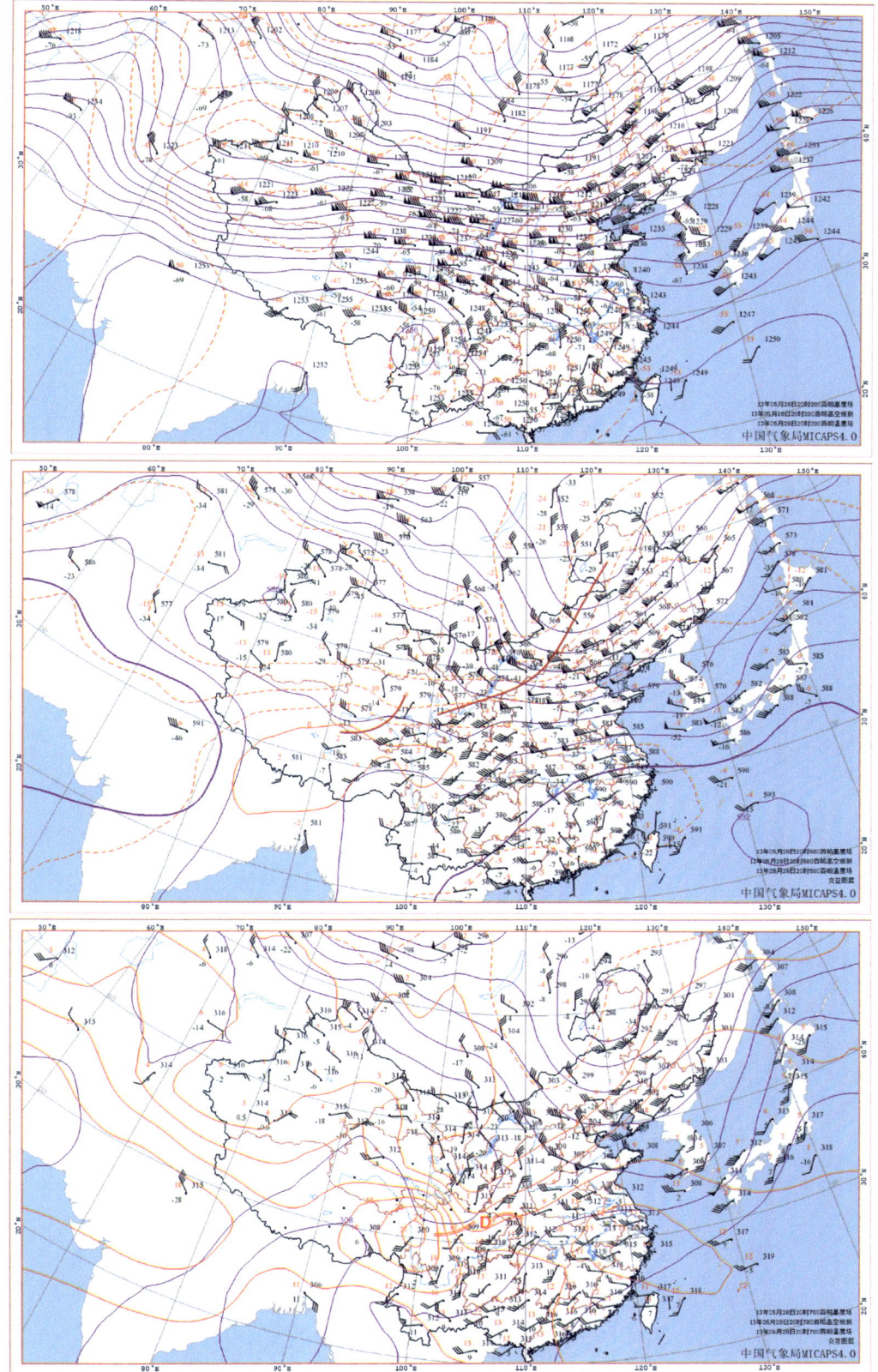

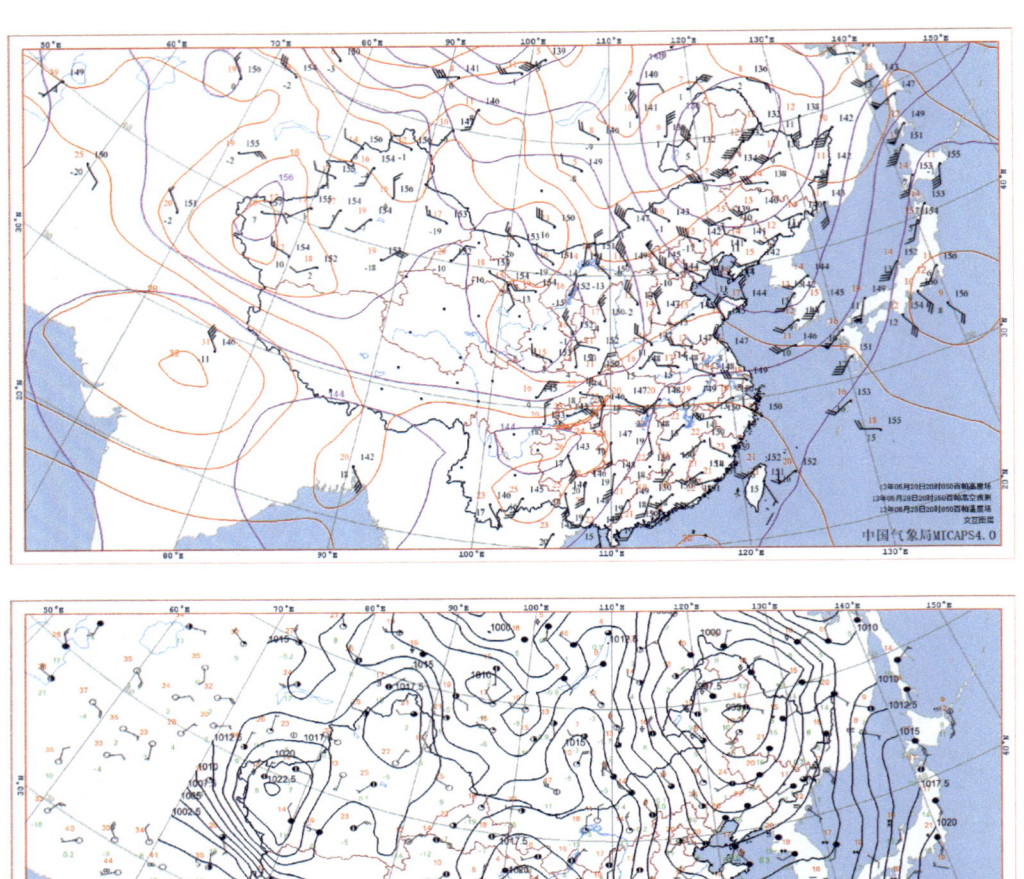

图 3.37　2013 年 5 月 28 日 20 时 200 hPa、500 hPa、700 hPa、850 hPa、地面天气图

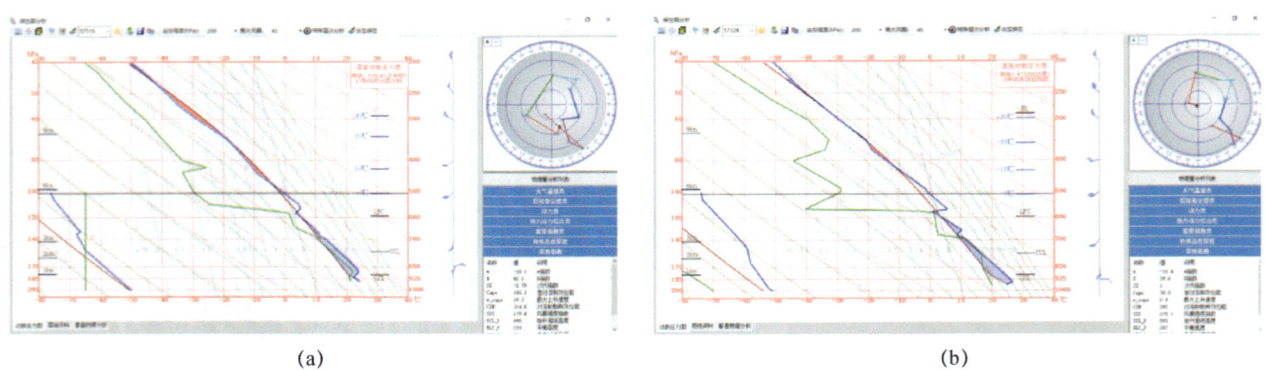

(a)　　　　　　　　　　　　　　　(b)

图 3.38　2013 年 5 月 28 日 20 时沙坪坝（a）、达州（b）探空图

6. 卫星云图

红外云图见图3.39。

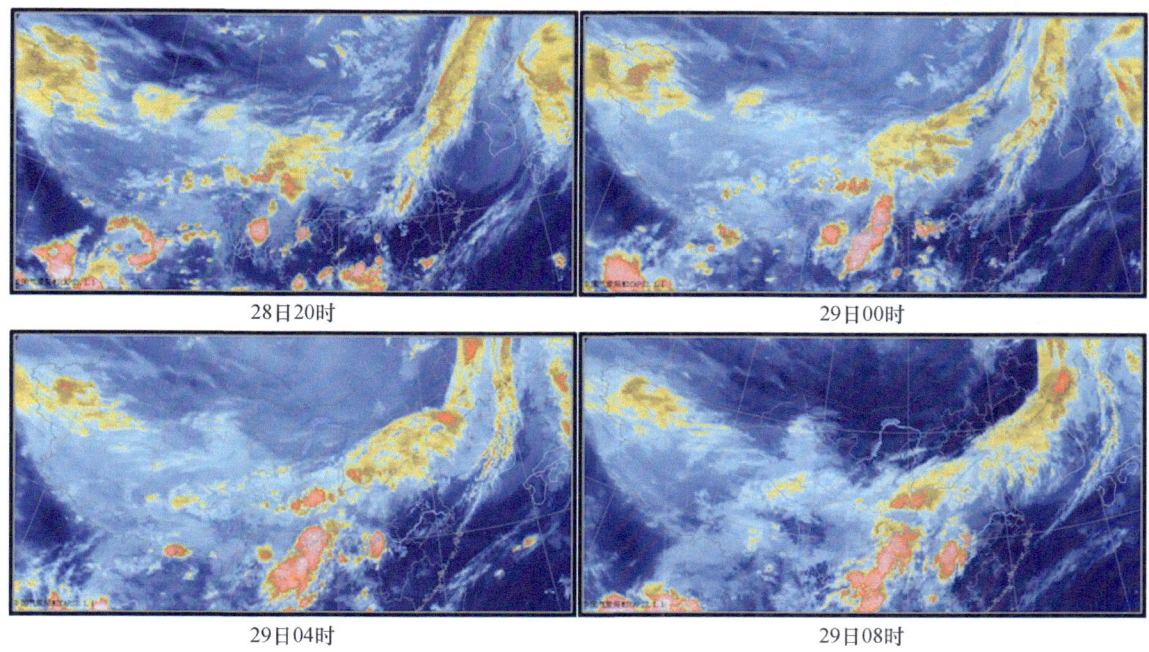

图 3.39　2013 年 5 月 28 日 20 时和 29 日 00 时、04 时、08 时红外云图

7. 雷达回波分析

28 日 22：38—29 日 02：07 不断有对流回波向东北方向移动，影响长寿，回波强度为 35～55 dBZ；从 02：48 径向速度（图 3.40）上看，在长寿东北部和西北部有低层辐合，同时，渝北东北部—长寿西北部在低层有辐合，并向东北方移动，列车效应导致云台在此次过程中降水量达到 86.2 mm。

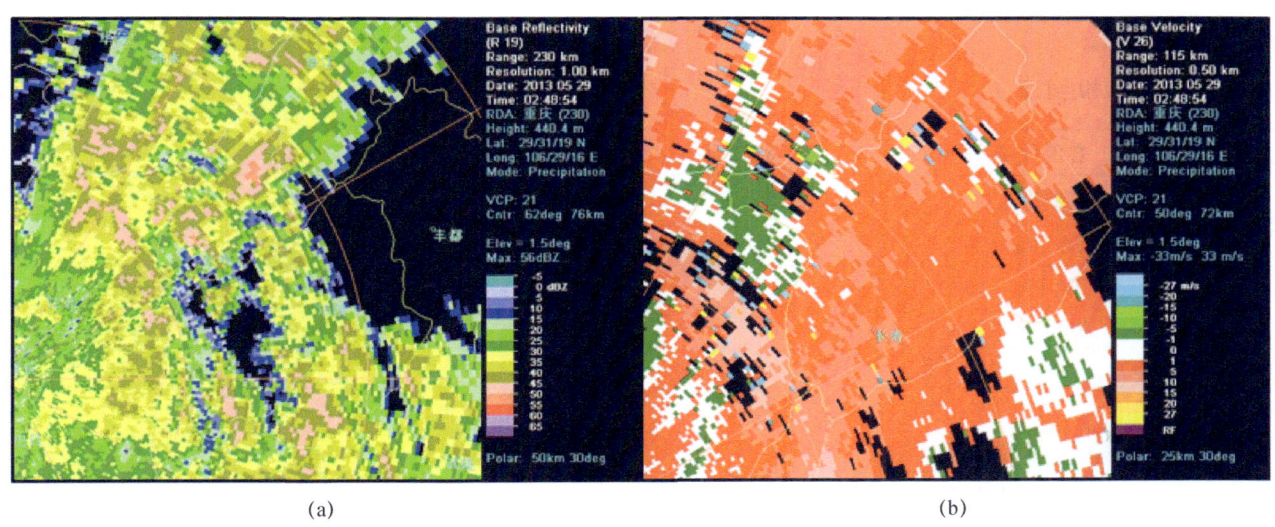

图 3.40　2013 年 5 月 29 日 02：48 重庆多普勒天气雷达（a）基本反射率因子，（b）径向速度图

8. 物理量指标

物理量指标见表3.10。

表3.10 2013年5月28日20时、29日08时、29日20时物理量因子

	物理量指标		5月28日20时	5月29日08时	5月29日20时
水汽条件	温度（℃）	500 hPa	−0.5	−4.5	−3.7
		850 hPa	23.2	10.8	9
	露点温度（℃）	500 hPa	−29.5	−8.7	−7.5
		850 hPa	21	9.3	7.7
	相对湿度（%）	700 hPa	84	90	90
		850 hPa	87	90	92
	水汽通量散度（g·s^{-1}·cm^{-2}·hPa^{-1}）	700 hPa	−5.5	−8	11
		850 hPa	−21	−20	0
	比湿（g/kg）	700 hPa	11.91	10.34	9.27
		850 hPa	18.41	8.62	7.73
	温度露点差（℃）	700 hPa	2.6	1.5	1.5
		850 hPa	2.2	1.5	1.3
动力条件	低空风速（m/s）	850 hPa	8	6.7	5.7
	相对涡度（10^{-6}s^{-1}）	500 hPa	−12	9.6	−2
		700 hPa	5	32.3	25.2
		850 hPa	18.3	16.4	14.6
	垂直速度（10^{-3} hPa·s^{-1}）	500 hPa	−22.5	−37.5	0.5
		700 hPa	−24.5	−28.5	−3.8
		850 hPa	−6.6	−9.7	−1.3
	散度（10^{-6}s^{-1}）	500 hPa	14.5	−2.7	8
		700 hPa	−13.4	−13.2	2.3
		850 hPa	−21.1	−18.1	−1.8
热力条件	假相当位温 θ_{se}（℃）	500 hPa	61.3	66.55	68.87
		850 hPa	92.89	49.15	44.58
	假相当位温 θ_{se} 梯度（℃）	500 hPa	3.06	3.54	0.92
		850 hPa	4.2	5.24	0.5
	总温度场 TT（℃）	850 hPa	62.6	57.5	56.9
	温度平流（10^{-5}℃·s^{-1}）	850 hPa	1.2	0.9	−1
不稳定能量条件	500 hPa 和 850 hPa 的 θ_{se} 差（℃）		31.59	−17.4	−24.29
	500 hPa 和 850 hPa 的 T 差（℃）		23.7	15.3	12.7
	500 hPa 和 850 hPa 的 T_d 差（℃）		50.5	18	15.2
	A 指数		−10.1	8.1	6.1
	K 指数（℃）		42.1	23.1	18.9
	SI 指数（℃）		−2.79	10.09	13.35
	CAPE（J·kg^{-1}）		186.1	0	0
	CIN（J·kg^{-1}）		314.8	0	0
	LI 抬升指数		1.29	11.1	14.1
	垂直风切变 V_{ws}		0.48	0.81	0.27

个例 10　2013 年 6 月 9 日暴雨

1. 暴雨时段

2013 年 6 月 8 日 14 时—9 日 20 时。

2. 雨情描述

2013 年 6 月 8 日白天到 9 日白天，长寿出现了一次区域性暴雨天气过程，全区普降暴雨，局地大暴雨，东部部分地区大雨（图 3.41）。累计降雨量最大为云台镇 103.9 mm，最大小时雨强 13.0 mm（云台，6 月 9 日 11 时）。

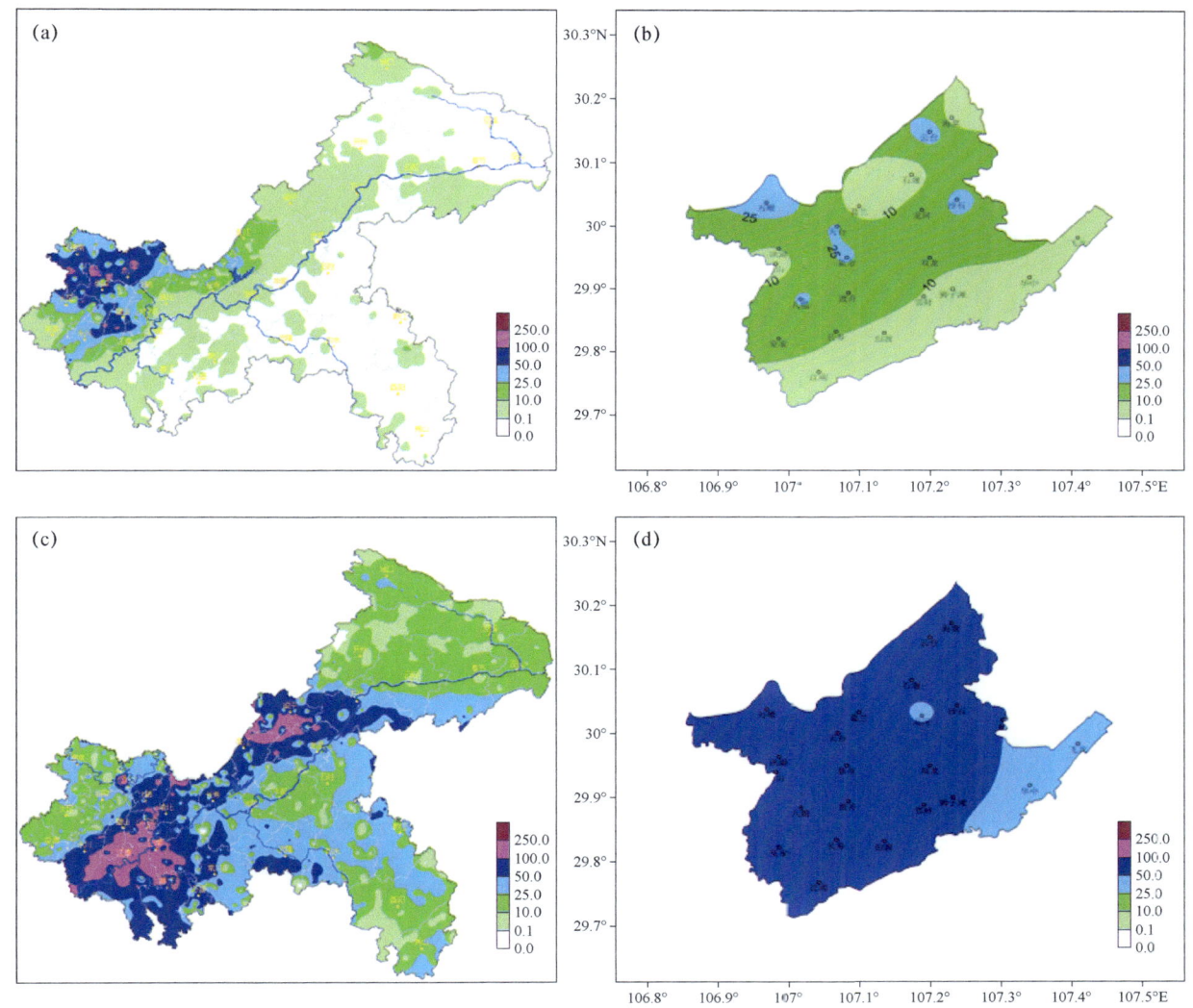

图 3.41　2013 年 6 月 7 日 20 时—8 日 20 时（a-b）、6 月 8 日 20 时—9 日 20 时（c-d）
重庆市和长寿区降雨量分布图（单位：mm）

3. 灾情描述

此次过程造成全区共 57000 人不同程度受灾，紧急转移安置人口 650 人，房屋倒塌 40 间，农作物受灾面积达 880hm^2，无人员伤亡，共造成直接经济损失 840 万元。

4. 形势分析

影响系统：低槽、西南涡、切变线、冷锋。

8 日 20 时，500 hPa 东海有台风向东北方向移动，贝加尔湖东侧—甘肃中部、四川盆地分别有一低槽，北部槽后的偏北气流引导冷空气南下；700 hPa 四川盆地有西南涡生成并向东南方移动；850 hPa 西南涡位于重庆西部。

9 日 08 时，700 hPa 西南涡移至重庆西北部，850 hPa 西南涡移至重庆东南部。长寿一直位于 700 hPa 西南涡移动方向右侧，上升运动强烈。

8 日 20 时，地面上有冷空气从西部侵入，长寿位于冷锋附近。

5. 天气分析图

不同层面天气图、探空图分别在图 3.42、图 3.43 中给出。

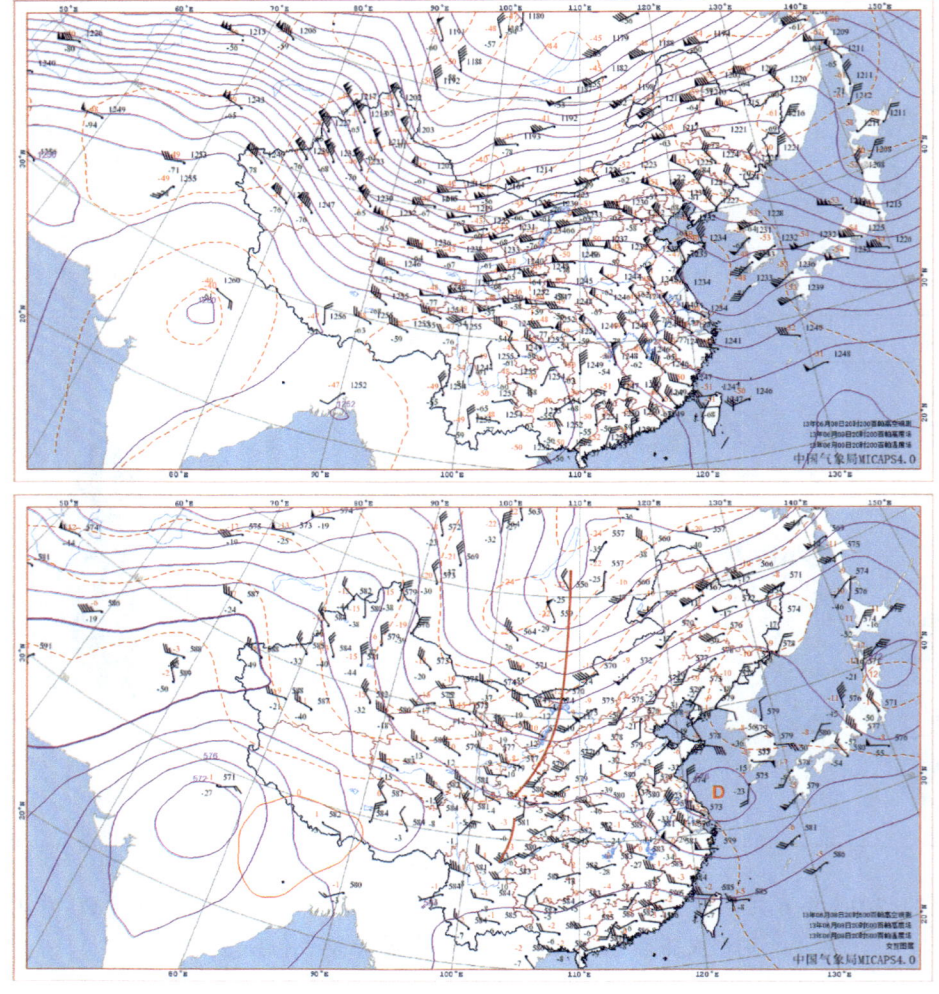

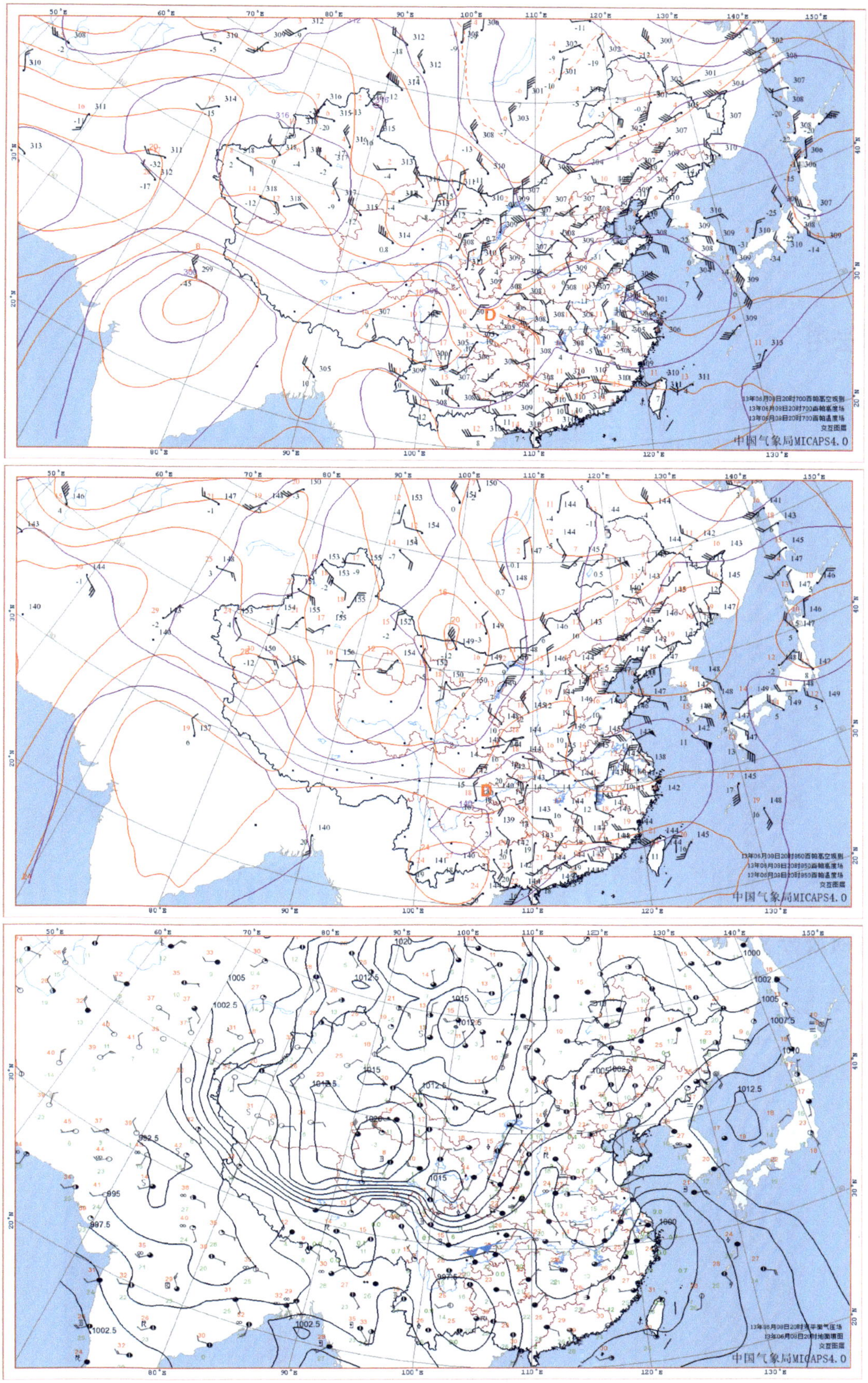

图 3.42　2013 年 6 月 8 日 20 时 200 hPa、500 hPa、700 hPa、850 hPa、地面天气图

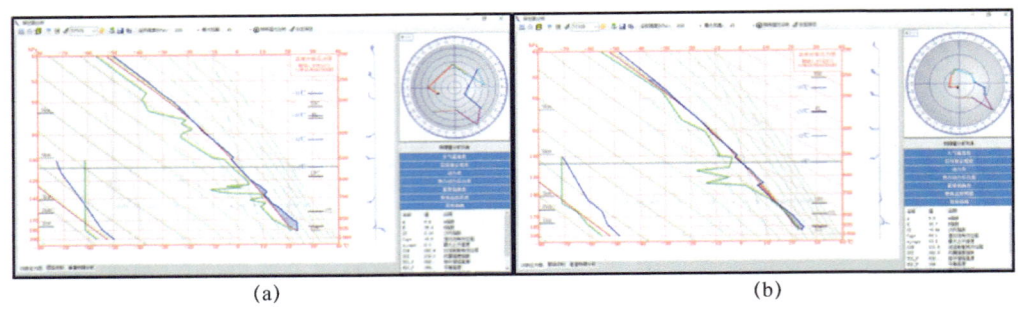

图 3.43 2013 年 6 月 8 日 08 时沙坪坝（a）、达州（b）探空图

6. 卫星云图

红外云图见图 3.44。

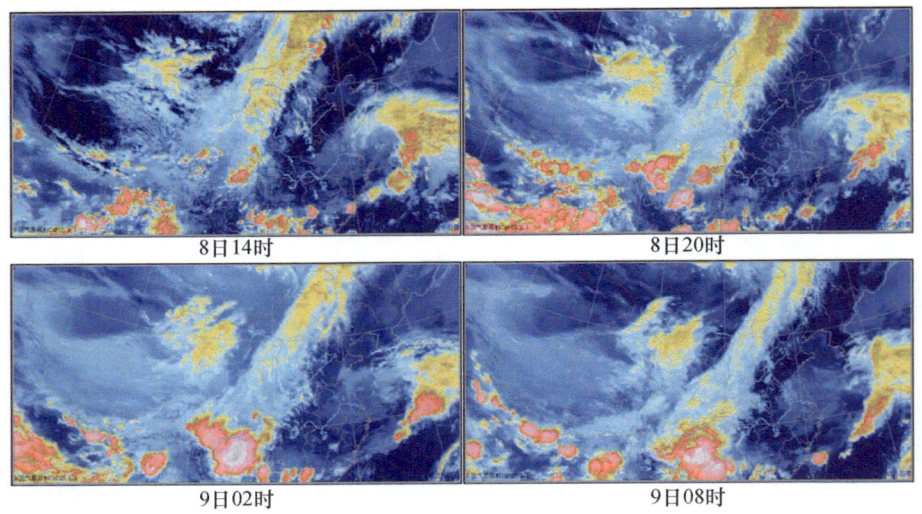

图 3.44 2013 年 6 月 8 日 14 时、20 时、9 日 02 时、08 时红外云图

7. 雷达回波分析

8 日 14：27—20：01，影响长寿的回波位置偏北，长寿位于回波的南侧边缘；20：01—05：16，在重庆江北不断有小块回波发展，向东移动影响长寿；08：03 开始，江津—江北回波发展成带状，向东移动，继续影响长寿，列车效应导致长寿地区降水时间持续，从而形成暴雨（图 3.45）。

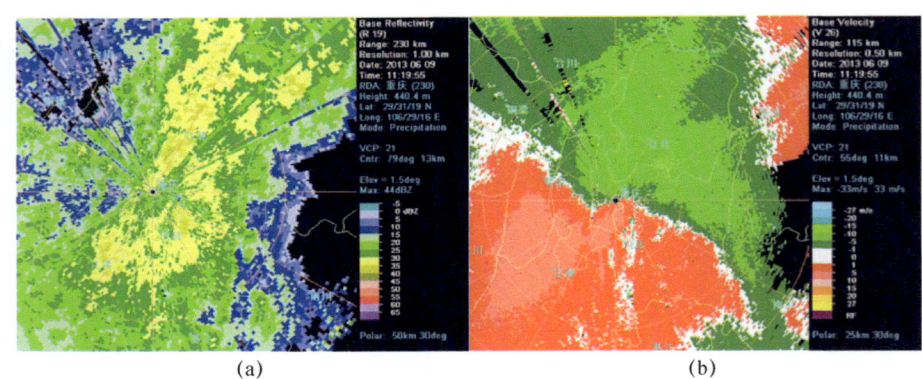

图 3.45 2013 年 6 月 9 日 11 时 19 分重庆多普勒天气雷达基本反射率因子（a）和径向速度图（b）

8. 物理量指标

物理量指标见表3.11。

表3.11 2013年6月8日08时、20时、9日08时、9日20时物理量因子

	物理量指标		6月8日08时	6月8日20时	6月9日08时	6月9日20时
水汽条件	温度（℃）	500 hPa	−2.7	−1.9	−0.7	−2.5
		850 hPa	21.8	19.2	17.4	15
	露点温度（℃）	500 hPa	−6.7	−5.4	−2.6	−4.1
		850 hPa	13.8	17.7	15.7	13.5
	相对湿度（%）	700 hPa	82	89	83	90
		850 hPa	60	91	90	91
	水汽通量散度 ($g·s^{-1}·cm^{-2}·hPa^{-1}$)	700 hPa	−3	−14	−13	10
		850 hPa	−8	−19.5	−20	−2.6
	比湿（g/kg）	700 hPa	10.06	11.52	10.13	8.59
		850 hPa	11.64	14.96	13.17	11.41
	温度露点差（℃）	700 hPa	2.9	1.7	2.8	1.6
		850 hPa	8	1.5	1.7	1.5
动力条件	低空风速（m/s）	850 hPa	4.7	6.7	5.7	7
	相对涡度（$10^{-6} s^{-1}$）	500 hPa	−1.4	−4	11.5	18
		700 hPa	−1	16.5	36.4	32
		850 hPa	6	10	23	14
	垂直速度（$10^{-3} hPa·s^{-1}$）	500 hPa	−3.7	−21.8	−45.7	−12.7
		700 hPa	−6.8	−21.6	−33.4	−5.6
		850 hPa	−5.1	−9.6	−14.8	3.9
	散度（$10^{-6} s^{-1}$）	500 hPa	1	7.2	−3.2	0.7
		700 hPa	2.2	−7.5	−14.5	−7.5
		850 hPa	−3.9	−15.2	−21.3	−6.8
热力条件	假相当位温 θ_{se}（℃）	500 hPa	71.08	73.77	79.54	74.83
		850 hPa	70.78	77.48	69.96	61.99
	假相当位温 θ_{se} 梯度（℃）	500 hPa	3.46	0.96	2.18	2.99
		850 hPa	1	2.17	3.53	1.1
	总温度场 TT（℃）	850 hPa	67.2	70.1	61.6	55.2
	温度平流（$10^{-5} ℃·s^{-1}$）	850 hPa	0.5	4	1.8	0.8
不稳定能量条件	500 hPa 和 850 hPa 的 θ_{se} 差（℃）		−0.3	3.71	−9.58	−12.84
	500 hPa 和 850 hPa 的 T 差（℃）		24.5	21.1	18.1	17.5
	500 hPa 和 850 hPa 的 T_d 差（℃）		20.5	23.1	18.3	17.6
	A 指数		9.6	14.4	11.7	12.8
	K 指数（℃）		35.4	37.1	31	29.4
	SI 指数（℃）		2.16	0.5	4.4	5.88
	$CAPE$（$J·kg^{-1}$）		18.6	3.4	0	0
	CIN（$J·kg^{-1}$）		262.3	112.3	0	0.6
	LI 抬升指数		−0.15	0.34	3.69	4.75
	垂直风切变 V_{ws}		0.54	1.08	0.33	0.87

个例11 2013年9月2日暴雨

1. 暴雨时段

2013年9月2日02时—14时。

2. 雨情描述

2013年9月1日到2日，长寿出现了一次区域性暴雨天气过程，中部、北部、东南部部分地区出现暴雨，其余地区大雨（图3.46）。降雨量最大为西山69.3 mm，最大小时雨强15.0 mm（新市，9月2日06时）。

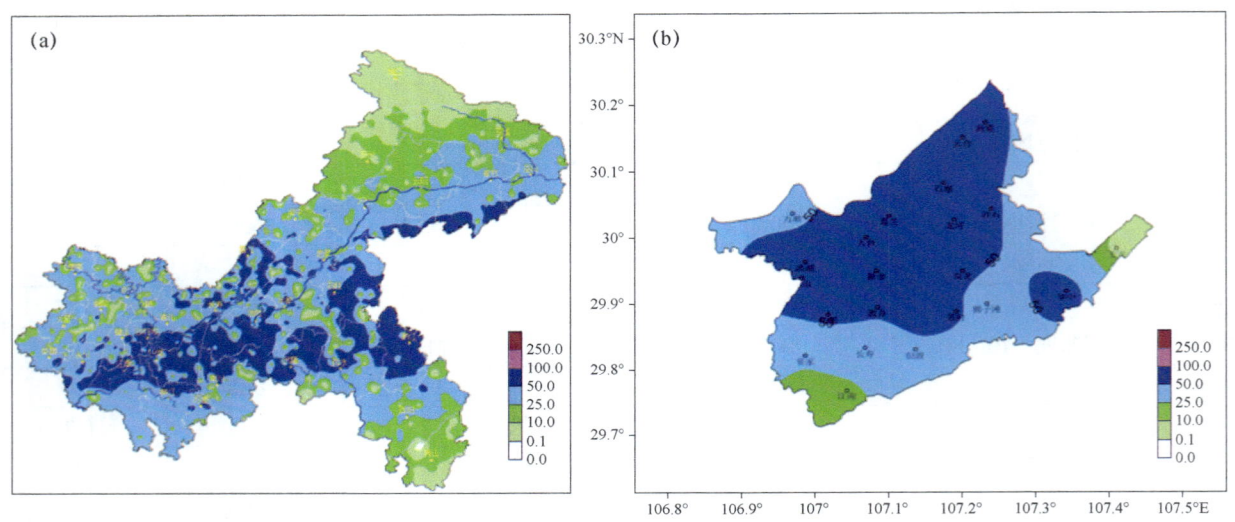

图3.46 2013年9月1日20时—2日20时重庆市（a）和长寿区（b）降雨量分布图（单位：mm）

3. 灾情描述

此次过程无灾情。

4. 形势分析

影响系统：低槽、低涡、切变线、冷锋。

2日08时，500 hPa东北低涡底部的低槽延伸至江苏北部，其后侧的偏北气流引导冷空气南下，副高较强，588 dagpm线位于贵州北部—浙江南部一线，四川东北部有弱低槽，长寿受槽前偏南气流控制；700 hPa渝西有一低涡，其右侧切变线位于重庆西部—湖北西南部一线；850 hPa低涡位置较700 hPa低涡略偏西偏南，其右侧切变线位于重庆中部，南侧偏南风输送水汽。

2日08时，地面上，东北地区有冷高压，冷空气不断补充南下影响长寿。

5. 天气分析图

不同层面天气图、探空图分别在图 3.47、图 3.48 中给出。

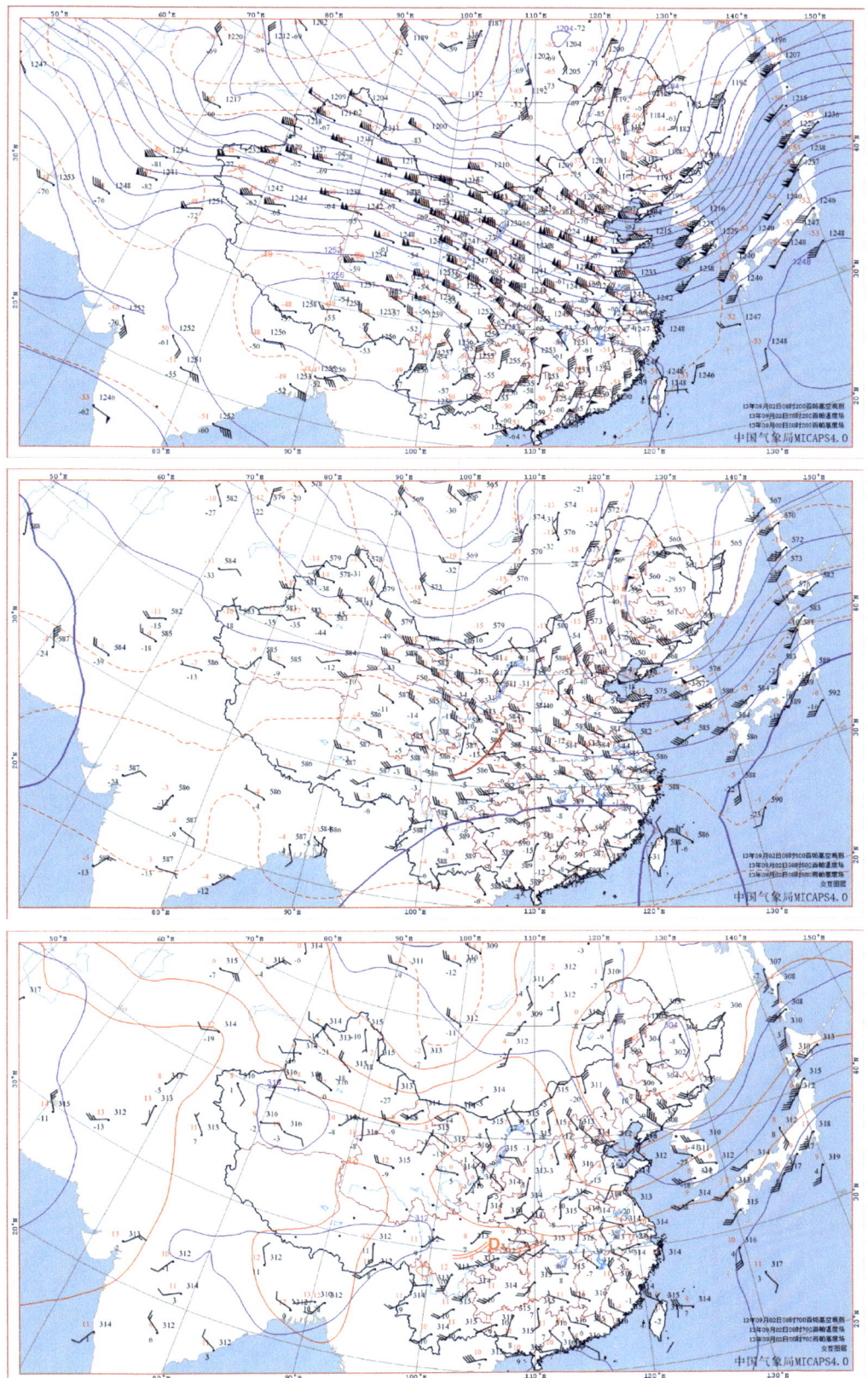

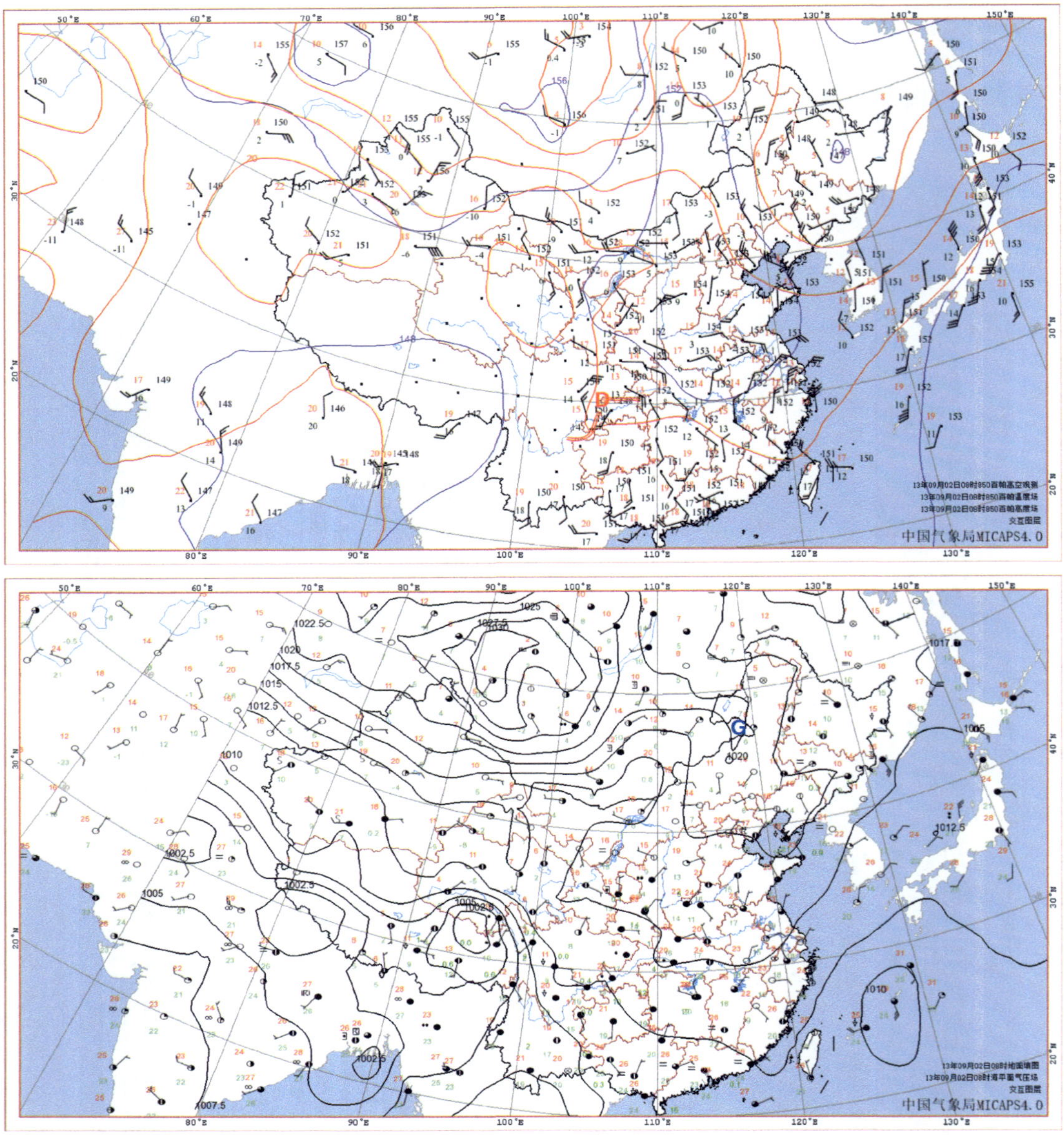

图 3.47　2013 年 9 月 2 日 08 时 200 hPa、500 hPa、700 hPa、850 hPa、地面天气图

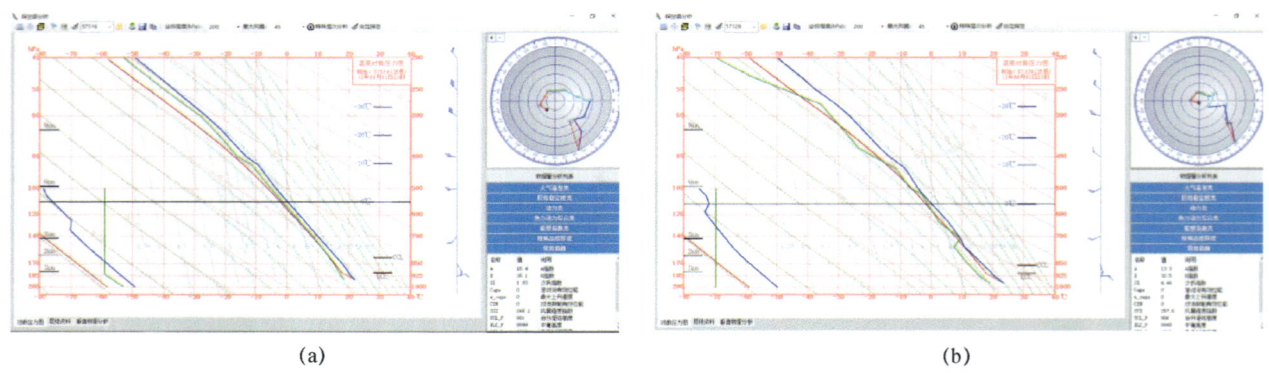

(a)　　　　　　　　　　　　　　　　(b)

图 3.48　2013 年 9 月 1 日 20 时沙坪坝（a）、达州（b）探空图

6. 卫星云图

红外云图见图 3.49。

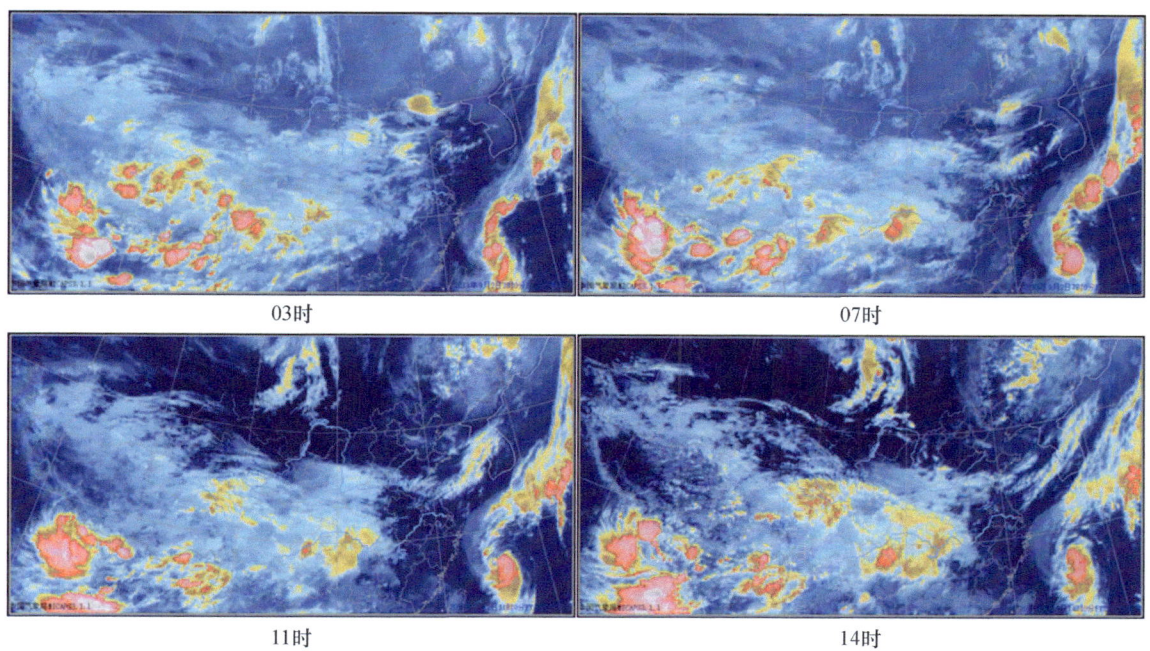

图 3.49　2013 年 9 月 2 日 03 时、07 时、11 时、14 时红外云图

7. 雷达回波分析

2 日 01：59—14：01，降水回波为向东北方向移动的层状云降水回波，且不断经过长寿上空，列车效应导致长寿出现暴雨天气过程；同时径向速度图上可见低仰角大风区，此次过程在长寿东部偏北的街镇出现大风（图 3.50）。

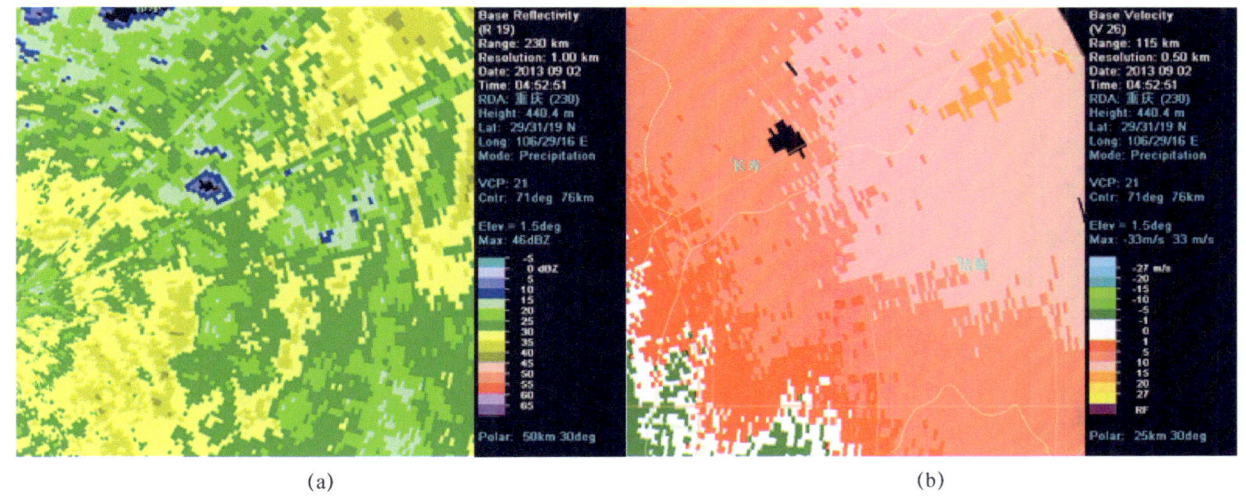

图 3.50　2013 年 9 月 2 日 04 时 52 分重庆多普勒天气雷达（a）基本反射率因子，（b）径向速度图

8. 物理量指标

物理量指标见表3.12。

表3.12　2013年9月1日20时、2日08时、2日20时物理量因子

	物理量指标		9月1日20时	9月2日08时	9月2日20时
水汽条件	温度（℃）	500 hPa	−3.5	−1.7	−3.1
		850 hPa	18	15.6	14.2
	露点温度（℃）	500 hPa	−5.2	−3.4	−4.8
		850 hPa	15.2	14	12.5
	相对湿度（%）	700 hPa	90	89	89
		850 hPa	84	90	90
	水汽通量散度（g·s^{-1}·cm^{-2}·hPa^{-1}）	700 hPa	−8.4	−13.1	−3.9
		850 hPa	−5.3	−23.3	−12
	比湿（g/kg）	700 hPa	9.86	9.86	9.4
		850 hPa	12.75	11.79	10.68
	温度露点差（℃）	700 hPa	1.6	1.8	1.7
		850 hPa	2.8	1.6	1.7
动力条件	低空风速（m/s）	850 hPa	6	5.3	4.7
	相对涡度（10^{-6}s^{-1}）	500 hPa	−7	9	19
		700 hPa	−5.2	26	29
		850 hPa	2.5	25.5	24.5
	垂直速度（10^{-3} hPa·s^{-1}）	500 hPa	−3.6	−20	−17
		700 hPa	−5	−17	−14
		850 hPa	−2	−8.1	−8
	散度（10^{-6}s^{-1}）	500 hPa	5.3	0.9	−2.4
		700 hPa	0.4	−3.2	−2.2
		850 hPa	−4.4	−13.3	−11.5
热力条件	假相当位温 θ_{se}（℃）	500 hPa	71.97	76.92	73.03
		850 hPa	69.47	63.81	58.96
	假相当位温 θ_{se} 梯度（℃）	500 hPa	1.8	0	2.57
		850 hPa	1.27	1.41	2.03
	总温度场 TT（℃）	850 hPa	60.3	58.8	57
	温度平流（10^{-5}℃·s^{-1}）	850 hPa	1.3	1.8	−1.1
不稳定能量条件	500 hPa 和 850 hPa 的 θ_{se} 差（℃）		−2.5	−13.11	−14.07
	500 hPa 和 850 hPa 的 T 差（℃）		21.5	17.3	17.3
	500 hPa 和 850 hPa 的 T_d 差（℃）		20.4	17.4	17.3
	A 指数		15.4	12.2	12.2
	K 指数（℃）		35.1	29.5	28.1
	SI 指数（℃）		1.83	5.86	6.57
	CAPE（J·kg^{-1}）		0	0	0
	CIN（J·kg^{-1}）		0	0	0.8
	LI 抬升指数		2.61	7.86	5.38
	垂直风切变 V_{WS}		1.03	0.88	0.98

个例12 2014年3月20日暴雨

1. 暴雨时段

2014年3月19日20时—20日08时。

2. 雨情描述

2014年3月19日夜间，长寿出现了一次区域性暴雨天气过程，中部偏南部分地区出现暴雨，其余地区大雨（图3.51）。降雨量最大为西山80.8 mm，最大小时雨强26.9 mm（西山，3月20日02时）。

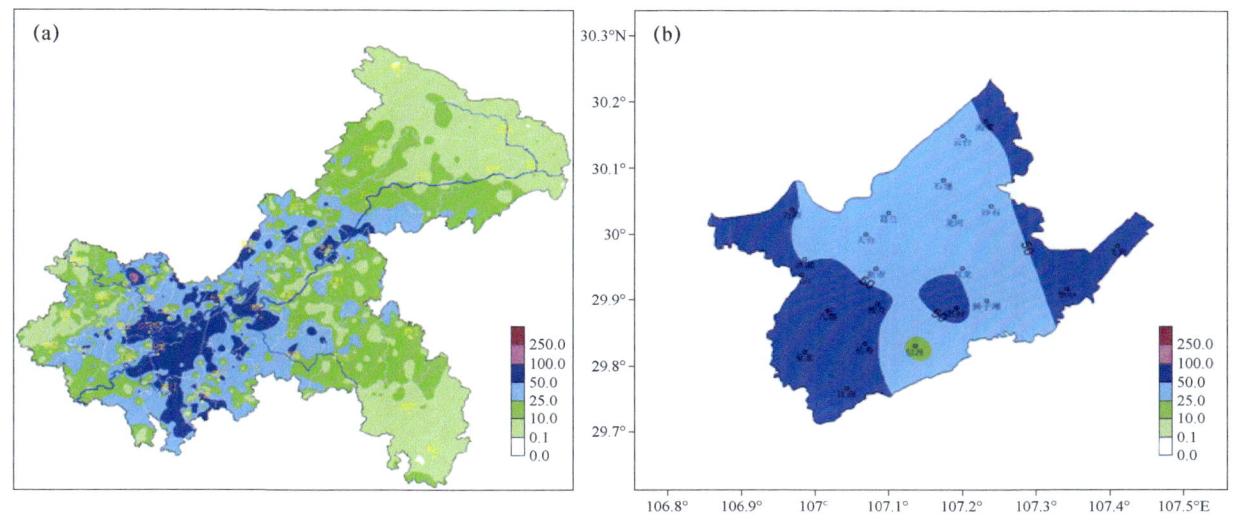

图3.51 2014年3月19日20时—20日20时重庆市（a）和长寿区（b）降雨量分布图（单位：mm）

3. 灾情描述

此次过程造成全区共1500人不同程度受灾，紧急转移安置人口150人，房屋倒塌5间，一般性损坏房屋8间，农作物受灾面积达40 hm^2，无人员伤亡，造成直接经济损失50万元。

4. 形势分析

影响系统：低槽、切变线。

19日20时，500 hPa吉林—河北东部—河南北部有一冷槽，槽后偏北气流引导冷空气南下，青藏高原上有低值系统东移，四川北部有波动槽，长寿受槽前偏南气流控制。

19日20时，700 hPa重庆西部有切变线，长寿位于切变线附近，有明显的辐合上升运动，至20日08时，切变线发展为西南涡并移至重庆东南部。

19日20时，地面冷锋已移过重庆。

5. 天气分析图

不同层面天气图、探空图分别在图 3.52、图 3.53 中给出。

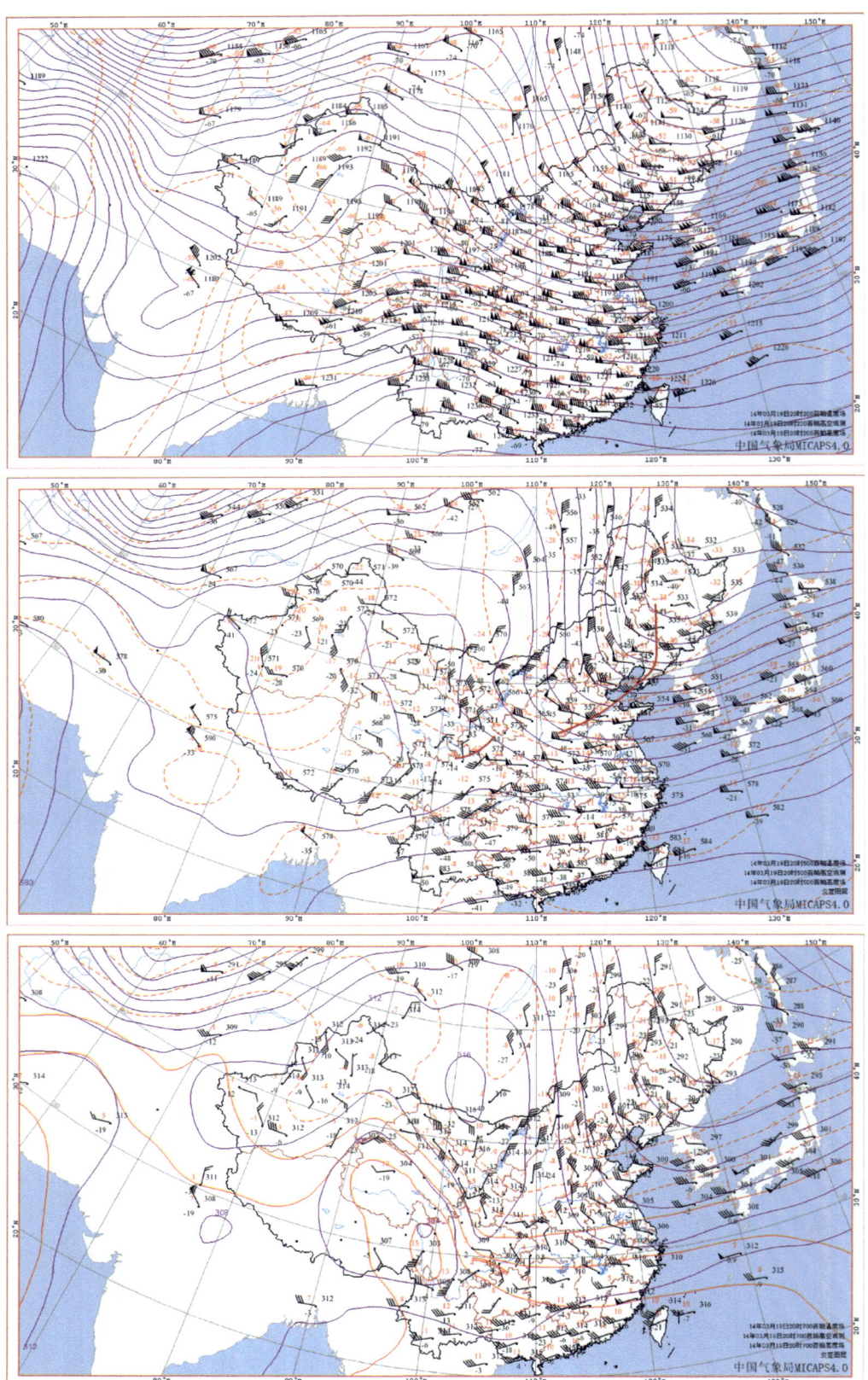

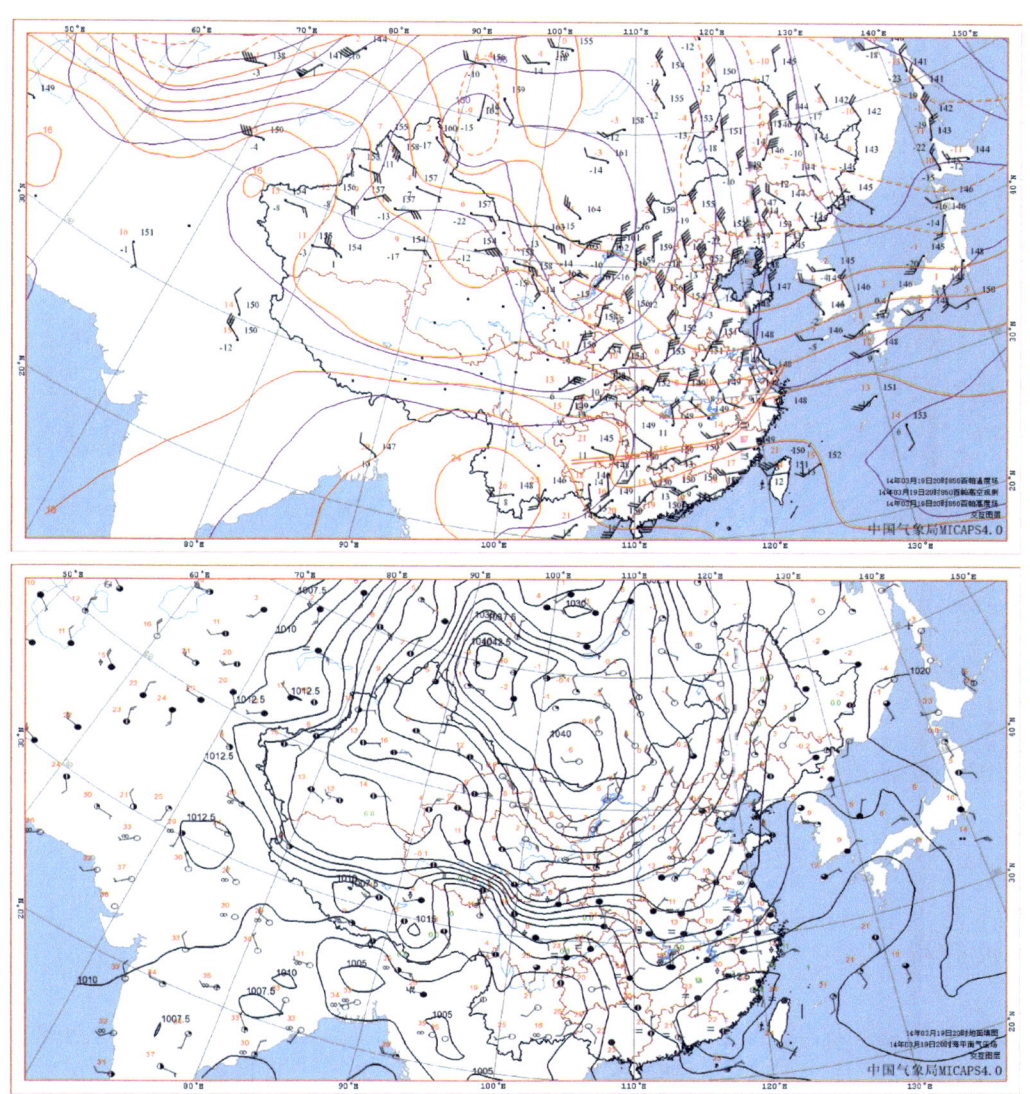

图 3.52　2014 年 3 月 19 日 20 时 200 hPa、500 hPa、700 hPa、850 hPa、地面天气图

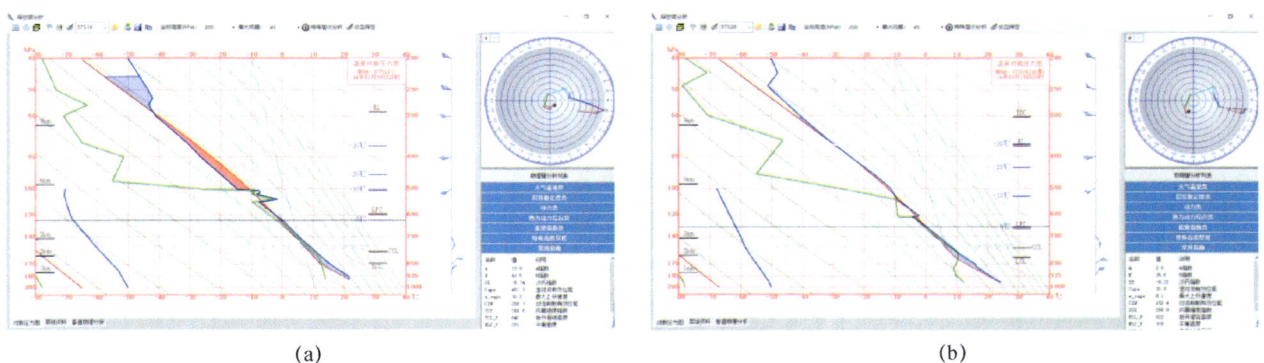

图 3.53　2014 年 3 月 19 日 20 时沙坪坝（a）、达州（b）探空图

6. 卫星云图

红外云图见图 3.54。

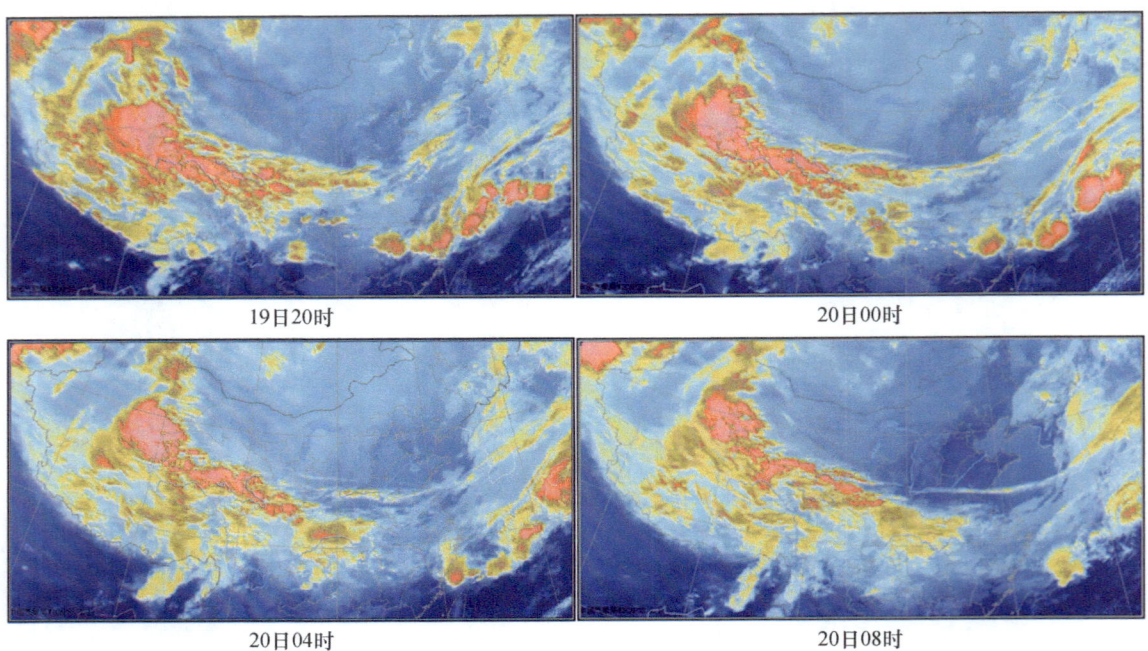

图 3.54 2014 年 3 月 19 日 20 时、20 日 00 时、04 时、08 时红外云图

7. 雷达回波分析

19 日 23：31 层云和积云混合的强回波开始影响长寿，20 日 01：01 长寿—涪陵有强回波带，最强回波强度约为 50 dBZ，回波向东北方向移动，对应位置有中低层辐合，且西南风和东北风交汇的区域出现了速度模糊，长寿南部及西部地区极大可能出现大风天气（图 3.55）。

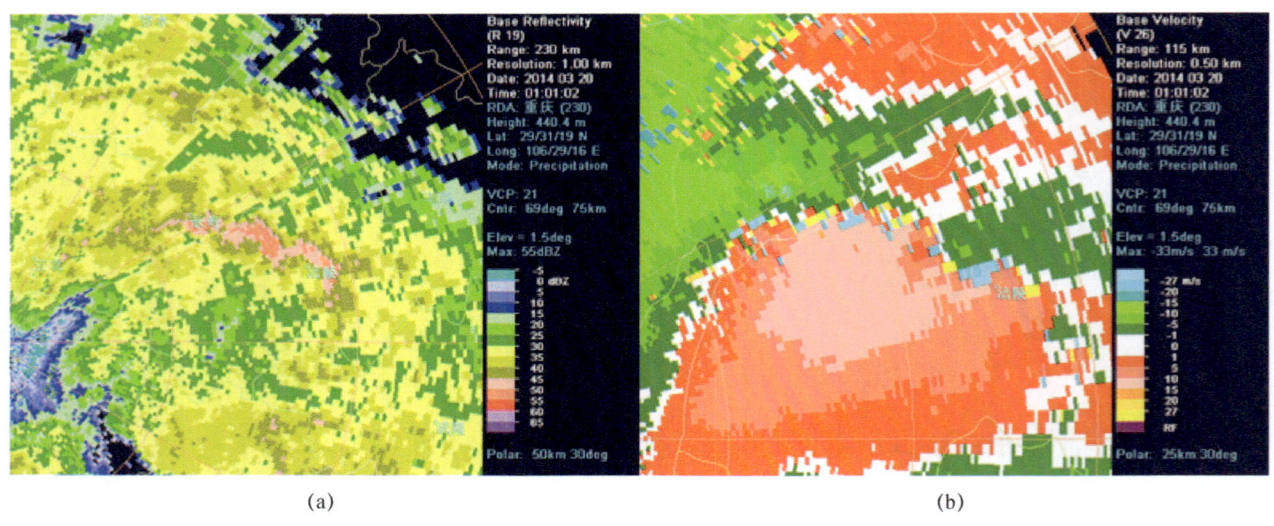

图 3.55 2014 年 3 月 20 日 01 时 01 分重庆多普勒天气雷达基本反射率因子（a），径向速度图（b）

8. 物理量指标

物理量指标见表3.13。

表3.13 2014年3月19日20时、20日08时、20日20时物理量因子

	物理量指标		3月19日20时	3月20日08时	3月20日20时
水汽条件	温度（℃）	500 hPa	−14.7	−12.9	−13.1
		850 hPa	15.6	6	3.2
	露点温度（℃）	500 hPa	−26.7	−17.2	−14.7
		850 hPa	12.5	4.2	2
	相对湿度（%）	700 hPa	91	83	90
		850 hPa	82	88	92
	水汽通量散度（g·s^{-1}·cm^{-2}·hPa^{-1}）	700 hPa	−7	0	−2
		850 hPa	−11.5	−4.5	−4
	比湿（g/kg）	700 hPa	7.31	4.85	3.93
		850 hPa	10.68	6.06	5.18
	温度露点差（℃）	700 hPa	1.3	2.4	1.2
		850 hPa	3.1	1.8	1.2
动力条件	低空风速（m/s）	850 hPa	5.7	16.7	8
	相对涡度（10^{-6}s^{-1}）	500 hPa	−30	0	4
		700 hPa	10	16	13
		850 hPa	1.4	−13	−5.5
	垂直速度（10^{-3} hPa·s^{-1}）	500 hPa	−31.9	−36	−2.7
		700 hPa	−28.3	−34.4	0.1
		850 hPa	−12.6	−16.7	1.2
	散度（10^{-6}s^{-1}）	500 hPa	6.8	3.7	−4.2
		700 hPa	−13.5	−6.3	0.3
		850 hPa	−15.3	−24.5	−1.1
热力条件	假相当位温 θ_{se}（℃）	500 hPa	44.35	49.77	50.9
		850 hPa	60.6	36.55	31.02
	假相当位温 θ_{se} 梯度（℃）	500 hPa	1.84	0.96	0.71
		850 hPa	4.1	2.04	0.96
	总温度场 TT（℃）	850 hPa	54.6	33.4	29.5
	温度平流（10^{-5}℃·s^{-1}）	850 hPa	−8.5	−4.7	−4.4
不稳定能量条件	500 hPa 和 850 hPa 的 θ_{se} 差（℃）		16.25	−13.22	−19.88
	500 hPa 和 850 hPa 的 T 差（℃）		30.3	18.9	16.3
	500 hPa 和 850 hPa 的 T_d 差（℃）		39.2	21.4	16.7
	A 指数		13.9	10.4	12.3
	K 指数（℃）		41.5	20.7	17.1
	SI 指数（℃）		−5.74	9.07	12.62
	CAPE（J·kg^{-1}）		455.1	0	0
	CIN（J·kg^{-1}）		209	0	0
	LI 抬升指数		−3.94	9.73	12.92
	垂直风切变 V_{WS}		1.54	2.36	1.14

个例13 2014年9月13日暴雨

1. 暴雨时段

2014年9月12日20时—13日14时。

2. 雨情描述

2014年9月12日夜间至13日白天，长寿出现了一次区域性暴雨天气过程，中部以北地区出现区域大暴雨、局地特大暴雨，南移降雨量逐渐减小（图3.56）。降雨量最大为石堰镇252.5 mm，最大小时雨强88.7 mm（天台，9月13日10时）。

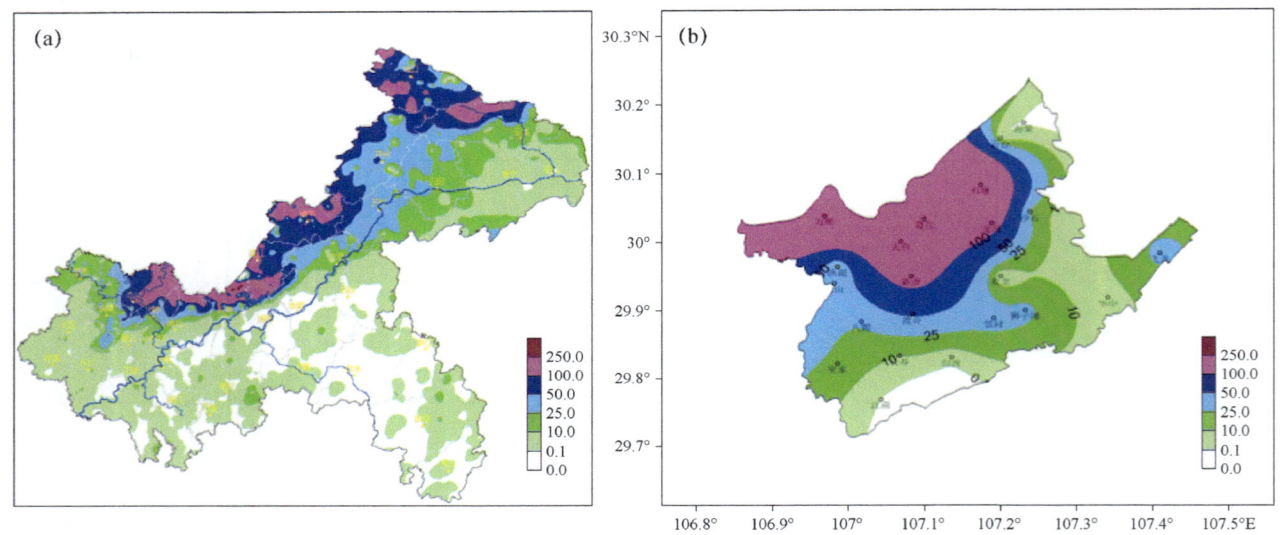

图3.56 2014年9月12日20时—13日20时重庆市（a）和长寿区（b）降雨量分布图（单位：mm）

3. 灾情描述

此次过程造成全区共106694人不同程度受灾，因灾死亡11人，失踪2人，紧急转移安置人口12026人，房屋倒塌1159间，一般性损坏房屋1773间，农作物受灾面积达1159hm²，其中873hm²绝收，造成直接经济损失56648万元。

4. 形势分析

影响系统：低槽、低涡、切变线、冷锋。

12日20时，200 hPa长寿位于南亚高压上空，辐散抽吸作用明显；500 hPa副高强盛，588 dagpm线控制华东、华南以及贵州南部一带，副高外围的偏南气流为此次过程输送水汽，新疆北部—青海湖附近有一低槽东移，受副高阻挡，低槽东移北收；700 hPa陕西北部—四川北部有切变线；850 hPa重庆西北部有西南涡生成。

13日08时，700 hPa切变线加强并略有北抬；850 hPa西南涡位置少动，环流加强，长寿受西南涡影响有强烈的上升运动。

12日20时，地面上冷锋位于重庆东北部—湖南北部一线，夜间，随着冷锋的南压，影响长寿。

12日20时，沙坪坝探空图上，湿层较深厚，从925 hPa延伸至500 hPa，CAPE为1081 J/kg，K指数高达为43.2 ℃，SI指数为−3.66 ℃，有一定的不稳定能量，有利于强降水的发生。

5. 天气分析图

不同层面天气图、探空图分别在图3.57、图3.58中给出。

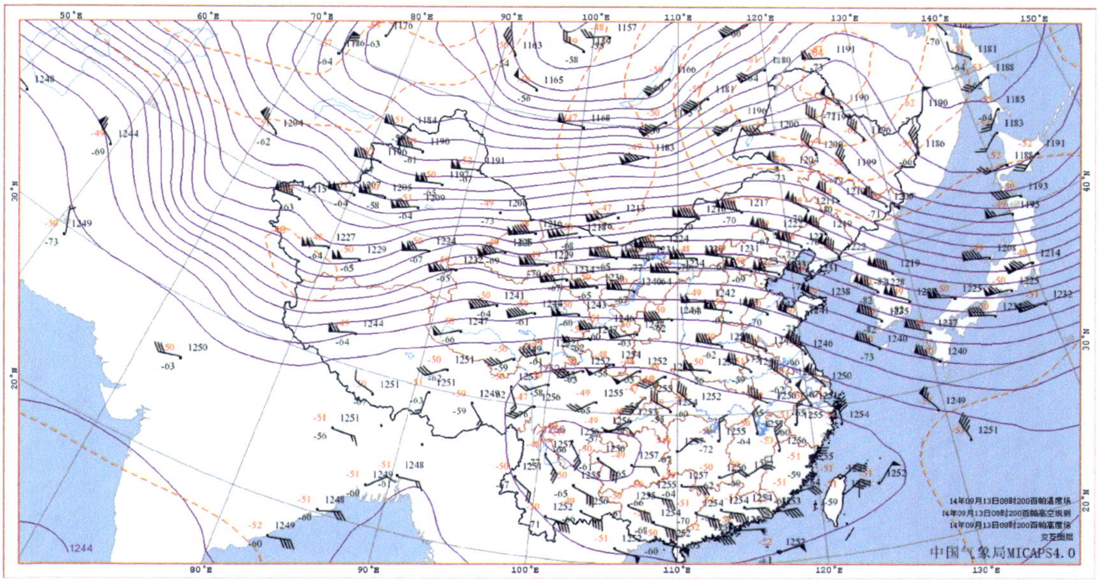

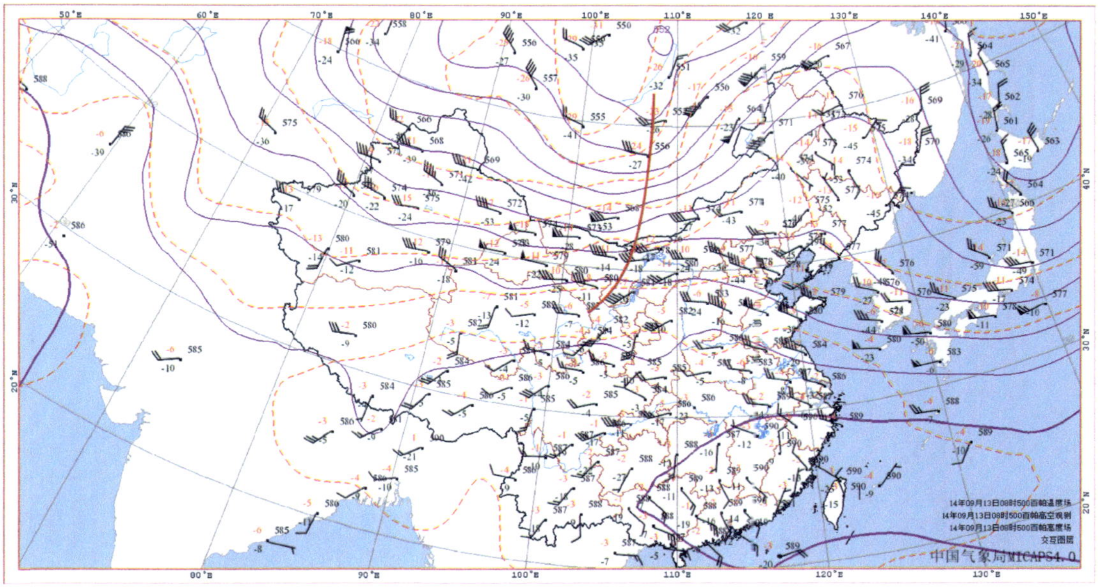

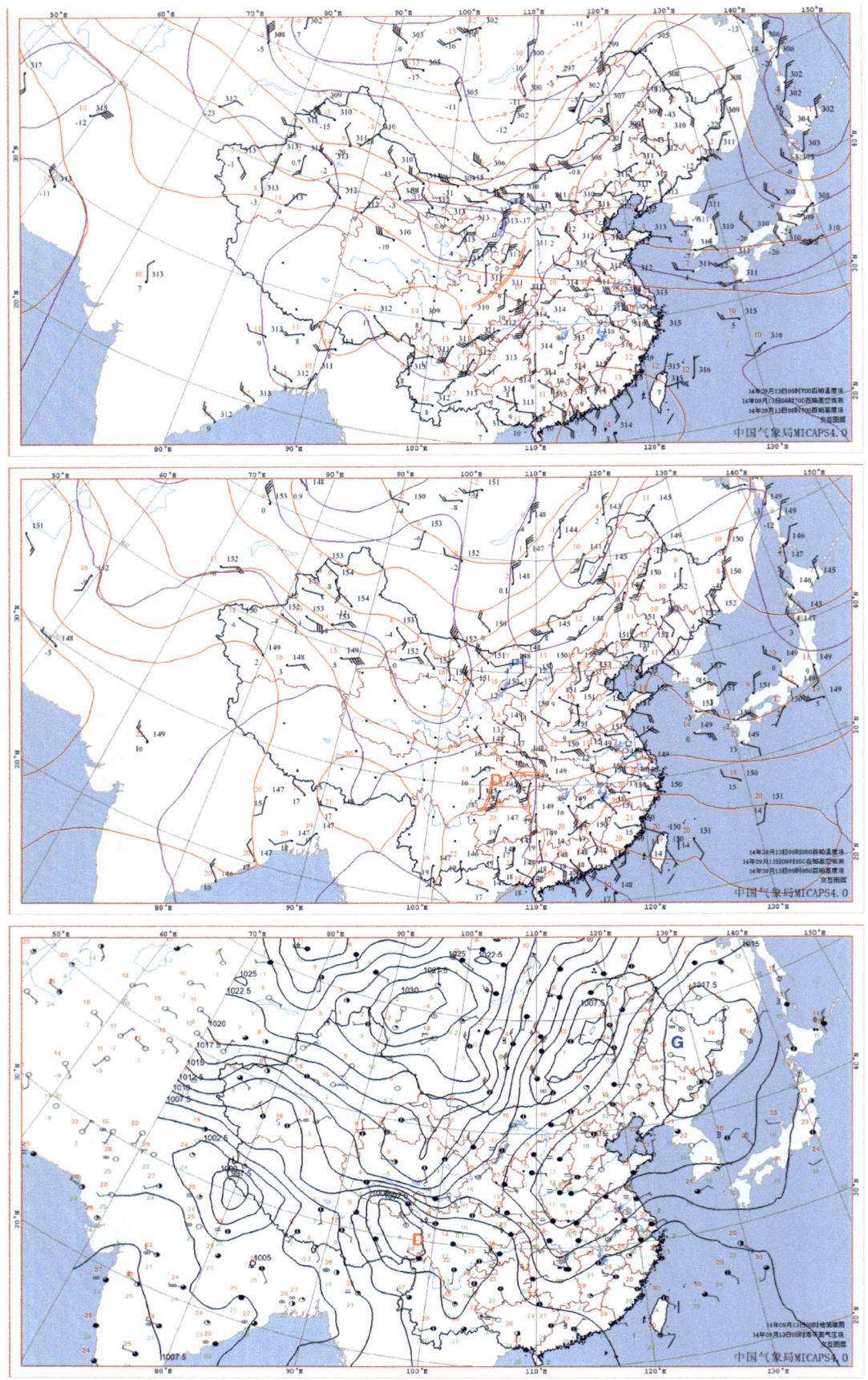

图 3.57　2014 年 9 月 13 日 08 时 200 hPa、500 hPa、700 hPa、850 hPa、地面天气图

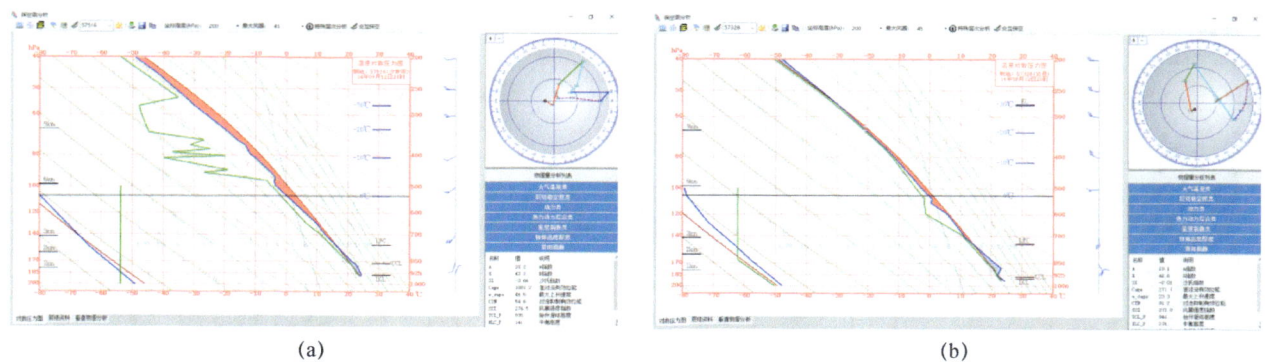

图 3.58　2014 年 9 月 12 日 20 时沙坪坝（a）、达州（b）探空图

6. 卫星云图

红外云图见图 3.59。

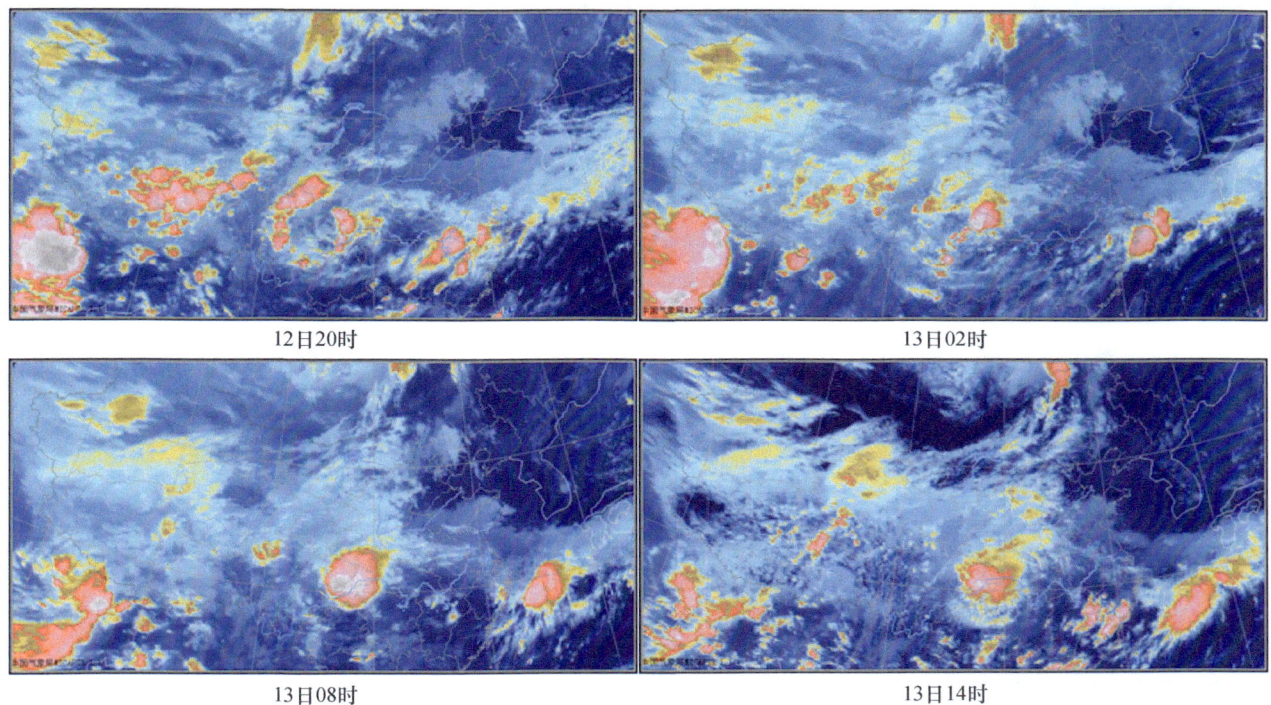

图 3.59　2014 年 9 月 12 日 20 时，13 日 02 时、08 时、14 时红外云图

7. 雷达回波分析

13 日 08∶03，呈东北—西南走向的弧状回波开始影响长寿西北部，速度图上，对应位置有辐合区，在长寿北部出现了低仰角大风区和速度模糊，此时长寿偏北街镇已经出现大风天气；08∶03—14∶50 弧状回波向东偏北方向移动时发展为片状，同时不断有新的回波在重庆发展并向东北方向移动影响长寿，回波强度基本在 35～55 dBZ，回波最强时可达 55 dBZ 以上（图 3.50）。

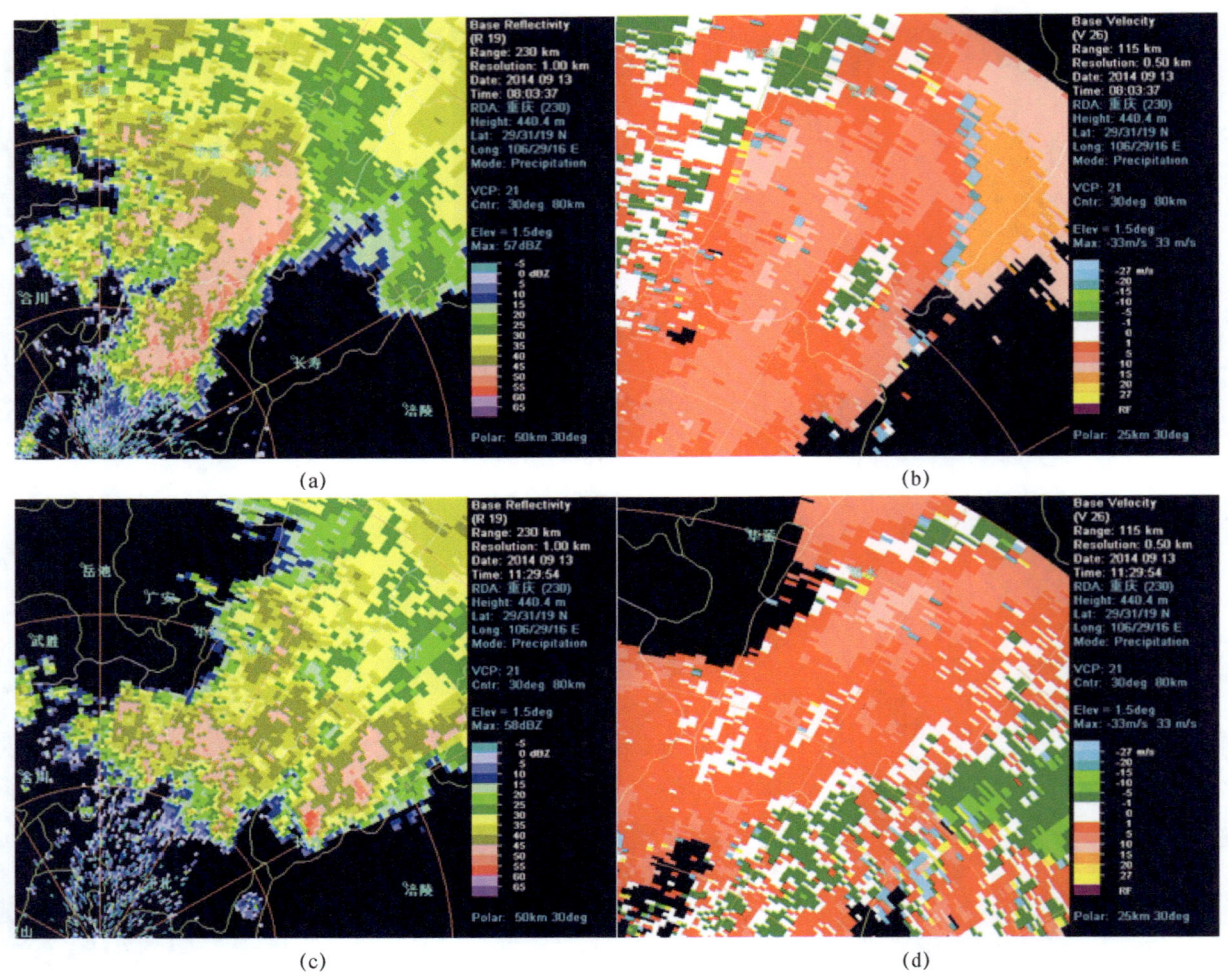

图 3.60 2014 年 9 月 13 日重庆多普勒天气雷达 08 时 30 分基本反射率因子（a）
08 时 30 分径向速度图（b）11 时 29 分基本反射率因子（c）11 时 29 分径向速度图（d）

8. 物理量指标

物理量指标见表 3.14。

表 3.14　2014 年 9 月 12 日 20 时、13 日 08 时、13 日 20 时物理量因子

	物理量指标		9 月 12 日 20 时	9 月 13 日 08 时	9 月 13 日 20 时
水汽条件	温度（℃）	500 hPa	−2.9	−5.1	−4.9
		850 hPa	21.6	20.4	20.6
	露点温度（℃）	500 hPa	−4.3	−11.1	−28.9
		850 hPa	20.1	19.5	19.8
	相对湿度（%）	700 hPa	91	90	94
		850 hPa	91	95	95

续表

	物理量指标		9月12日20时	9月13日08时	9月13日20时
水汽条件	水汽通量散度（g·s^{-1}·cm^{-2}·hPa^{-1}）	700 hPa	11	−8	7
		850 hPa	−20	−18	−13.5
	比湿（g/kg）	700 hPa	12.07	10.99	11.91
		850 hPa	17.41	16.77	17.09
	温度露点差（℃）	700 hPa	1.4	1.6	1
		850 hPa	1.5	0.9	0.8
动力条件	低空风速（m/s）	850 hPa	5	8.3	5.3
	相对涡度（10^{-6}s^{-1}）	500 hPa	8	0	−13
		700 hPa	15.5	2	13.3
		850 hPa	26.3	3.3	25.5
	垂直速度（10^{-3} hPa·s^{-1}）	500 hPa	−5.7	−33.5	−11.5
		700 hPa	−8.3	−23.7	−15.3
		850 hPa	−5.15	−11.1	−7.7
	散度（10^{-6}s^{-1}）	500 hPa	−0.2	−6.5	2.6
		700 hPa	3.3	−8.5	−0.2
		850 hPa	−10.3	−17.5	−14.6
热力条件	假相当位温 θ_{se}（℃）	500 hPa	74	63.55	55.99
		850 hPa	92.98	84.34	85.56
	假相当位温 θ_{se} 梯度（℃）	500 hPa	3.64	2.26	2.66
		850 hPa	2.06	3.82	2.9
	总温度场 TT（℃）	850 hPa	76.7	70.6	71.2
	温度平流（10^{-5}℃·s^{-1}）	850 hPa	4.2	7.8	0.6
不稳定能量条件	500 hPa 和 850 hPa 的 θ_{se} 差（℃）		18.98	20.79	29.57
	500 hPa 和 850 hPa 的 T 差（℃）		24.5	25.5	25.5
	500 hPa 和 850 hPa 的 T_d 差（℃）		24.4	30.6	48.7
	A 指数		20.2	17	−0.3
	K 指数（℃）		43.2	43.4	44.3
	SI 指数（℃）		−3.66	−4.81	−4.96
	$CAPE$（J·kg^{-1}）		1081	550.1	346.4
	CIN（J·kg^{-1}）		54.7	0	99.7
	LI 抬升指数		−3.6	−3.87	−3.54
	垂直风切变 V_{ws}		0.19	0.13	0.35

个例 14　2014 年 9 月 18 日暴雨

1. 暴雨时段

2014 年 9 月 17 日 20 时—18 日 20 时。

2. 雨情描述

2014 年 9 月 17 日夜间至 18 日白天，长寿出现了一次区域性大暴雨天气过程（图 3.61）。降雨量最大为长寿湖镇 144.3 mm，最大小时雨强 13.8 mm（华中，9 月 17 日 21 时）。

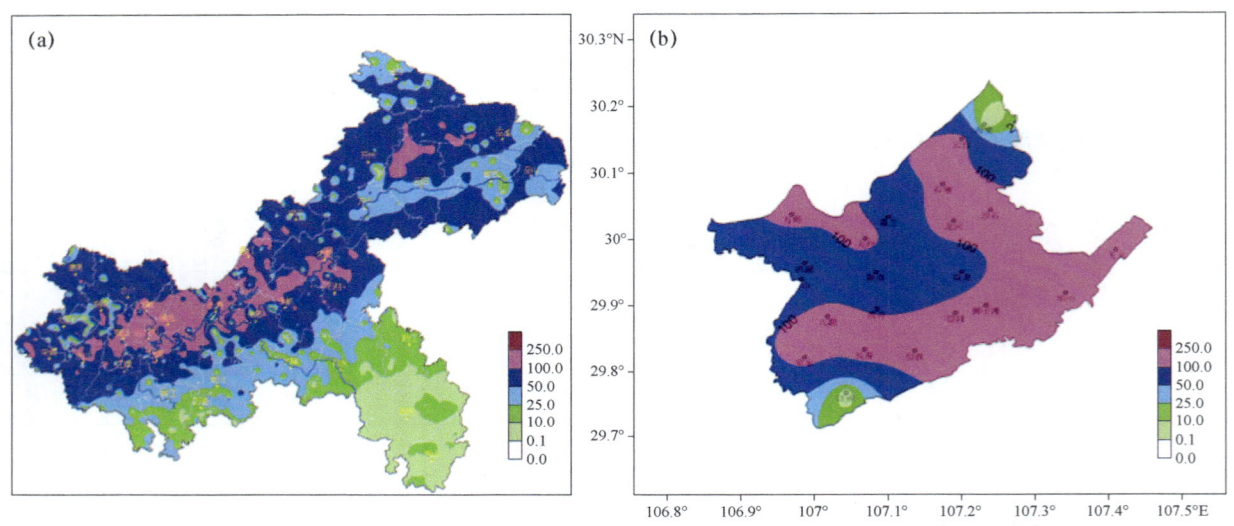

图 3.61　2014 年 9 月 17 日 20 时—18 日 20 时重庆市（a）和长寿区（b）降雨量分布图（单位：mm）

3. 灾情描述

此次过程无灾情。

4. 形势分析

影响系统：切变线、冷锋。

17 日 20 时—18 日 20 时，500 hPa 中高纬以纬向环流为主，多波动槽，副高强盛，588 dagpm 线向西已伸至重庆，大陆高压位于高原上空，长寿位于"两高"之间，热带低压从云南南部向西移动，热带低压倒槽后和副高外围的偏南气流为此次过程输送充足的水汽。700 hPa 长寿受"两高"之间的切变线影响；850 hPa 长寿位于偏东回流的冷空气与热带低压和副高外围带来的暖湿空气汇合产生的辐合上升区。

17 日 20 时，地面上华北有一冷高压，冷空气补充南下影响长寿。

5. 天气分析图

不同层面天气图、探空图分别在图 3.62、图 3.63 中给出。

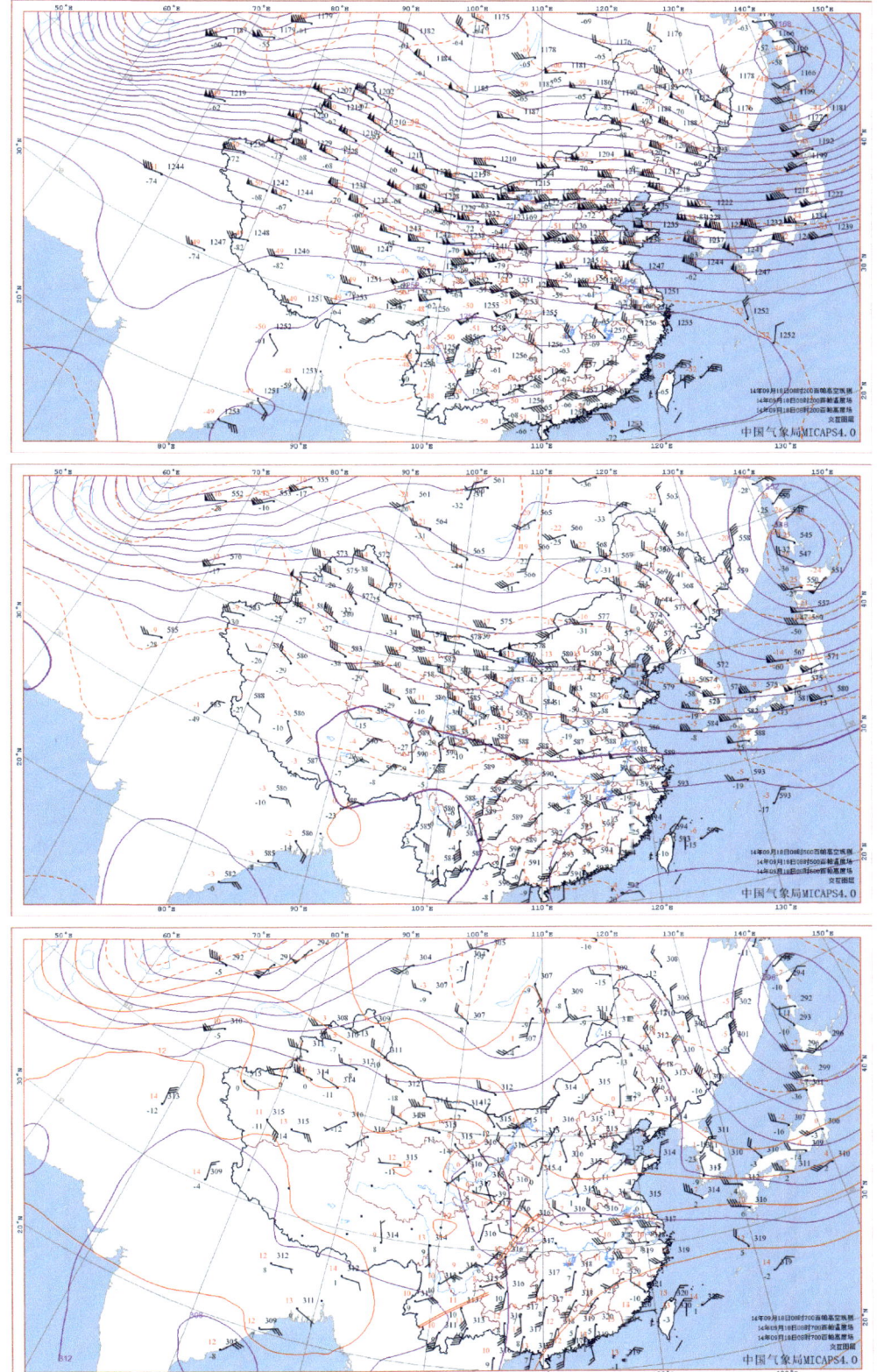

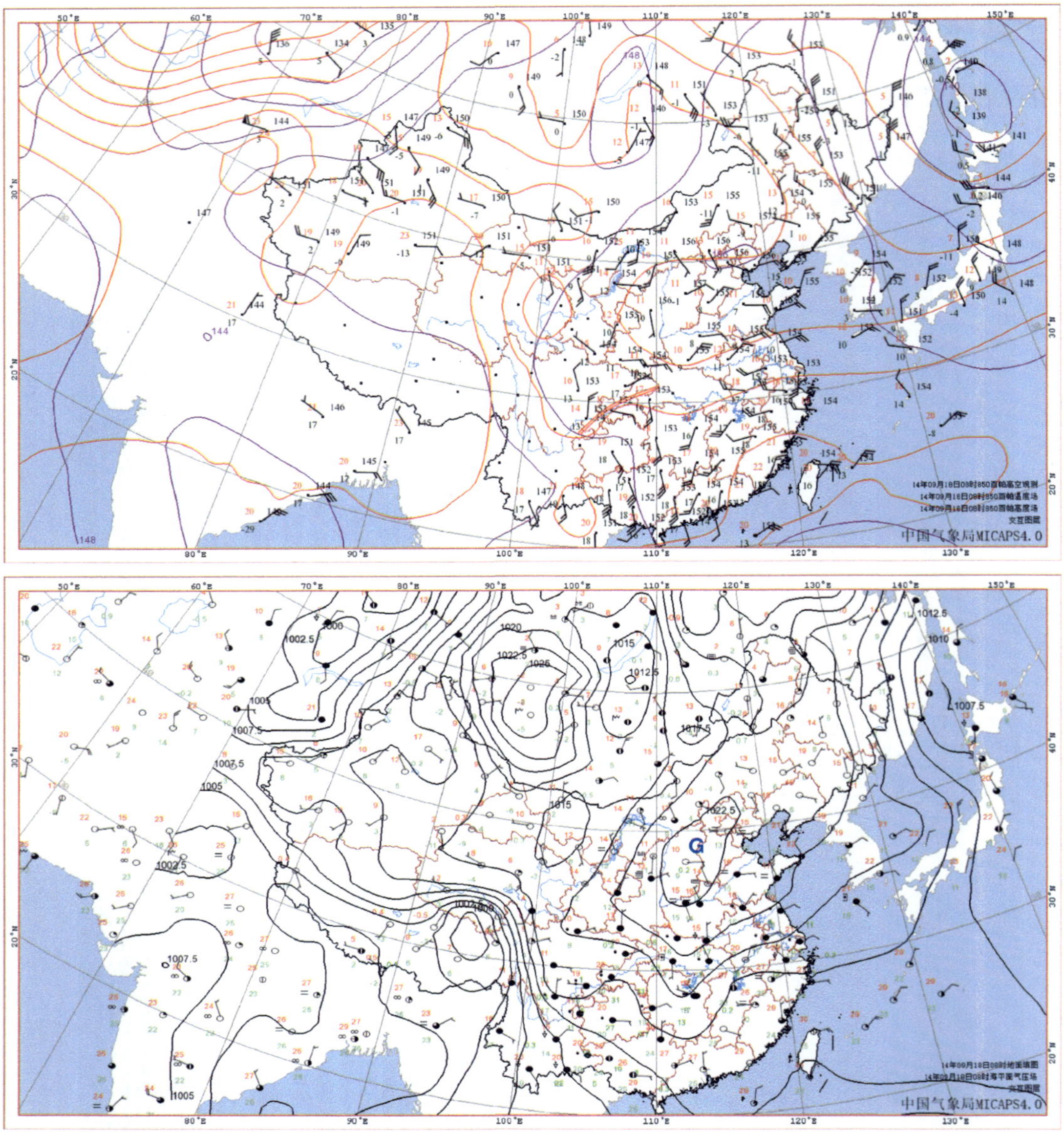

图 3.62　2014 年 9 月 18 日 08 时 200 hPa、500 hPa、700 hPa、850 hPa、地面天气图

(a)　　(b)

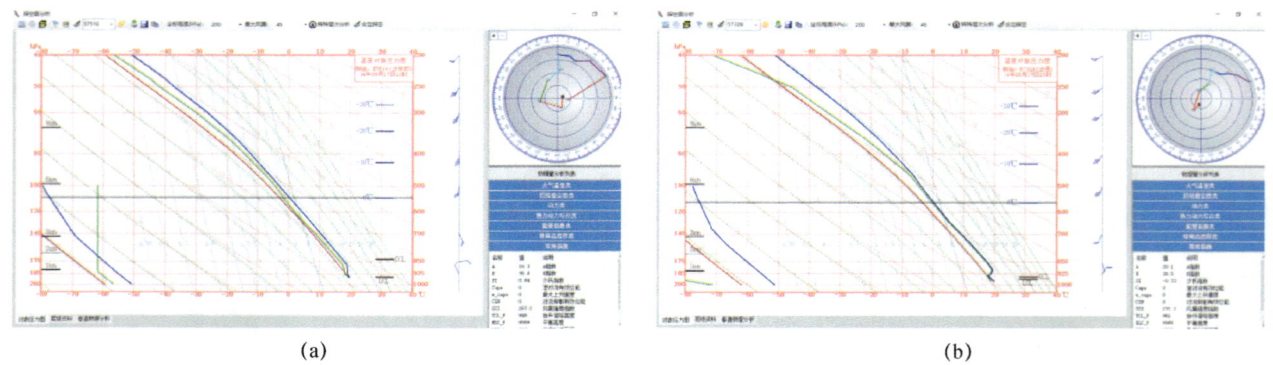

图 3.63　2014 年 9 月 18 日 08 时沙坪坝（a）、达州（b）探空图

6. 卫星云图

红外云图见图 3.64。

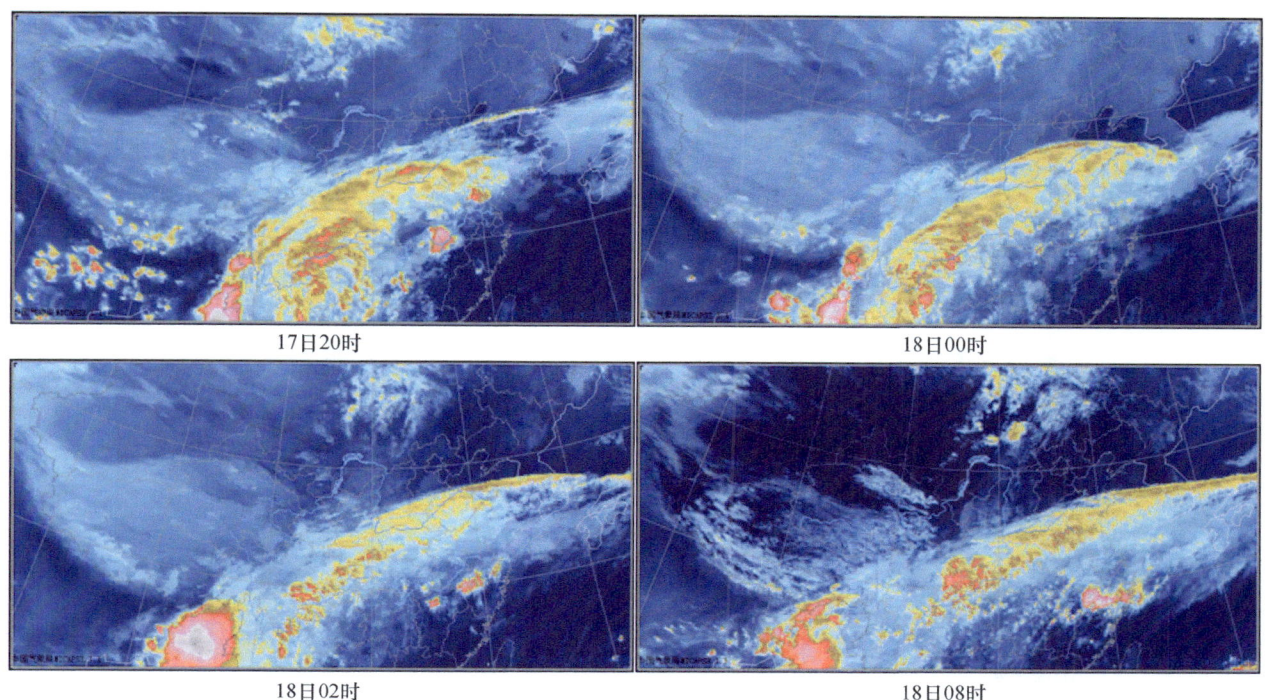

图 3.64　2014 年 9 月 17 日 20 时，18 日 00 时、02 时、08 时红外云图

7. 雷达回波分析

17 日 20:29 开始，在长寿附近有层状云回波发展，并不断有回波从重庆西南方向移动过来影响长寿，较强回波总体呈东北—西南走向，回波向东北方向移动，有明显的列车效应（图 3.65）。

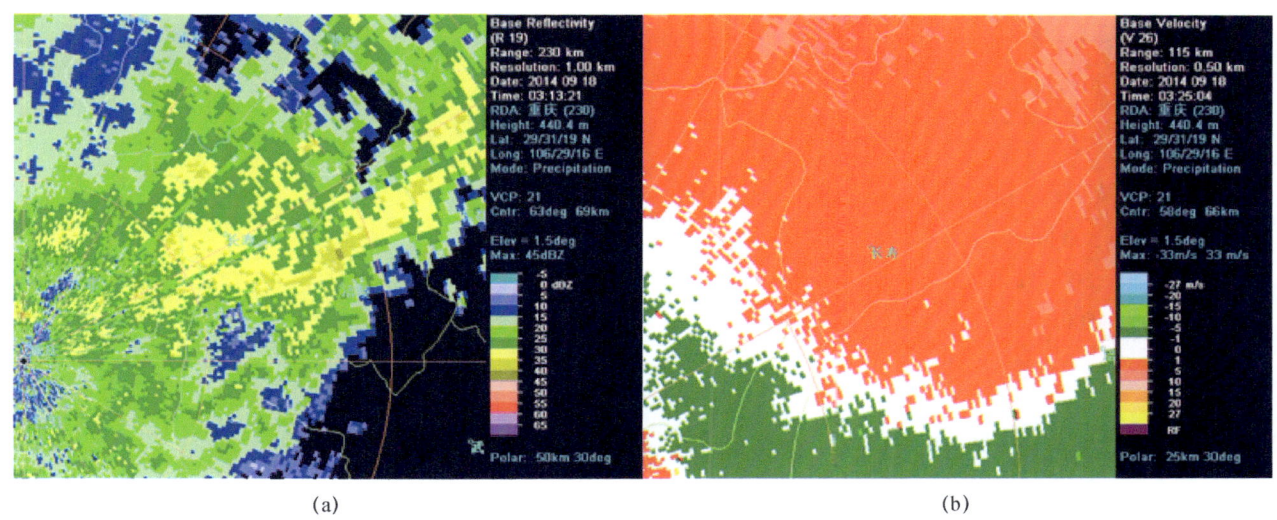

图 3.65　2014 年 9 月 17 日 03 时 13 分重庆多普勒天气雷达基本反射率因子（a），径向速度图（b）

8. 物理量指标

物理量指标见表 3.15。

表 3.15 2014 年 9 月 17 日 20 时、18 日 08 时、18 日 20 时物理量因子

	物理量指标		9月17日20时	9月18日08时	9月18日20时
水汽条件	温度（℃）	500 hPa	−3.1	−2.9	−2.5
		850 hPa	18	16.8	14.4
	露点温度（℃）	500 hPa	−4.6	−5.1	−3.8
		850 hPa	16.6	13.6	13.4
	相对湿度（%）	700 hPa	88	62	91
		850 hPa	92	81	94
	水汽通量散度（g·s^{-1}·cm^{-2}·hPa^{-1}）	700 hPa	−7	−6.7	−3
		850 hPa	−1	−15	−13.2
	比湿（g/kg）	700 hPa	9.93	7.16	9.86
		850 hPa	13.95	11.48	11.33
	温度露点差（℃）	700 hPa	1.9	7	1.4
		850 hPa	1.4	3.2	1
动力条件	低空风速（m/s）	850 hPa	7.7	5	2.7
	相对涡度（10^{-6}s^{-1}）	500 hPa	−7	−2	14
		700 hPa	6	2	18.4
		850 hPa	22.4	2	15.6
	垂直速度（10^{-3} hPa·s^{-1}）	500 hPa	−21	−27.6	−7.1
		700 hPa	−16.7	−23.5	−5
		850 hPa	−11.2	−13.8	−4
	散度（10^{-6}s^{-1}）	500 hPa	−4.6	0.6	−6
		700 hPa	−4.4	−2.7	0.7
		850 hPa	−8.1	−14.1	−6
热力条件	假相当位温 θ_{se}（℃）	500 hPa	73.32	72.88	75.27
		850 hPa	73.01	64.35	61.06
	假相当位温 θ_{se} 梯度（℃）	500 hPa	0.15	0.72	0.82
		850 hPa	4.85	2.96	1.1
	总温度场 TT（℃）	850 hPa	66	61.5	58.5
	温度平流（10^{-5}℃·s^{-1}）	850 hPa	2.8	0.4	−0.1
不稳定能量条件	500 hPa 和 850 hPa 的 θ_{se} 差（℃）		−0.31	−8.53	−14.21
	500 hPa 和 850 hPa 的 T 差（℃）		21.1	19.7	16.9
	500 hPa 和 850 hPa 的 T_d 差（℃）		21.2	18.7	17.2
	A 指数		16.3	7.3	13.2
	K 指数（℃）		35.8	26.3	28.9
	SI 指数（℃）		0.94	4.42	6.23
	$CAPE$（J·kg^{-1}）		0	0	0.3
	CIN（J·kg^{-1}）		0	0	0.1
	LI 抬升指数		3.53	5.71	5.88
	垂直风切变 V_{ws}		0.23	1.41	0.48

个例15 2015年6月1日暴雨

1. 暴雨时段

2015年6月1日02时—14时。

2. 雨情描述

2015年5月31日夜间至6月1日白天,长寿出现了一次区域性暴雨天气过程,中部及以南地区普降暴雨,其余地区中到大雨(图3.66)。长寿城区降雨量最大为88.3 mm,最大小时雨强33.9 mm(邻封,6月1日06时)。

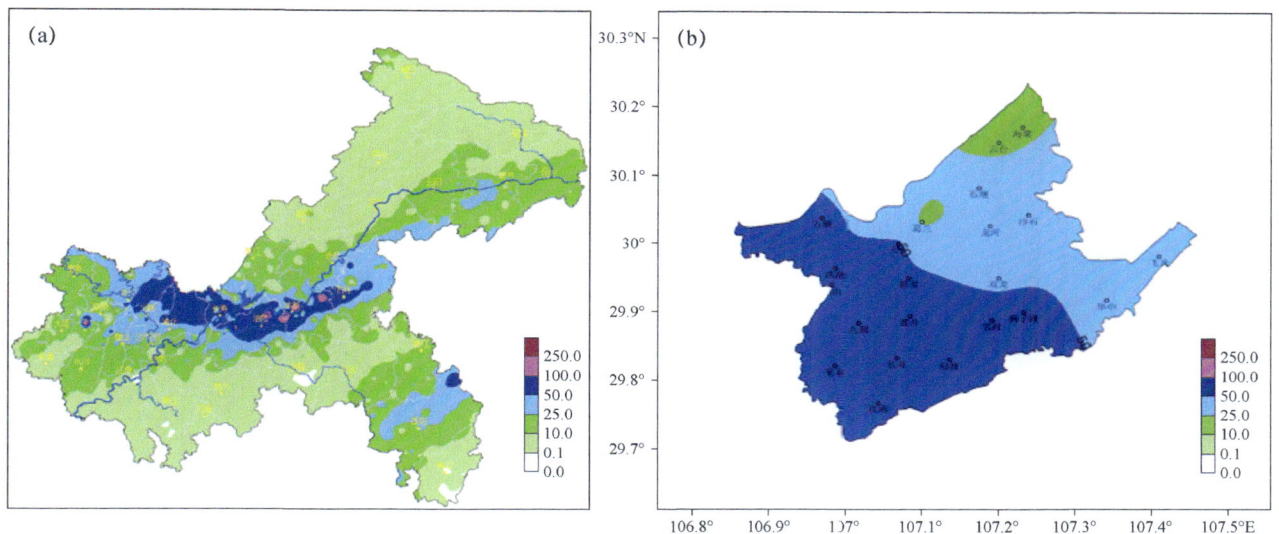

图3.66 2015年5月31日20时—6月1日20时重庆市(a)和长寿区(b)降雨量分布图(单位:mm)

3. 灾情描述

此次过程造成全区共4984人不同程度受灾,紧急转移安置人口159人,房屋倒塌57间,严重损坏房屋16间,一般性损坏房屋61间,共259公顷农作物受灾,其中23公顷绝收,无人员伤亡,共造成直接经济损失279万元。

4. 形势分析

影响系统:低槽、西南涡、切变线。

5月31日20时,500 hPa中国大陆主要以纬向环流为主,多波动槽,高原上有波动槽,6月1日08时,高原波动槽东移至四川盆地西部,长寿受槽前偏南气流控制。

5月31日20时，700 hPa四川盆地西部有西南涡发展，同时在甘肃南部有低涡、850 hPa西南涡位置偏南，位于四川东南部，夜间西南涡南侧偏南气流加强。至6月1日08时，700 hPa西南涡缓慢移动至四川盆地中部且环流加强，长寿位于其右侧切变线上，850 hPa西南涡北抬至四川盆地中部，位置较700 hPa略偏南，长寿位于低涡中心，偏南气流发展为偏南急流，有利于水汽输送，但急流位置略偏南，强降水中心位置主要位于长寿中南部。

6月1日02—14时，地面图上，长寿位于低压带中。

5. 天气分析图

不同层面天气图、探空图分别在图3.67、图3.68中给出。

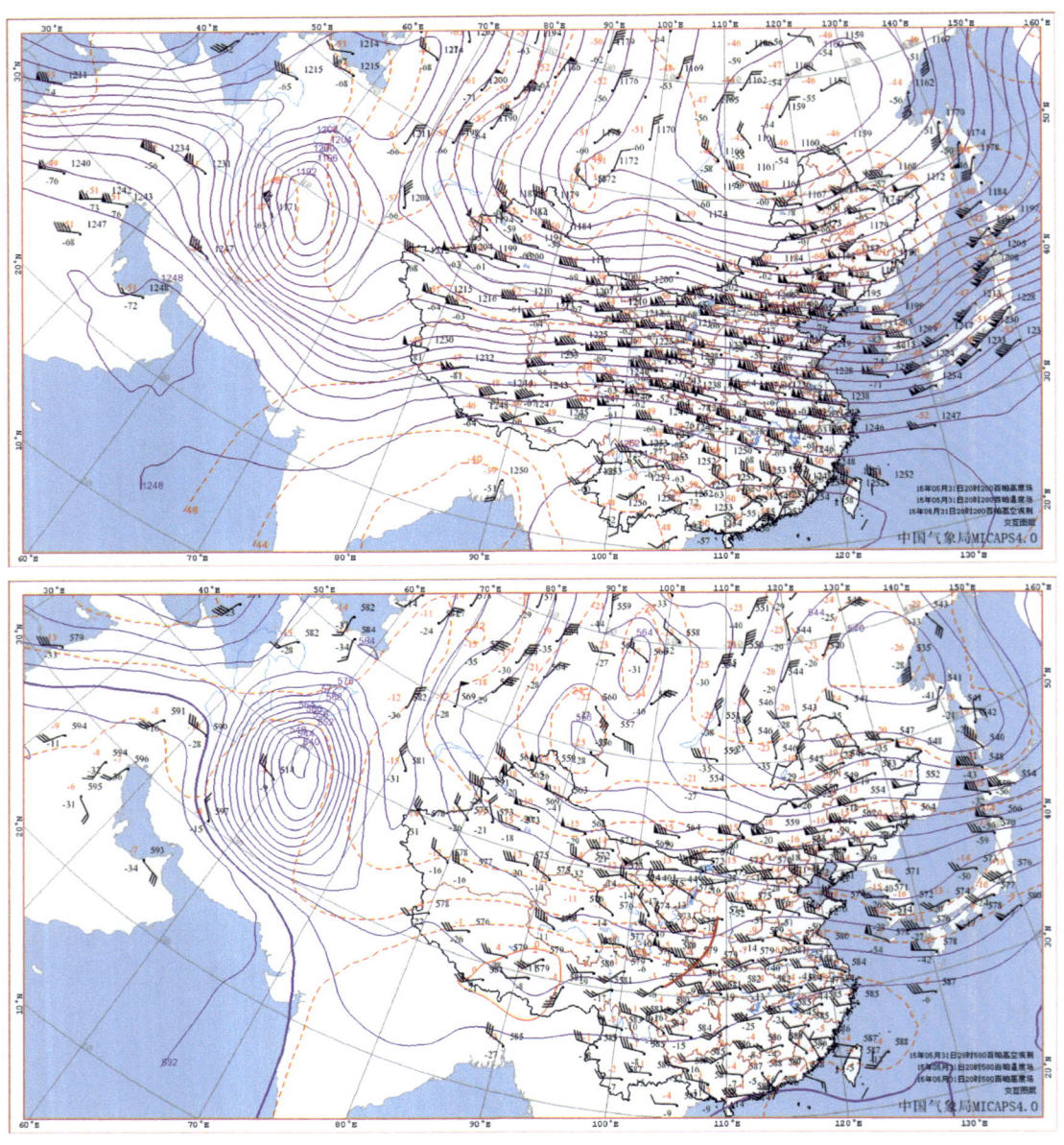

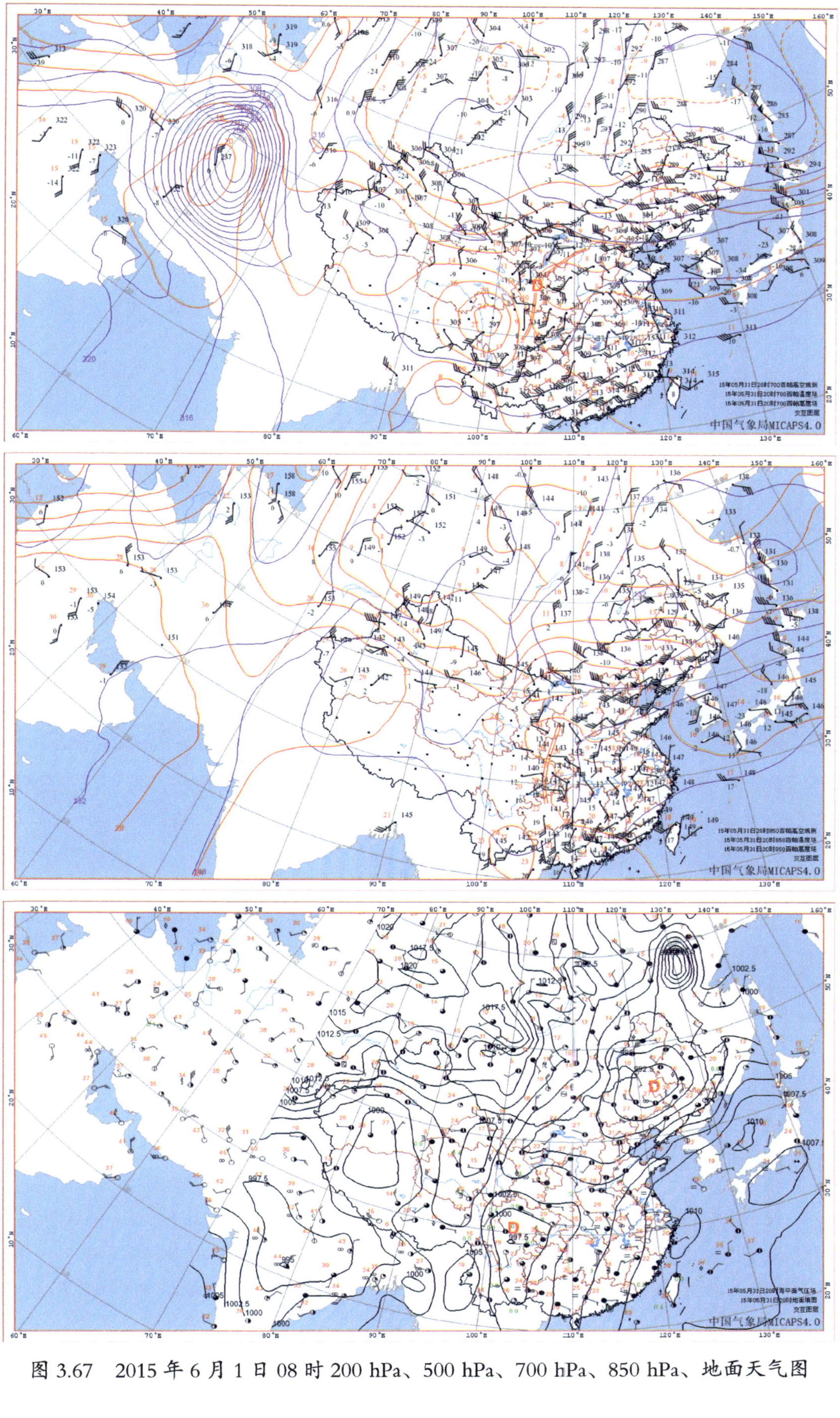

第3章 重庆市长寿区暴雨个例分析

图 3.67　2015 年 6 月 1 日 08 时 200 hPa、500 hPa、700 hPa、850 hPa、地面天气图

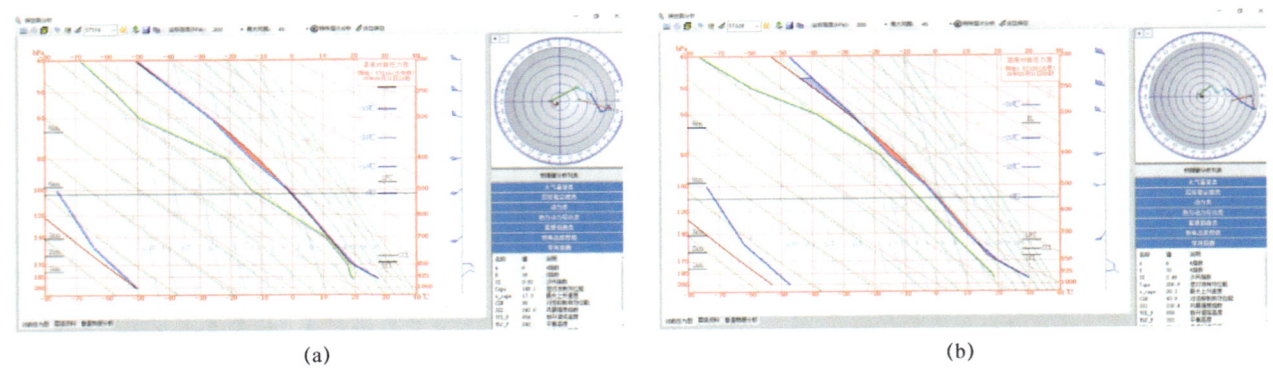

图 3.68 2015 年 5 月 31 日 20 时沙坪坝（a）、达州（b）探空图

6. 卫星云图

红外云图见图 3.69。

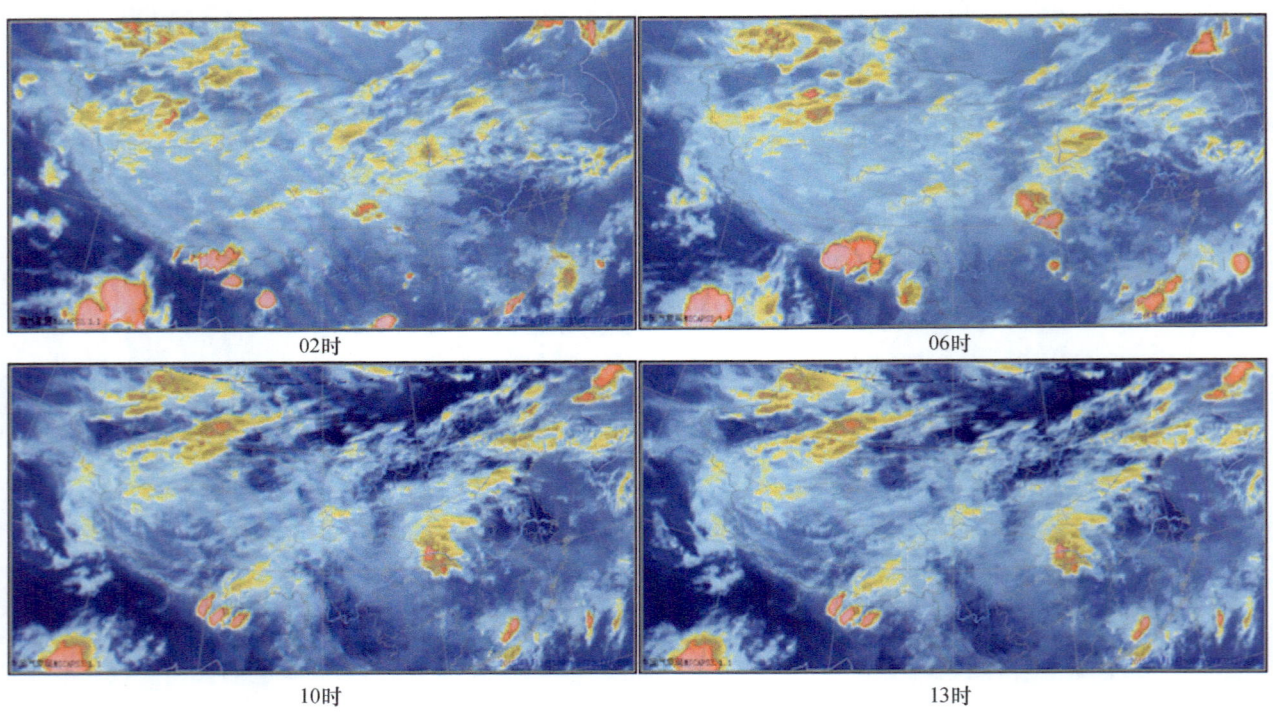

图 3.69 2015 年 6 月 1 日 02 时、06 时、10 时、13 时红外云图

7. 雷达回波分析

1 日 02：55—07：32，长寿西南部持续有强回波移入并影响长寿，回波向东北方向移动加强，再继续向长寿北部移动时，回波减弱。05：16，长寿中南部有强回波区，回波强度维持在 30~45 dBZ，最强回波在 45 dBZ 以上；速度图上，长寿中部偏南有辐合区，造成偏南地区出现暴雨（图 3.70）。

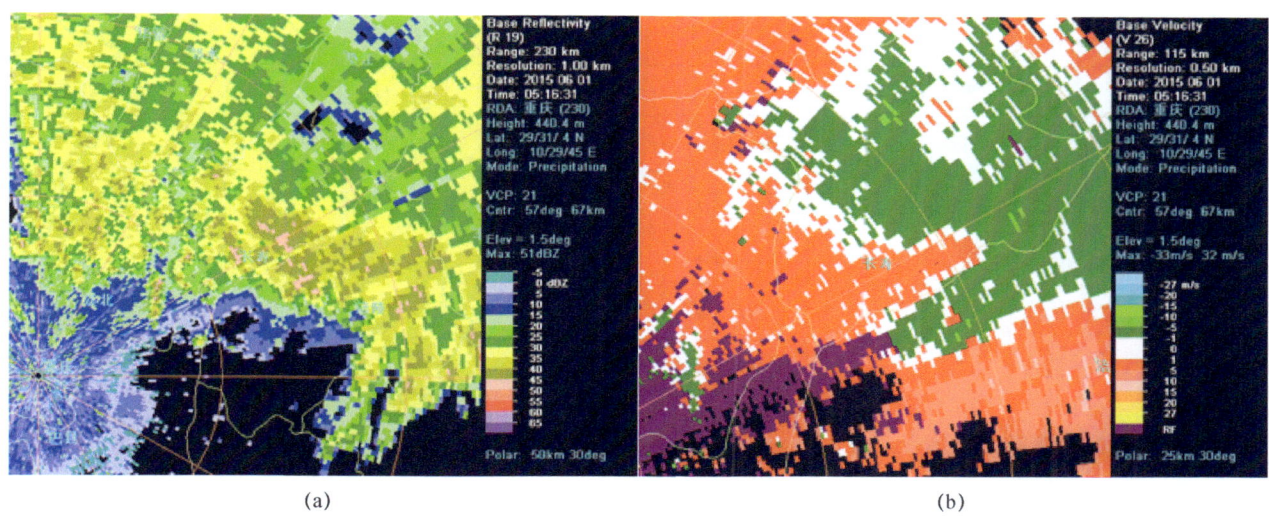

(a) (b)

图 3.70　2015 年 6 月 1 日 05：16 重庆多普勒天气雷达基本反射率因子（a），径向速度图（b）

8. 物理量指标

物理量指标见表 3.16。

表 3.16　2015 年 5 月 31 日 20 时、6 月 1 日 08 时、1 日 20 时物理量因子

	物理量指标		5月31日20时	6月1日08时	6月1日20时
水汽条件	温度（℃）	500 hPa	−0.9	−4	−1.3
		850 hPa	20.4	18	17.8
	露点温度（℃）	500 hPa	−12.9	−7	−13.3
		850 hPa	18	17	17.1
	相对湿度（%）	700 hPa	94	88	86
		850 hPa	86	94	96
	水汽通量散度 ($g·s^{-1}·cm^{-2}·hPa^{-1}$)	700 hPa	−4.6	−15	1.7
		850 hPa	−6	−26	−24.6
	比湿（g/kg）	700 hPa	11.68	10.99	11.14
		850 hPa	15.25	14.31	14.4
	温度露点差（℃）	700 hPa	0.9	0	2.2
		850 hPa	2.4	1	0.7
动力条件	低空风速（m/s）	850 hPa	7	9	7.3
	相对涡度（$10^{-6} s^{-1}$）	500 hPa	−18	13	13.6
		700 hPa	7	26	14
		850 hPa	20	32	15.5

续表

	物理量指标		5月31日20时	6月1日08时	6月1日20时
动力条件	垂直速度（10^{-3} hPa·s^{-1}）	500 hPa	−13.5	−10.4	−10.4
		700 hPa	−11.2	−11.9	−11.9
		850 hPa	−4.5	−5.5	−5.5
	散度（$10^{-6}s^{-1}$）	500 hPa	−1.3	3.8	3.8
		700 hPa	−2.3	−4.5	−4.5
		850 hPa	−10.6	−9.8	−9.8
热力条件	假相当位温 θ_{se}（℃）	500 hPa	67.43	69.05	66.63
		850 hPa	79.81	74.06	74.09
	假相当位温 θ_{se} 梯度（℃）	500 hPa	0.82	1.6	0.37
		850 hPa	1.67	2	1.4
	总温度场 TT（℃）	850 hPa	69	66	70.6
	温度平流（10^{-5}℃·s^{-1}）	850 hPa	−0.3	0.2	−0.5
不稳定能量条件	500 hPa 和 850 hPa 的 θ_{se} 差（℃）		12.38	5.01	7.46
	500 hPa 和 850 hPa 的 T 差（℃）		21.3	22	19.1
	500 hPa 和 850 hPa 的 T_d 差（℃）		30.9	24	30.4
	A 指数		6	16	4.2
	K 指数（℃）		38.4	37	34
	SI 指数（℃）		0.8	−0.31	2.27
	$CAPE$（J·kg^{-1}）		72.6	66	26
	CIN（J·kg^{-1}）		44.3	192.5	3.6
	LI 抬升指数		1.24	−0.43	1.11
	垂直风切变 V_{WS}		0.84	1.09	0.64

个例 16　2015 年 6 月 17 日暴雨

1. 暴雨时段

2015 年 6 月 16 日 20 时—17 日 08 时。

2. 雨情描述

2015年6月16日夜间到17日白天,长寿出现了一次区域性暴雨天气过程,中西部及偏南地区出现暴雨,其余地区大雨(图3.71)。降雨量最大为新市街道87.3 mm,最大小时雨强26.6 mm(新市,6月17日05时)。

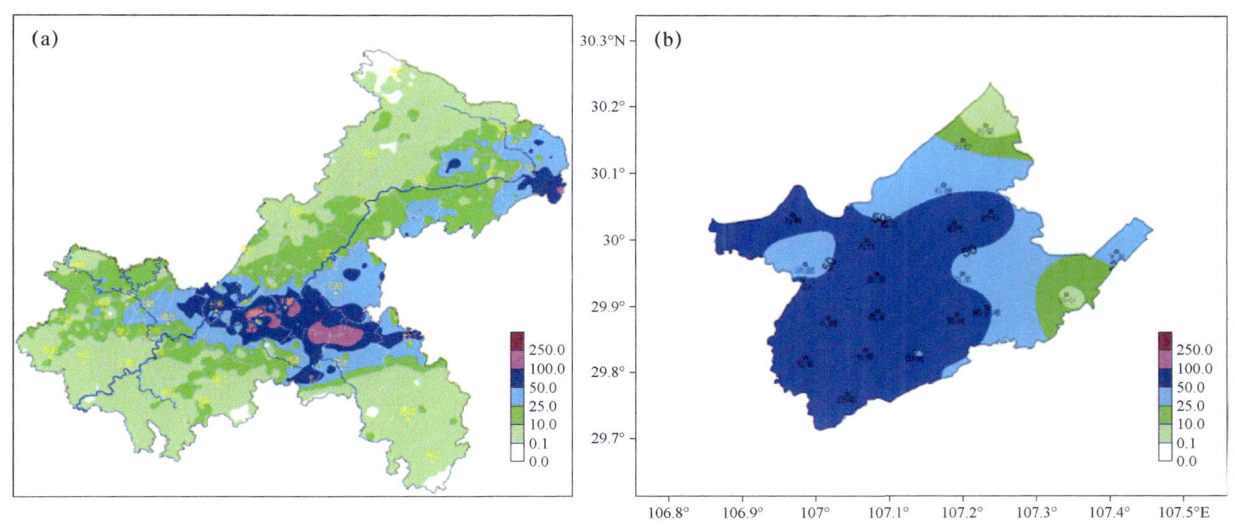

图3.71 2015年6月16日20时—17日20时重庆市(a)和长寿区(b)降雨量分布图(单位:mm)

3. 灾情描述

此次过程无灾情。

4. 形势分析

影响系统:低槽、切变线。

16日20时,500 hPa蒙古有阻塞高压发展,高压底部的偏西气流多波动,长寿受波动槽前偏南气流控制,副高588 dagpm线控制华南沿海一带,副高外围的偏南气流为此次过程输送水汽。17日08时阻塞高压发展加强,副高略有东退。

16日20时,700 hPa切变线位于四川盆地东北部—盆地西部,850 hPa切变线位于重庆东北部—四川南部,长寿位于两条切变线之间,有明显的辐合上升运动。夜间,切变线东移南压。

16日20时,地面上长寿受低压带控制。

5. 天气分析图

不同层面天气图、探空图分别在图3.72、图3.73中给出。

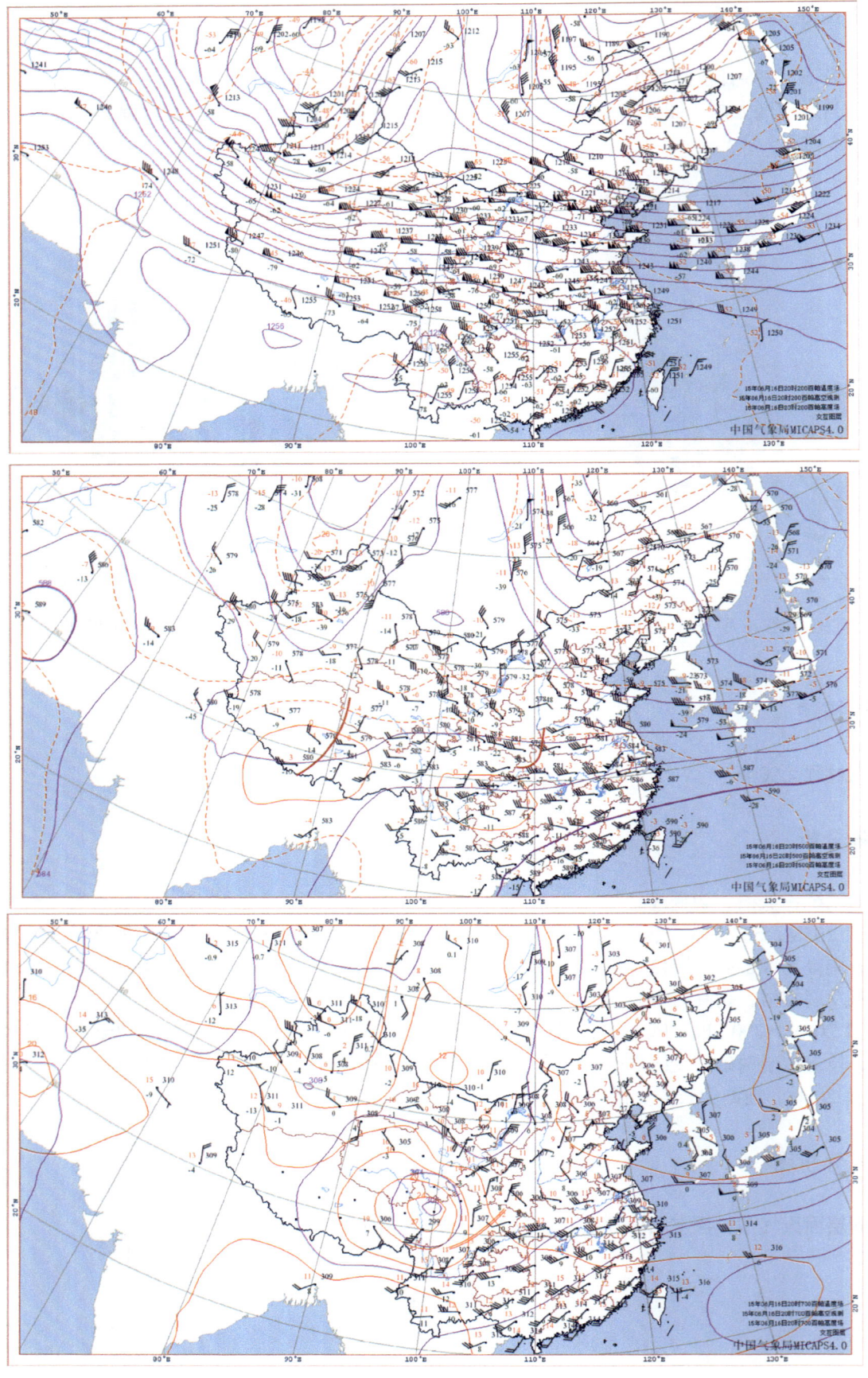

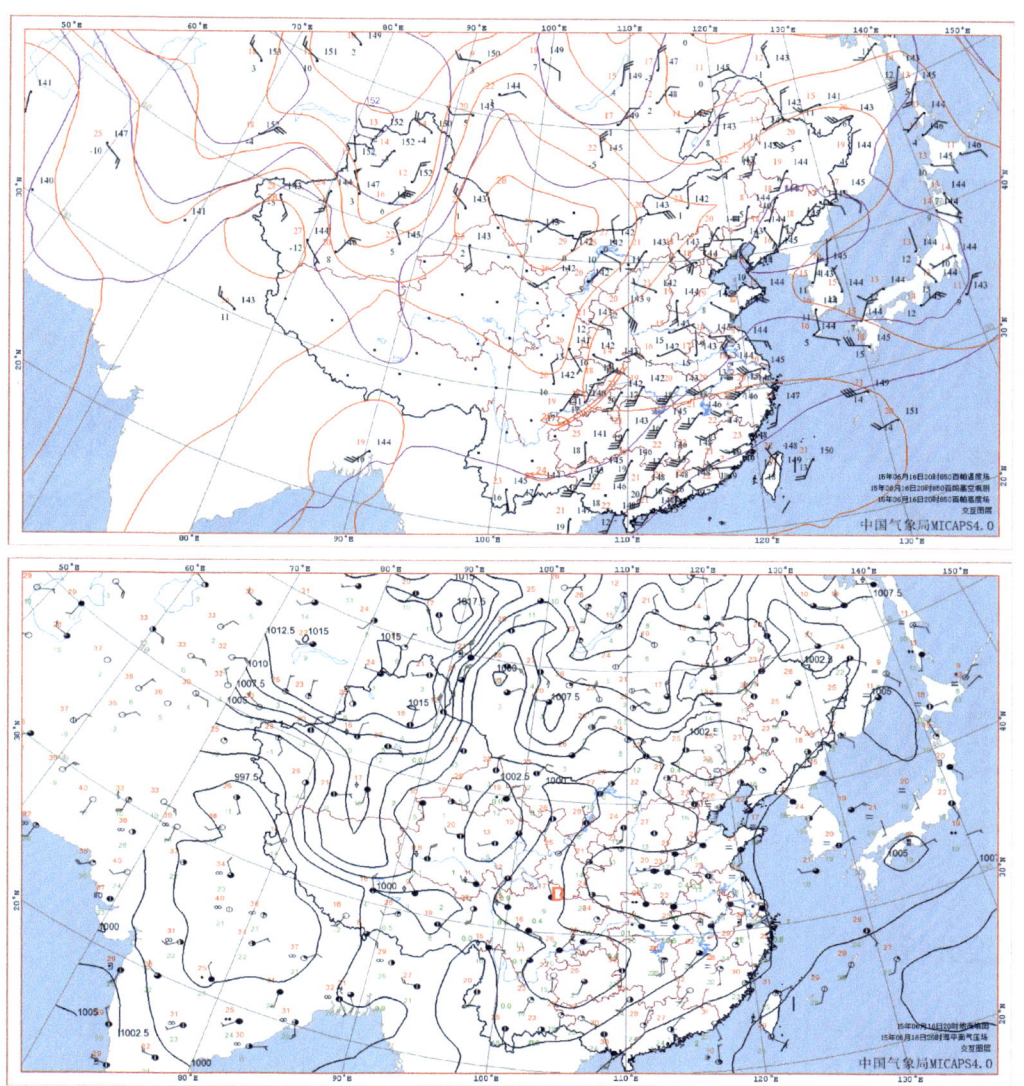

图 3.72　2015 年 6 月 16 日 20 时 200 hPa、500 hPa、700 hPa、850 hPa、地面天气图

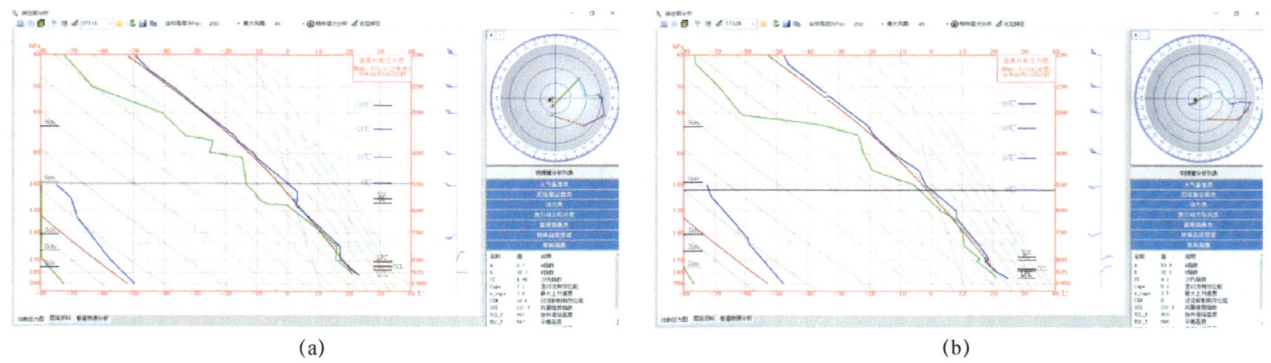

(a)　　　　　　　　　　　　　　　(b)

图 3.73　2015 年 6 月 16 日 20 时沙坪坝（a）、达州（b）探空图

6. 卫星云图

红外云图见图3.74。

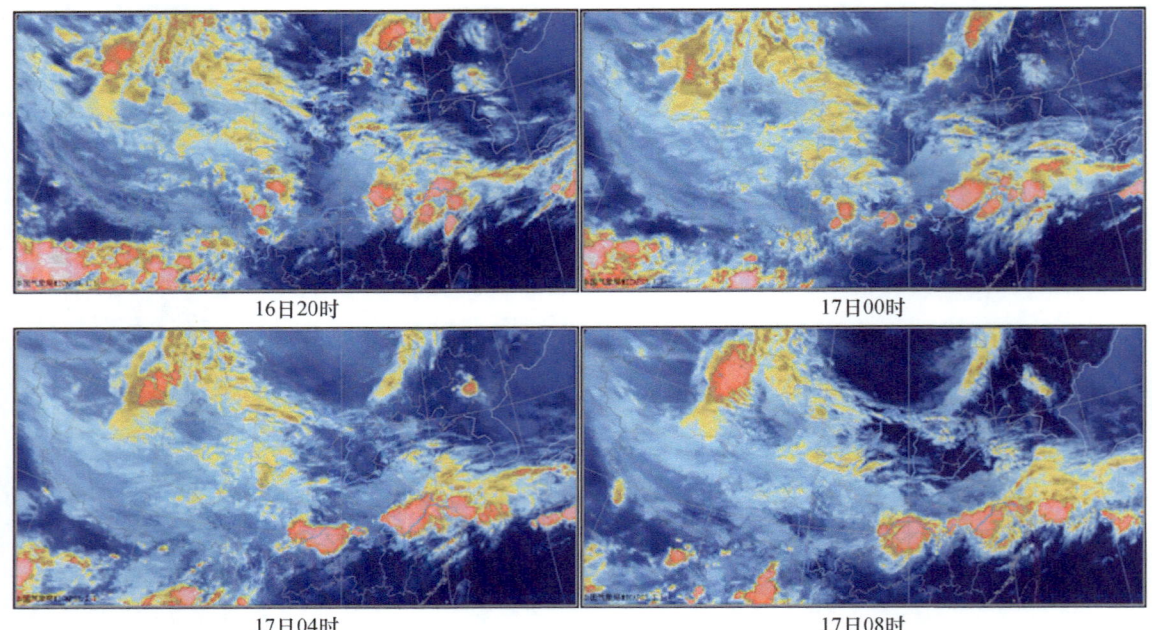

图3.74　2015年6月16日20时，17日00时、04时、08时红外云图

7. 雷达回波分析

16日20:41，在长寿南部有回波生成发展，影响长寿南部地区，此后，重庆城区及西部地区不断有回波生成发展并向东北方向移动，同时合并加强。17日04:40，长寿上空回波强度基本维持在30～35 dBZ，最强回波大于45 dBZ，回波质心较低，有利于降水；速度图上，长寿附近偏北区域有较连续的辐合带（图3.75）。

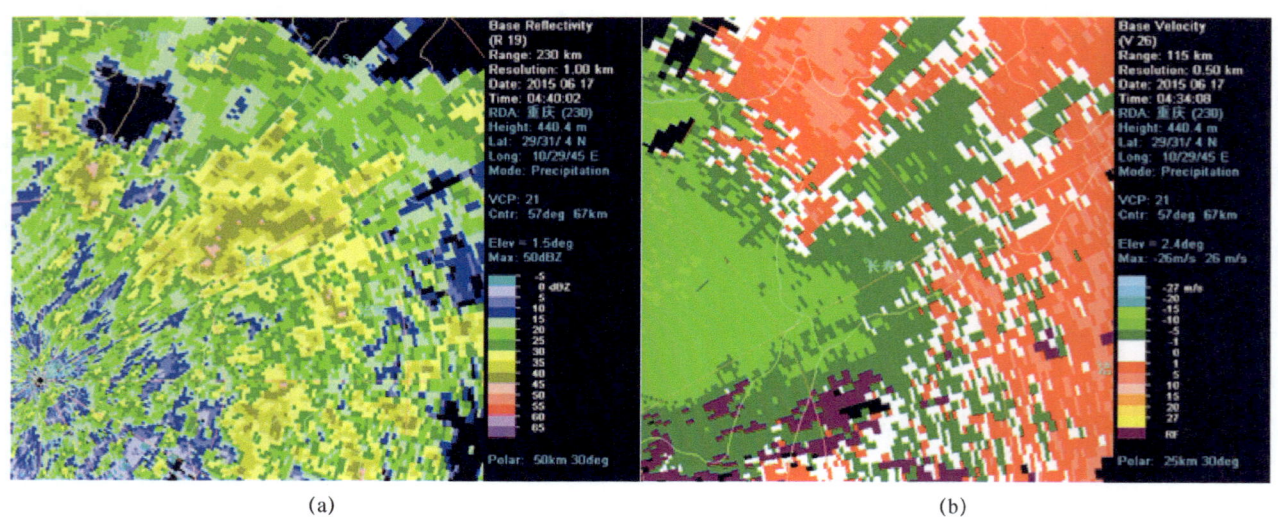

图3.75　2015年6月17日4时40分重庆多普勒天气雷达基本反射率因子（a），径向速度图（b）

8. 物理量指标

物理量指标见表3.17。

表3.17 2015年6月16日20时、17日08时、17日20时物理量因子

	物理量指标		6月16日20时	6月17日08时	6月17日20时
水汽条件	温度（℃）	500 hPa	0.8	−2.9	−1.1
		850 hPa	18	17.6	18.6
	露点温度（℃）	500 hPa	−13.2	−4.2	−9.1
		850 hPa	16.5	16.8	17.7
	相对湿度（%）	700 hPa	94	93	66
		850 hPa	91	95	95
	水汽通量散度（$g \cdot s^{-1} \cdot cm^{-2} \cdot hPa^{-1}$）	700 hPa	0	16	−1
		850 hPa	6.5	1.5	−20.5
	比湿（g/kg）	700 hPa	12.24	10.77	7.9
		850 hPa	13.86	14.13	14.96
	温度露点差（℃）	700 hPa	1	1.1	6
		850 hPa	1.5	0.8	0.9
动力条件	低空风速（m/s）	850 hPa	7	10.3	3.3
	相对涡度（$10^{-6} s^{-1}$）	500 hPa	−13	12	−11
		700 hPa	17.3	32.2	19.5
		850 hPa	37.5	25.2	−3.5
	垂直速度（$10^{-3} hPa \cdot s^{-1}$）	500 hPa	−9.3	−14	−12.7
		700 hPa	−7.3	−7	−12.7
		850 hPa	−5.2	−5.3	−4.2
	散度（$10^{-6} s^{-1}$）	500 hPa	2.1	−11.2	3.9
		700 hPa	−3.6	0.9	−4.3
		850 hPa	−0.3	2.4	−9.4
热力条件	假相当位温 θ_{se}（℃）	500 hPa	69.34	74.15	70.47
		850 hPa	72.73	73.03	76.73
	假相当位温 θ_{se} 梯度（℃）	500 hPa	0.8	0.44	1.26
		850 hPa	1.2	2.52	2.3
	总温度场 TT（℃）	850 hPa	69.7	65.8	71.6
	温度平流（$10^{-5}℃ \cdot s^{-1}$）	850 hPa	−0.7	−0.7	−1
不稳定能量条件	500 hPa 和 850 hPa 的 θ_{se} 差（℃）		3.39	−1.12	6.26
	500 hPa 和 850 hPa 的 T 差（℃）		17.2	20.5	19.7
	500 hPa 和 850 hPa 的 T_d 差（℃）		29.7	21	26.8
	A 指数		0.7	17.3	4.8
	K 指数（℃）		32.7	36.2	31.4
	SI 指数（℃）		4.96	1.14	1.65
	$CAPE$（$J \cdot kg^{-1}$）		7.1	0	498.6
	CIN（$J \cdot kg^{-1}$）		10.6	0	7.3
	LI 抬升指数		3.19	1.52	−0.43
	垂直风切变 V_{WS}		0.36	0.54	0.42

个例17 2015年7月22日暴雨

1. 暴雨时段

2015年7月22日02时—08时。

2. 雨情描述

2015年7月21日夜间至22日白天，长寿出现了一次区域性暴雨天气过程，中部及偏南部分地区出现暴雨，其余地区大雨（图3.76）。降雨量最大为长寿城区72.7 mm，最大小时雨强23.6 mm（渡舟，7月22日07时）。

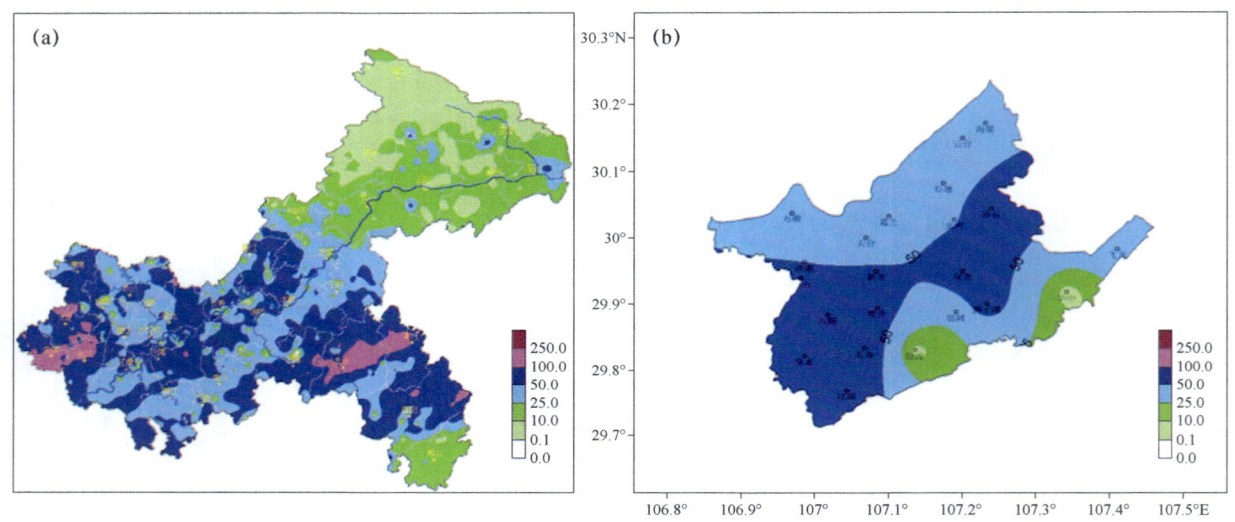

图3.76 2015年7月21日20时—22日20时重庆市（a）和长寿区（b）降雨量分布图（单位：mm）

3. 灾情描述

此次过程无灾情。

4. 形势分析

影响系统：低槽、西南涡、切变线。

22日08时，500 hPa中高纬以经向环流为主，东北到西南一带受宽广的低压槽控制，其底部重庆附近有浅槽，长寿位于槽线附近；700 hPa重庆西北部有西南涡生成，长寿位于西南涡右侧，850 hPa西南涡位置与700 hPa相近，长寿位于西南涡右侧的切变线附近。从垂直方向看，为前倾槽，有利于强对流天气的发展。

22日08时，地面上四川北部有分裂出的冷高压，其前沿冷锋位于四川盆地附近。

21日20时，沙坪坝探空图上，$CAPE$为1258.8 J/kg，有较强的不稳定能量。

5. 天气分析图

不同层面天气图、探空图分别在图 3.77、图 3.78 中给出。

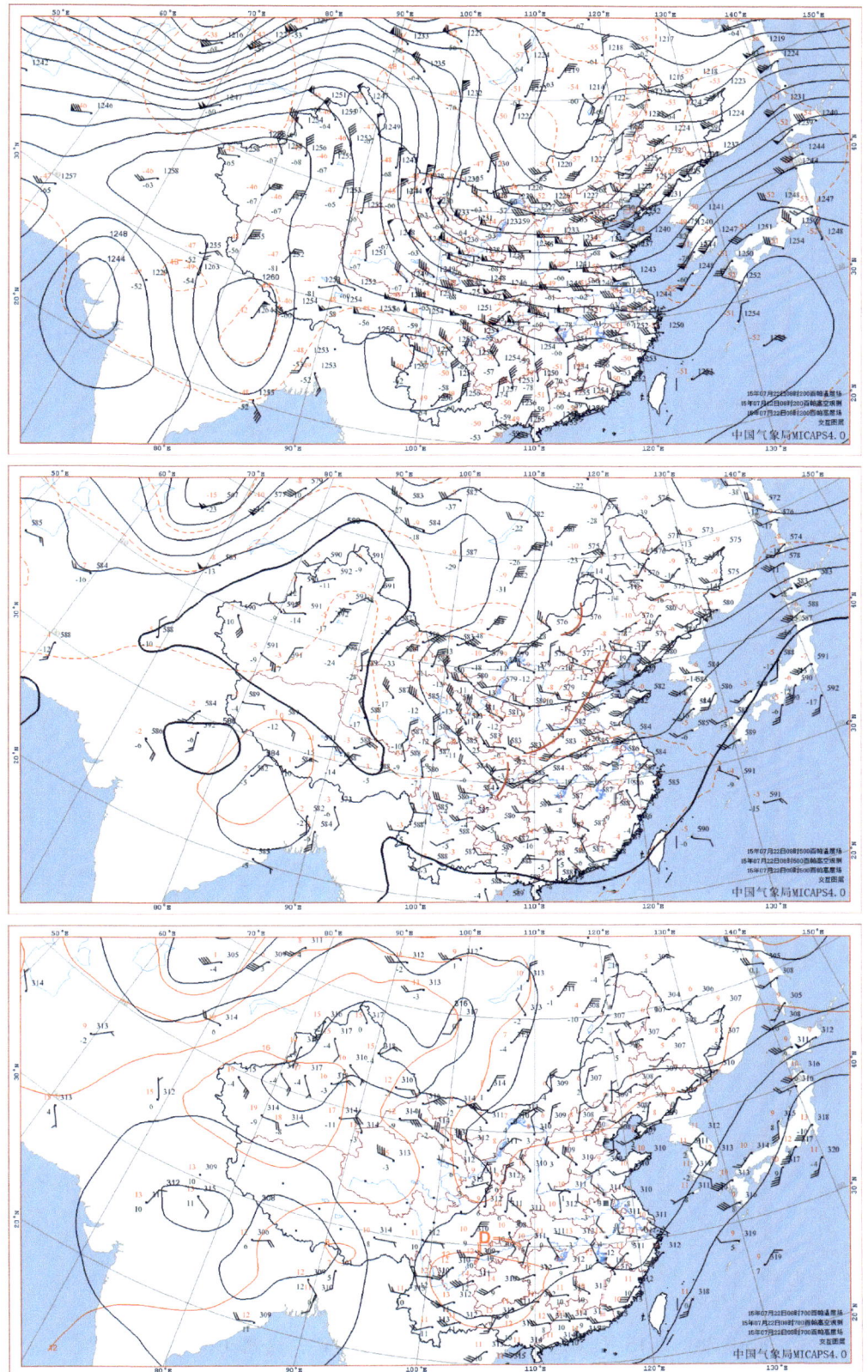

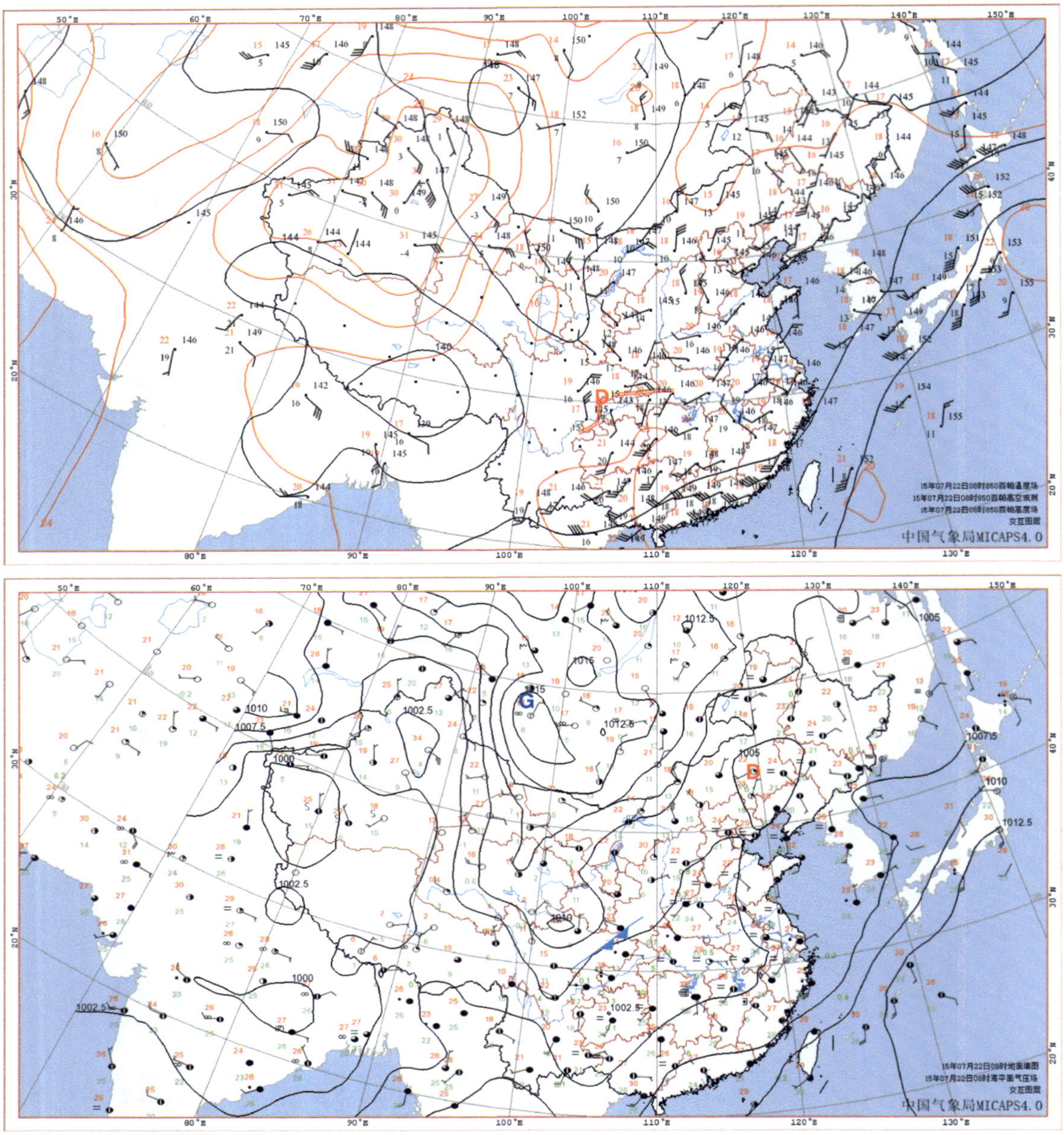

图 3.77　2015 年 7 月 22 日 08 时 200 hPa、500 hPa、700 hPa、850 hPa、地面天气图

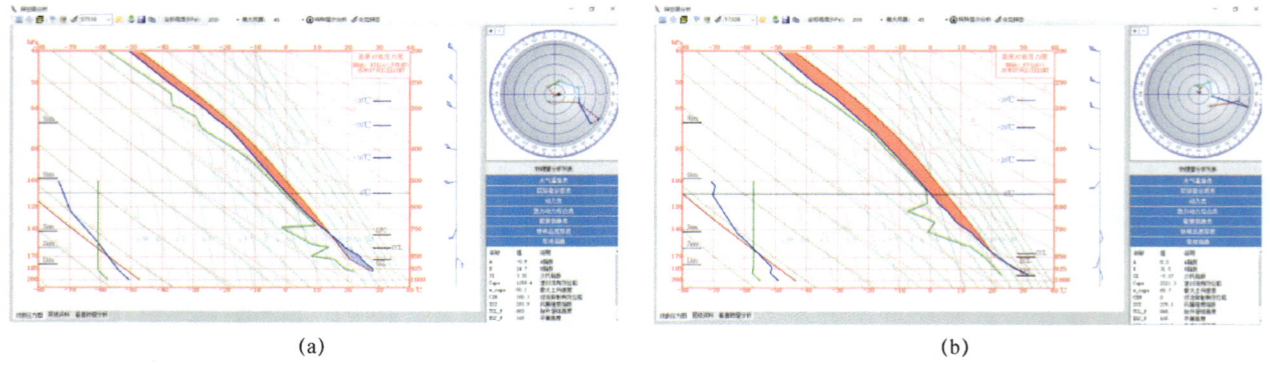

(a)　　　　　　　　　　　　　　　(b)

图 3.78　2015 年 7 月 21 日 20 时沙坪坝（a）、达州（b）探空图

6. 卫星云图

红外云图见图3.79。

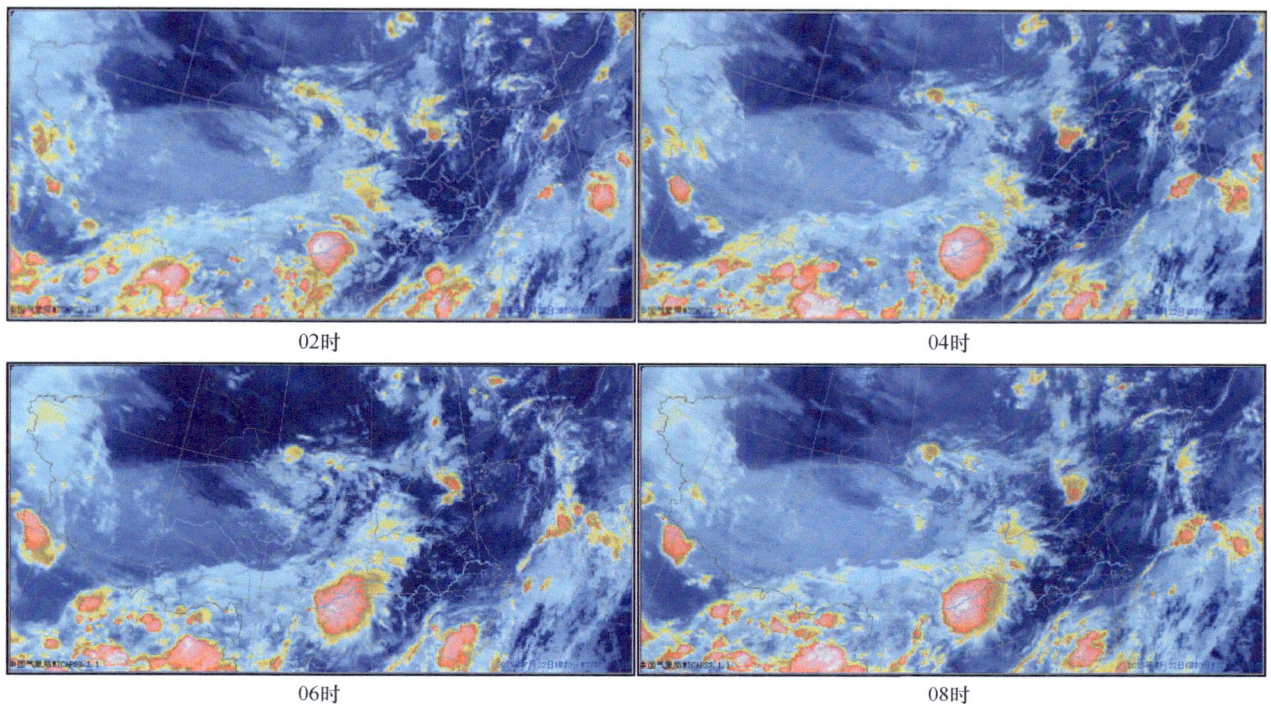

图 3.79　2015 年 7 月 22 日 02 时、04 时、06 时、08 时红外云图

7. 雷达回波分析

22 日 01:58 分开始，在重庆江北及其以西地区不断地有回波发展，并向东北方向移动影响长寿，回波强度维持在 20～35 dBZ；速度图上长寿境内出现以东北风为主的辐散气流（图 3.80）；由于列车效应导致了降水持续较长时间，形成了此次暴雨天气过程。

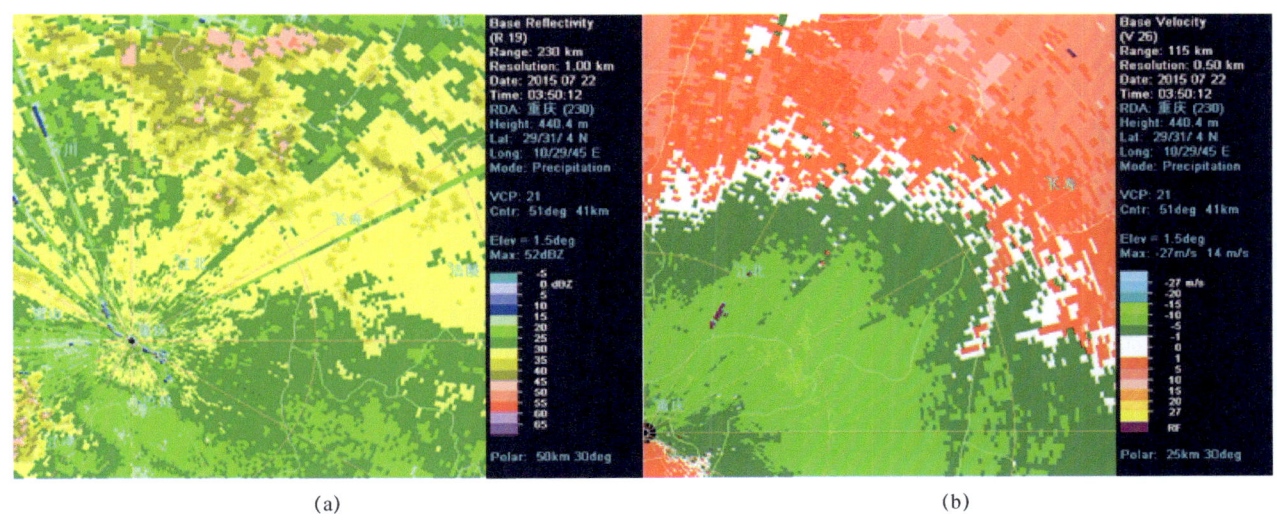

图 3.80　2015 年 7 月 22 日 03:50 重庆多普勒天气雷达基本反射率因子（a），径向速度图（b）

8. 物理量指标

物理量指标见表3.18。

表3.18　2015年7月21日20时、22日08时、22日20时物理量因子

	物理量指标		7月21日20时	7月22日08时	7月22日20时
水汽条件	温度（℃）	500 hPa	−3.3	−1.7	−2.1
		850 hPa	24.2	18.2	18.6
	露点温度（℃）	500 hPa	−4.7	−3	−13.1
		850 hPa	10.2	17.2	17.8
	相对湿度（%）	700 hPa	40	92	72
		850 hPa	41	94	95
	水汽通量散度（g·s^{-1}·cm^{-2}·hPa^{-1}）	700 hPa	−14	−30	−3.5
		850 hPa	−3	−23.7	−19.5
	比湿（g/kg）	700 hPa	5.18	10.7	9.21
		850 hPa	9.16	14.5	15.06
	温度露点差（℃）	700 hPa	13	1.2	5
		850 hPa	14	1	0.8
动力条件	低空风速（m/s）	850 hPa	4.7	6.3	4.3
	相对涡度（10^{-6}s^{-1}）	500 hPa	−4	21	25.2
		700 hPa	−8.4	21.6	30
		850 hPa	−1	24.7	17.6
	垂直速度（10^{-3} hPa·s^{-1}）	500 hPa	−15.6	−30.5	−23
		700 hPa	−12	−18.4	−19.3
		850 hPa	−6.5	−5.9	−8.8
	散度（10^{-6}s^{-1}）	500 hPa	0.1	−0.3	2.2
		700 hPa	−2.1	−17	−6.2
		850 hPa	7.5	−7.8	−16.3
热力条件	假相当位温 θ_{se}（℃）	500 hPa	72.91	77.56	65.77
		850 hPa	66.26	74.84	77
	假相当位温 θ_{se} 梯度（℃）	500 hPa	0.95	1.64	1.08
		850 hPa	0.69	2.32	2.46
	总温度场 TT（℃）	850 hPa	64.2	69	69.5
	温度平流（10^{-5}℃·s^{-1}）	850 hPa	2.3	2	−0.3
不稳定能量条件	500 hPa 和 850 hPa 的 θ_{se} 差（℃）		−6.65	−2.72	11.23
	500 hPa 和 850 hPa 的 T 差（℃）		27.5	19.9	20.7
	500 hPa 和 850 hPa 的 T_d 差（℃）		14.9	20.2	30.9
	A 指数		−0.9	16.4	3.9
	K 指数（℃）		24.7	35.9	33.5
	SI 指数（℃）		3.32	1.64	0.54
	$CAPE$（J·kg^{-1}）		1258.8	10.5	231
	CIN（J·kg^{-1}）		150.3	116.5	6.7
	LI 抬升指数		−3.4	1.98	−0.71
	垂直风切变 V_{ws}		0.27	0.39	0.19

个例 18 2015 年 8 月 17 日暴雨

1. 暴雨时段

2015 年 8 月 17 日 08 时—18 日 08 时。

2. 雨情描述

2015 年 8 月 17 日白天到夜间，长寿出现了一次区域性暴雨天气过程，除东部和东南部外，其余地区暴雨、局地大暴雨（图 3.81）。降雨量最大为葛兰镇 101.1 mm，最大小时雨强 18.4 mm（万顺，8 月 18 日 02 时）。

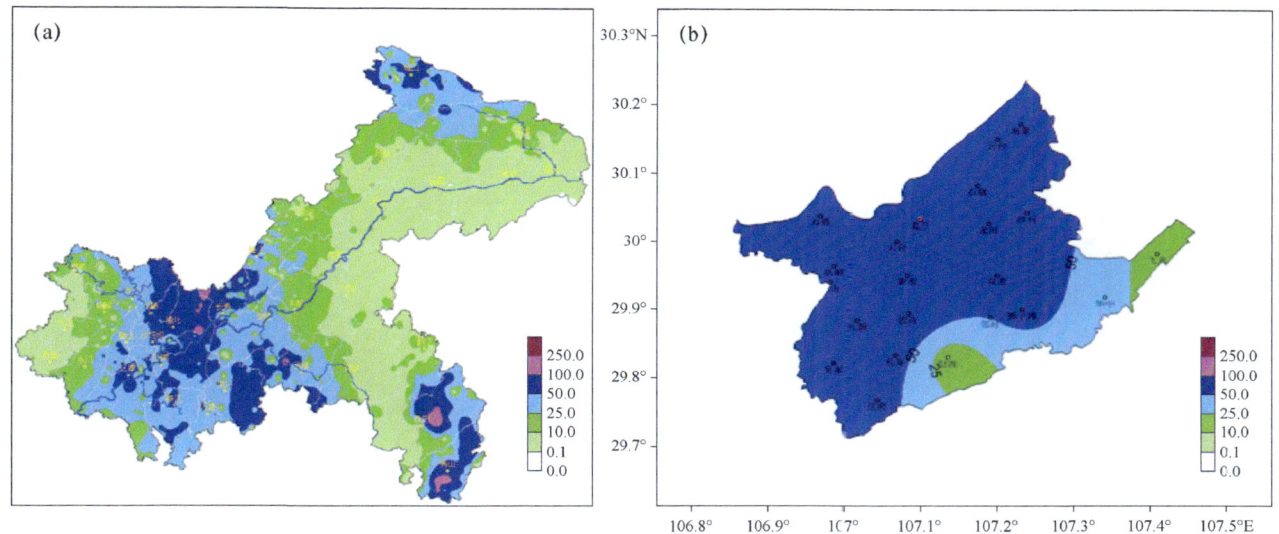

图 3.81 2015 年 8 月 17 日 08 时—18 日 08 时重庆市（a）和长寿区（b）降雨量分布图（单位：mm）

3. 灾情描述

此次过程无灾情。

4. 形势分析

影响系统：低槽、西南涡、切变线、冷锋。

17 日 08 时—18 日 08 时，200 hPa 长寿位于南亚高压脊线附近，辐散抽吸作用明显。

17 日 08 时，500 hPa 中亚地区主要受冷涡控制，冷涡后部偏北气流引导冷空气南下，冷涡底部多波动，长寿受槽前偏南气流控制，副高呈东西走向，17 日 08 时—18 日 08 时副高增强，脊线呈东北—西南走向，冷涡少动，其底部的波动槽东移缓慢，有利于降水的长时间持续。

17 日 08 时，700 hPa 重庆西北部有西南涡生成发展，暖式切变线位于四川盆地中部；850 hPa 西南涡位于重庆西部，暖式切变线位于重庆西部—东南部一线，长寿位于西南涡两条切变线之间。17 日白天，西南涡少动，夜间，西南涡略向东偏北方向移动，系统影响长寿时间较长。

17日08时,地面上青海湖附近有冷高压,其前沿冷锋位于重庆长江沿线附近。

5. 天气分析图

不同层面天气图、探空图分别在图3.82、图3.83中给出。

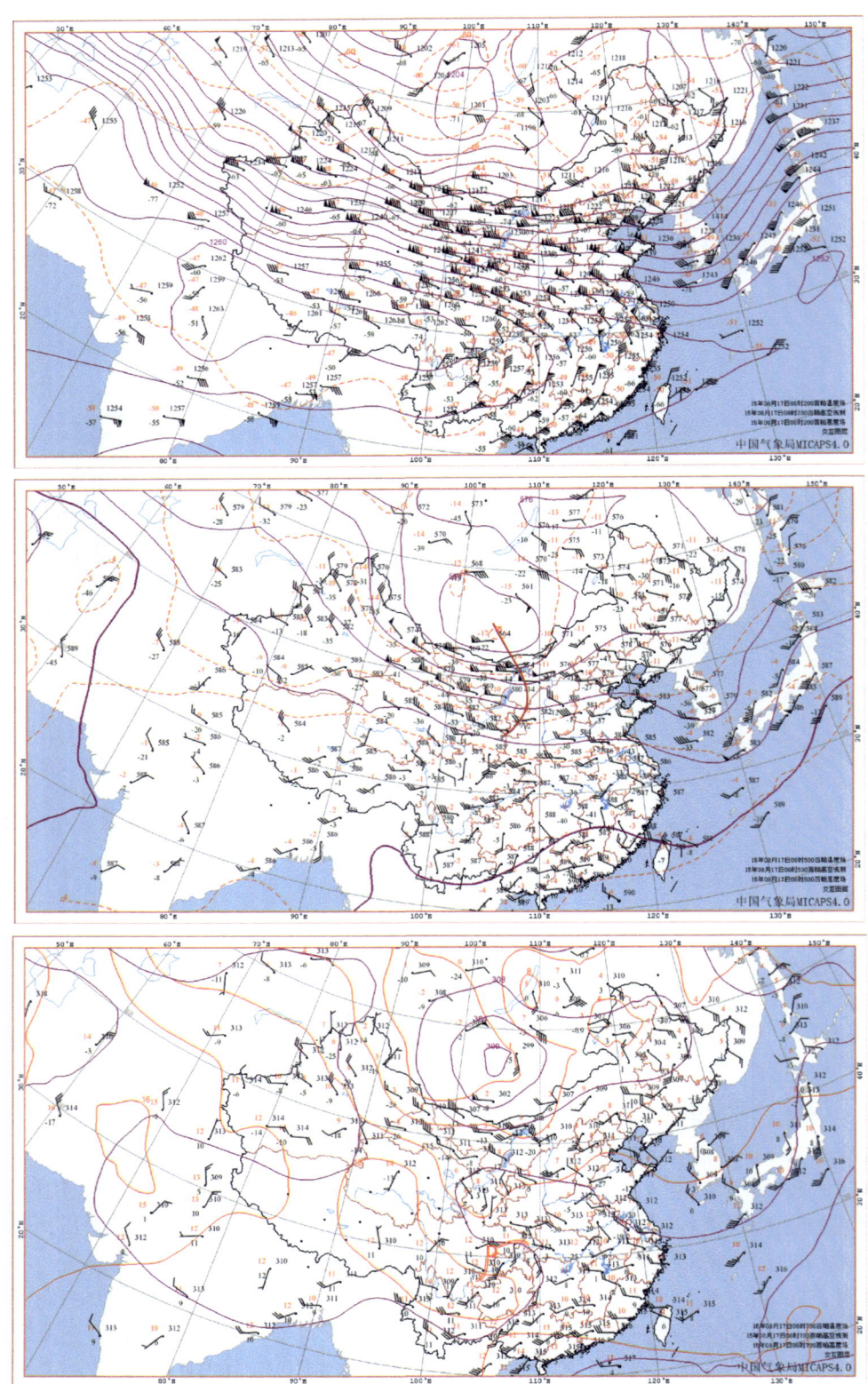

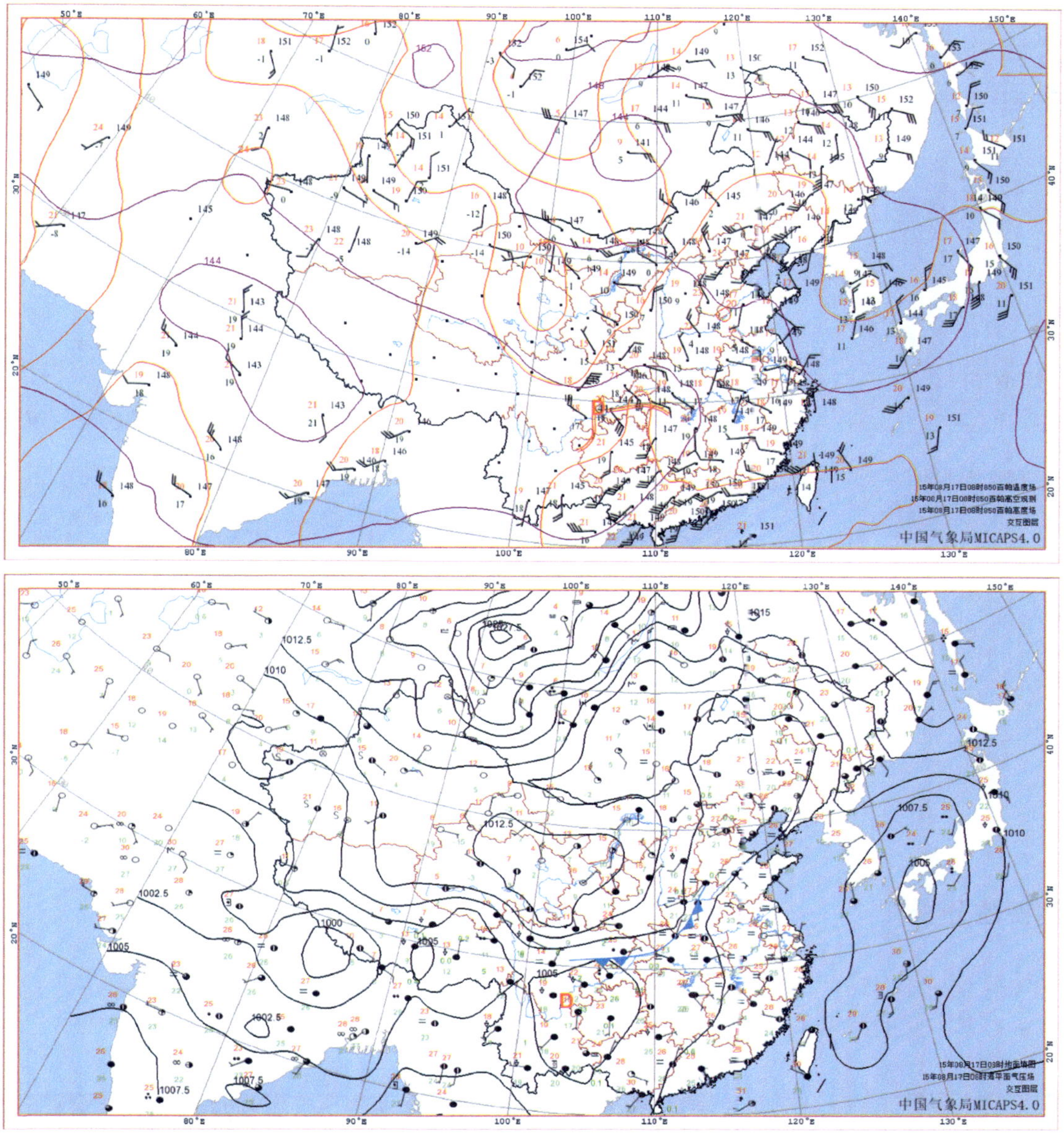

第3章 重庆市长寿区暴雨个例分析

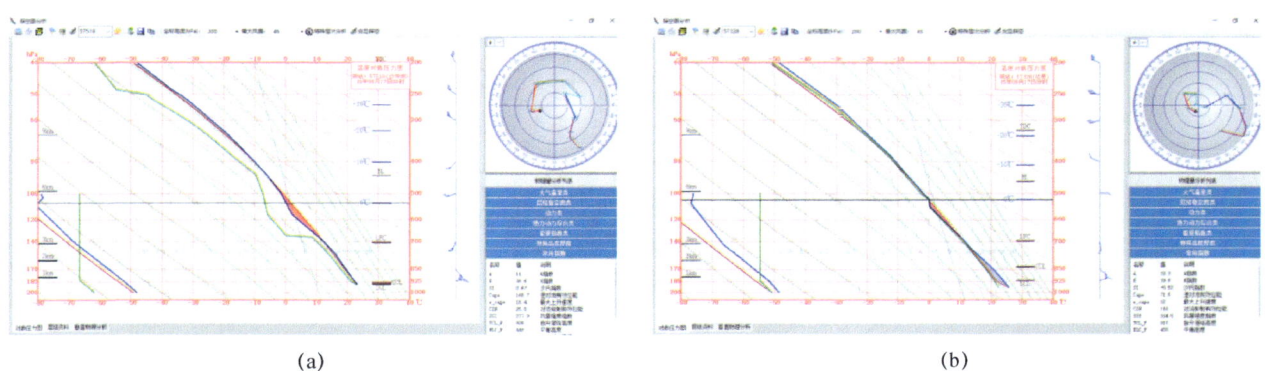

图3.82 2015年8月17日08时200 hPa、500 hPa、700 hPa、850 hPa、地面天气图

(a) (b)

图3.83 2015年8月17日08时沙坪坝（a）、达州（b）探空图

6. 卫星云图

红外云图见图3.84。

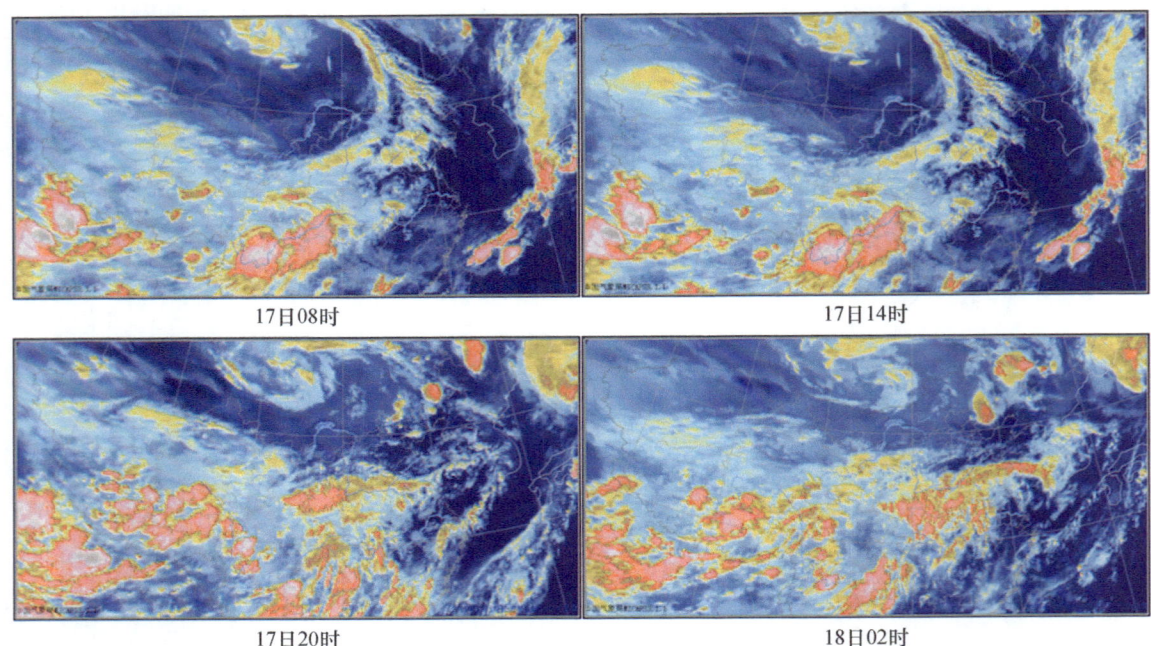

图3.84　2015年8月17日08时、14时、20时，18日02时红外云图

7. 雷达回波分析

17日06:06—18日07:59，重庆西部不断有回波单体生产发展，并向东北方向移动经过长寿，回波单体强中心基本反射率因子维持在30～35 dBZ，列车效应有利于此次暴雨的发生（图3.85）。

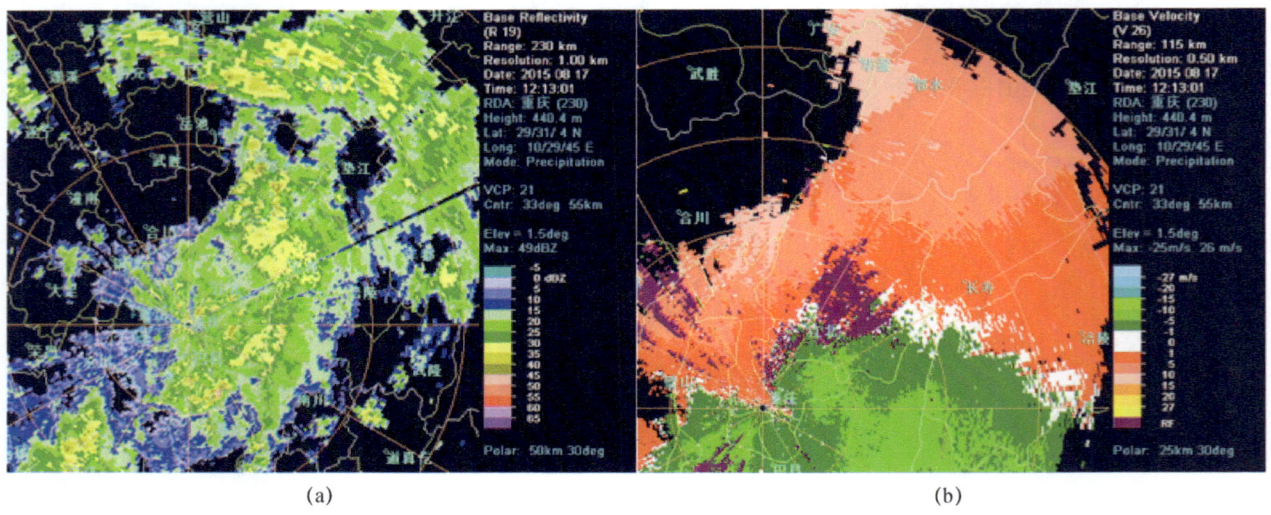

图3.85　2015年8月17日12:13重庆多普勒天气雷达基本反射率因子（a），径向速度图（b）

8. 物理量指标

物理量指标见表3.19。

表3.19 2015年8月16日08时、16日20时、17日08时、17日20时物理量因子

	物理量指标		8月16日08时	8月16日20时	8月17日08时	8月17日20时
水汽条件	温度（℃）	500 hPa	−1.9	−1.5	−2.5	−2.3
		850 hPa	22.2	19.6	19	17.6
	露点温度（℃）	500 hPa	−3.6	−7.5	−6.5	−3.7
		850 hPa	21.1	17.8	17.9	16.6
	相对湿度（%）	700 hPa	87	86	92	92
		850 hPa	93	89	93	94
	水汽通量散度（g·s^{-1}·cm^{-2}·hPa^{-1}）	700 hPa	−10.3	−15.2	−22	−15
		850 hPa	−13	−30	−44.6	−38.6
	比湿（g/kg）	700 hPa	11.99	10.92	11.07	11.76
		850 hPa	18.53	15.06	15.16	13.95
	温度露点差（℃）	700 hPa	2.1	2.3	1.3	1.2
		850 hPa	1.1	1.8	1.1	1
动力条件	低空风速（m/s）	850 hPa	4.3	8.3	4	7
	相对涡度（10^{-6}s^{-1}）	500 hPa	−17	0.7	−1.6	8.5
		700 hPa	−11	17	4.4	43.2
		850 hPa	16	12.6	20	45.8
	垂直速度（10^{-3} hPa·s^{-1}）	500 hPa	−17.8	−32.8	−29.8	−33.2
		700 hPa	−17	−23.7	−27.4	−27
		850 hPa	−7.9	−10.2	−15	−14.5
	散度（10^{-6}s^{-1}）	500 hPa	8.3	−3.7	2.7	−1.1
		700 hPa	−11.2	−11.1	−9	−10
		850 hPa	−7	−16.8	−17	−16.9
热力条件	假相当位温 θ_{se}（℃）	500 hPa	76.35	71.67	71.58	75.69
		850 hPa	91.96	78.25	77.79	72.51
	假相当位温 θ_{se} 梯度（℃）	500 hPa	2.58	2.26	0.81	0.84
		850 hPa	1.2	2.45	2.08	11.68
	总温度场 TT（℃）	850 hPa	78.5	72.2	73	64.9
	温度平流（10^{-5}℃·s^{-1}）	850 hPa	−0.2	3.2	4.3	2.5
不稳定能量条件	500 hPa 和 850 hPa 的 θ_{se} 差（℃）		15.61	6.58	6.21	−3.18
	500 hPa 和 850 hPa 的 T 差（℃）		24.1	21.1	21.5	19.9
	500 hPa 和 850 hPa 的 T_d 差（℃）		24.7	25.3	24.4	20.3
	A 指数		19.2	11	15.1	16.3
	K 指数（℃）		43.1	36.6	38.1	35.3
	SI 指数（℃）		−3.95	0.67	−0.1	1.86
	$CAPE$（J·kg^{-1}）		220.4	168.7	44.2	0
	CIN（J·kg^{-1}）		191.2	25.5	60.5	0.5
	LI 抬升指数		−1.43	−0.64	−0.47	2.08
	垂直风切变 V_{WS}		0.48	1.43	0.44	1.12

个例19　2015年9月5日暴雨

1. 暴雨时段

2015年9月4日20时—5日14时。

2. 雨情描述

2015年9月4日夜间至5日白天，长寿出现了一次区域性暴雨天气过程，中西和偏南部分地区出现暴雨，其余地区中到大雨（图3.86）。降雨量最大为龙河镇83.1 mm，最大小时雨强59.7 mm（龙河，9月5日09时）。

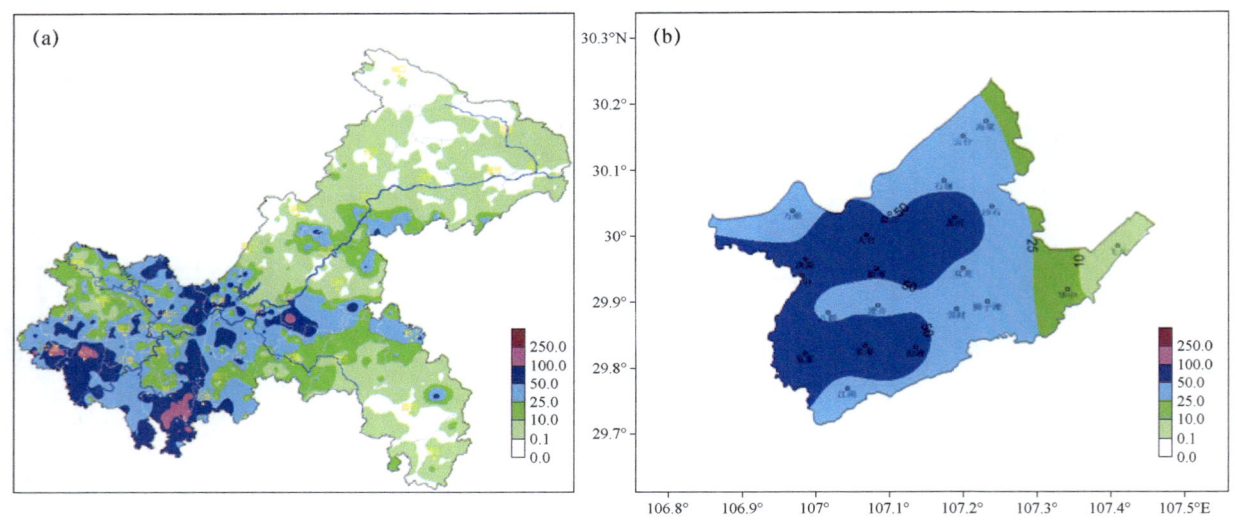

图3.86　2015年9月4日20时—5日20时重庆市（a）和长寿区（b）降雨量分布图（单位：mm）

3. 灾情描述

此次过程无灾情。

4. 形势分析

影响系统：低槽、切变线。

4日20时—5日8时，200 hPa长寿位于南亚高压脊线附近，辐散抽吸作用明显。500 hPa副高强盛，与南亚高压连成一片，长寿受偏北气流控制，其上游四川西部有波动槽东移，5日08时，500 hPa波动槽移至四川中部，长寿转为槽前偏南气流控制。

4日20时，700 hPa、850 hPa切变线位于重庆西北部，5日08时，700 hPa切变线东移至重庆长江沿线以北，850 hPa切变线东移至重庆长江沿线以南，长寿位于两切变线之间，辐合上升运动明显。

4日20时，地面图上，长寿受低压带影响。

4日20时,沙坪坝探空图上,CAPE 为 328 J/kg,K 指数为 41 ℃,SI 指数为 −2 ℃,有一定的不稳定能量。

5. 天气分析图

不同层面天气图、探空图分别在图 3.87、图 3.88 中给出。

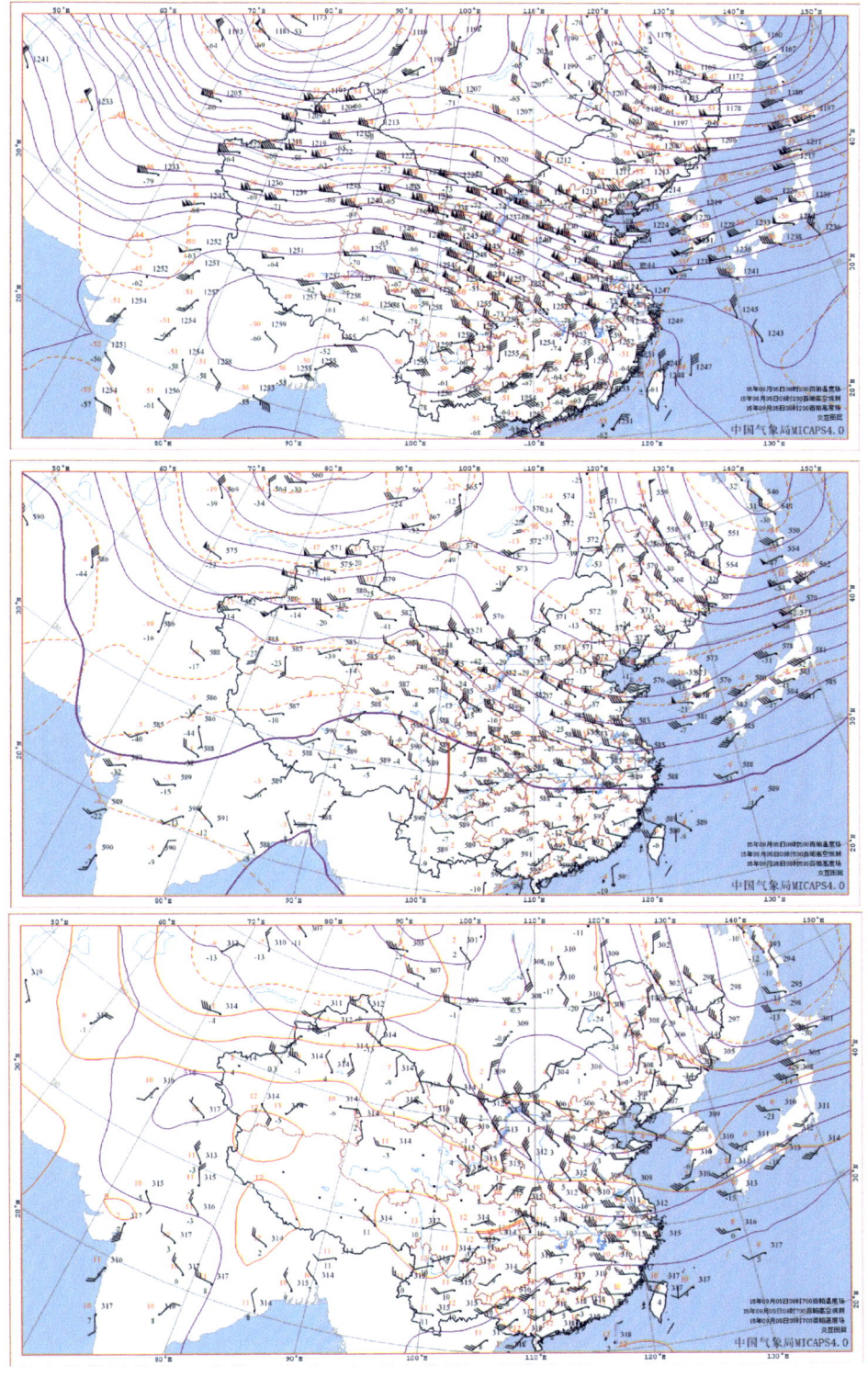

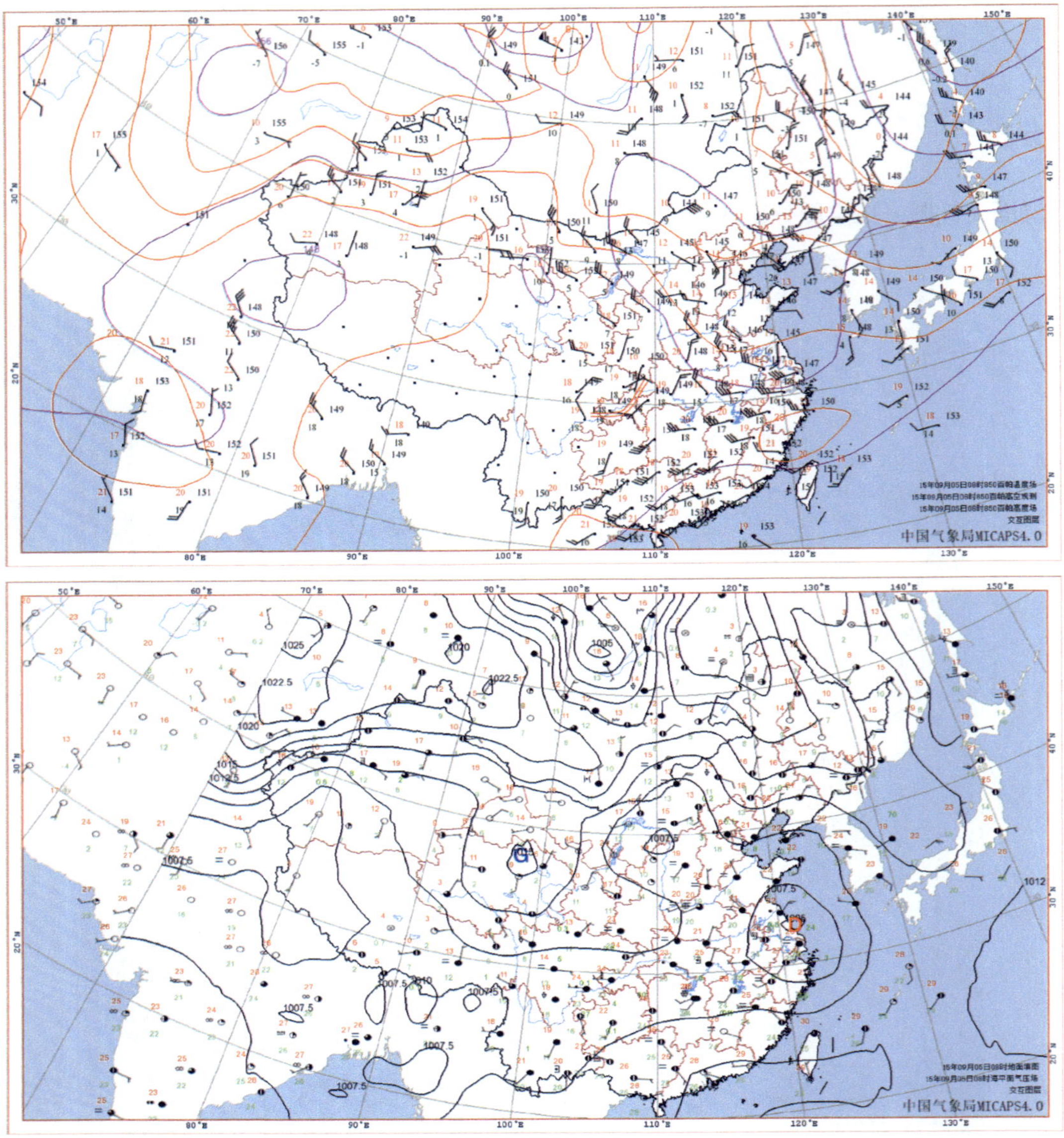

图 3.87　2015 年 9 月 5 日 08 时 200 hPa、500 hPa、700 hPa、850 hPa、地面天气图

(a)　　　　(b)

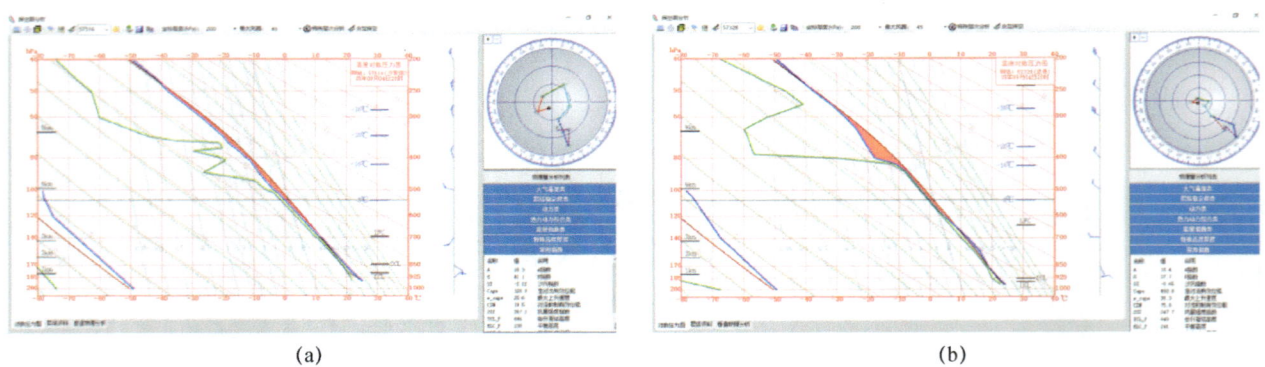

图 3.88　2015 年 4 月 20 日 08 时沙坪坝（a）、达州（b）探空图

6. 卫星云图

红外云图见图 3.89。

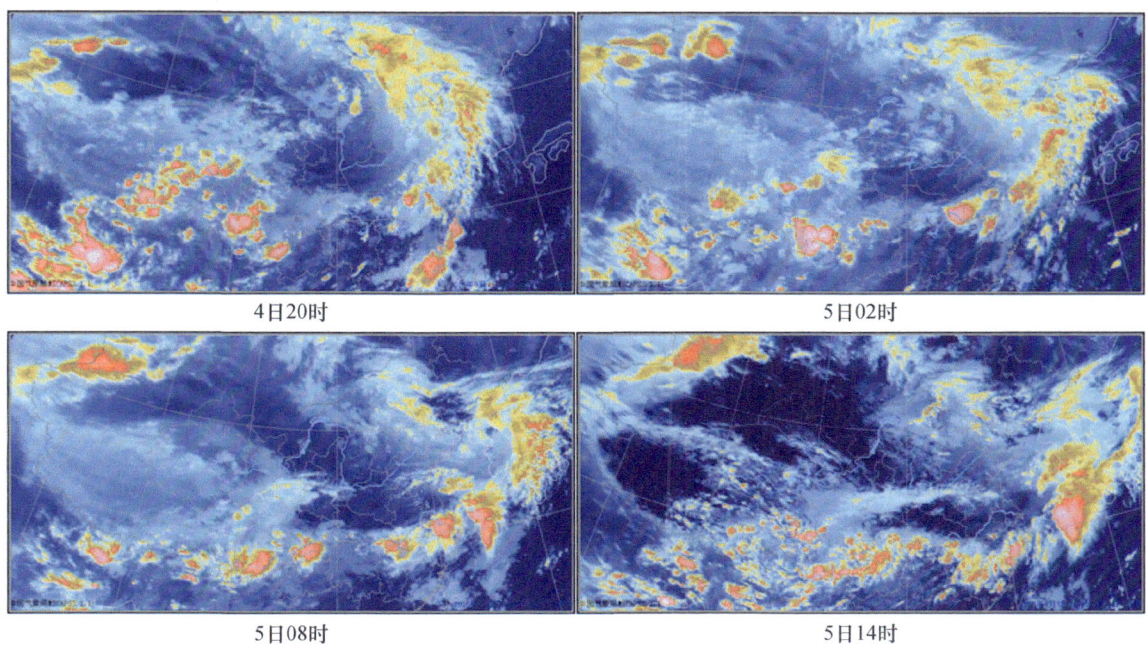

图 3.89　2015 年 9 月 4 日 20 时，5 日 02 时、08 时、14 时红外云图

7. 雷达回波分析

23:06 开始，在渝北与长寿北部接壤地区有回波单体生成发展，23:59，涪陵西北部有回波单体发展，随后两个回波单体在长寿上空合并成带状，速度图上，中低层有辐合。在带状回波减弱时，在江北东部不断有回波单体发展东移影响长寿（图 3.90）。

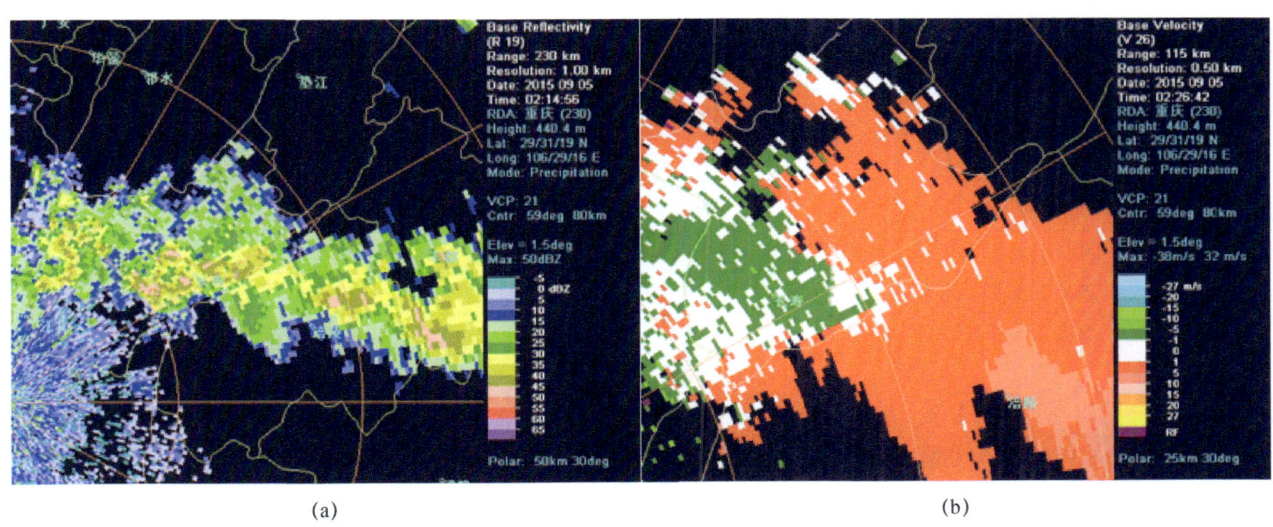

图 3.90　2015 年 9 月 5 日 2 时 14 重庆多普勒天气雷达基本反射率因子（a），径向速度图（b）

8. 物理量指标

物理量指标见表 3.20。

表 3.20　2015 年 9 月 4 日 20 时、5 日 08 时、5 日 20 时物理量因子

	物理量指标		9月4日20时	9月5日08时	9月5日20时
水汽条件	温度（℃）	500 hPa	−3.1	−1.9	−2.3
		850 hPa	20.2	19.4	19
	露点温度（℃）	500 hPa	−5.7	−3.2	−3.7
		850 hPa	19	18.5	17.8
	相对湿度（%）	700 hPa	92	86	93
		850 hPa	93	95	93
	水汽通量散度（$g \cdot s^{-1} \cdot cm^{-2} \cdot hPa^{-1}$）	700 hPa	−5.5	−14.8	−3.6
		850 hPa	−1.5	−16.5	−21.3
	比湿（g/kg）	700 hPa	11.76	11.22	10.77
		850 hPa	16.25	15.74	15.06
	温度露点差（℃）	700 hPa	1.2	2.3	1.1
		850 hPa	1.2	0.9	1.2
动力条件	低空风速（m/s）	850 hPa	6.7	7.3	4
	相对涡度（$10^{-6} s^{-1}$）	500 hPa	−8	−2	−5
		700 hPa	9	13	4.8
		850 hPa	14.7	10	3.5
	垂直速度（10^{-3} hPa·s^{-1}）	500 hPa	0.7	−18.3	−19.2
		700 hPa	0.5	−12.8	−15.5
		850 hPa	−1.4	−3.4	−6.1
	散度（$10^{-6} s^{-1}$）	500 hPa	3.3	−1.8	−1.5
		700 hPa	−3	−9.8	−6.8
		850 hPa	3.5	−11.7	−9.5
热力条件	假相当位温 θ_{se}（℃）	500 hPa	71.82	76.98	75.69
		850 hPa	82.54	80.03	77.51
	假相当位温 θ_{se} 梯度（℃）	500 hPa	0.57	2.02	1.47
		850 hPa	1.8	0.64	1.06
	总温度场 TT（℃）	850 hPa	75.9	73.1	74.6
	温度平流（10^{-5} ℃·s^{-1}）	850 hPa	−0.1	−0.1	1.5
不稳定能量条件	500 hPa 和 850 hPa 的 θ_{se} 差（℃）		10.72	3.05	1.82
	500 hPa 和 850 hPa 的 T 差（℃）		23.3	21.3	21.3
	500 hPa 和 850 hPa 的 T_d 差（℃）		24.7	21.7	21.5
	A 指数		18.3	16.8	17.6
	K 指数（℃）		41.1	37.5	38
	SI 指数（℃）		−2.22	−0.32	0.1
	CAPE（$J \cdot kg^{-1}$）		329.3	157.6	191.6
	CIN（$J \cdot kg^{-1}$）		79.5	103.5	15.4
	LI 抬升指数		−1.74	0.13	−0.67
	垂直风切变 V_{ws}		0.42	0.4	0.46

个例20 2015年9月11日暴雨

1. 暴雨时段

2015年9月11日02时—20时。

2. 雨情描述

2015年9月11日白天到夜间,长寿出现了一次区域性暴雨天气过程,西南部、中部、东北部部分地区出现暴雨,其余地区中到大雨(图3.91)。降雨量最大为海棠镇98.8 mm,最大小时雨强35.1 mm(海棠,9月11日04时)。

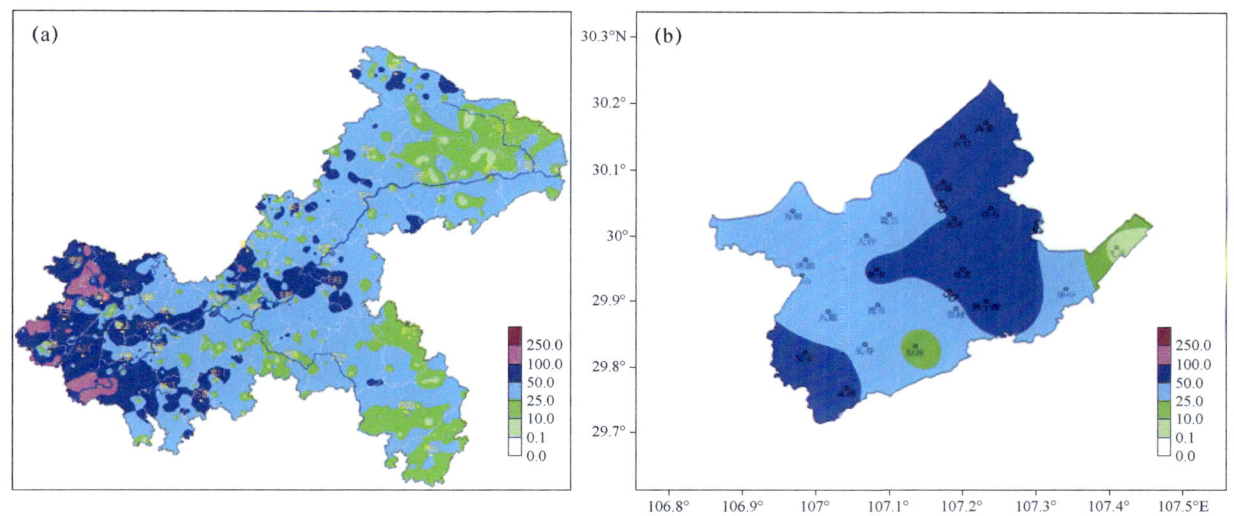

图3.91 2015年9月10日20时—11日20时重庆市(a)和长寿区(b)降雨量分布图(单位:mm)

3. 灾情描述

此次过程无灾情。

4. 形势分析

影响系统:西南涡、切变线、冷锋

10日20时,200 hPa长寿位于南亚高压脊线附近,辐散抽吸作用明显。500 hPa副高强盛,588 dagpm线控制西藏、陕西南部、湖北、江苏以南地区,贝加尔湖附近有冷涡,底部的横槽延伸至新疆,10日20时—11日20时,横槽转竖,槽后偏北气流引导冷空气南下影响长寿,副高略有东退。

10日20时,700 hPa西南涡位于四川盆地东北部,左侧切变线位于四川盆地西北部—四川南部,850 hPa西南涡位于重庆西北部,右侧切变线向重庆东北部延伸,长寿受西南涡和切变线影响,有明显的上升运动,11日08时700 hPa西南涡向东缓慢移动,850 hPa受冷空气影响,西南涡略向南移。

10日20时,地面上冷锋位于四川盆地北部,10日20时—11日20时,冷锋向南移动,影响长寿。

10日20时,沙坪坝探空图上,湿层深厚,从925 hPa延伸至500 hPa,*CAPE*为606.6 J/kg,*K*指数为40.4 ℃,*SI*指数为-1.74 ℃,有一定的不稳定能量。

5. 天气分析图

不同层面天气图、探空图分别在图3.92、图3.93中给出。

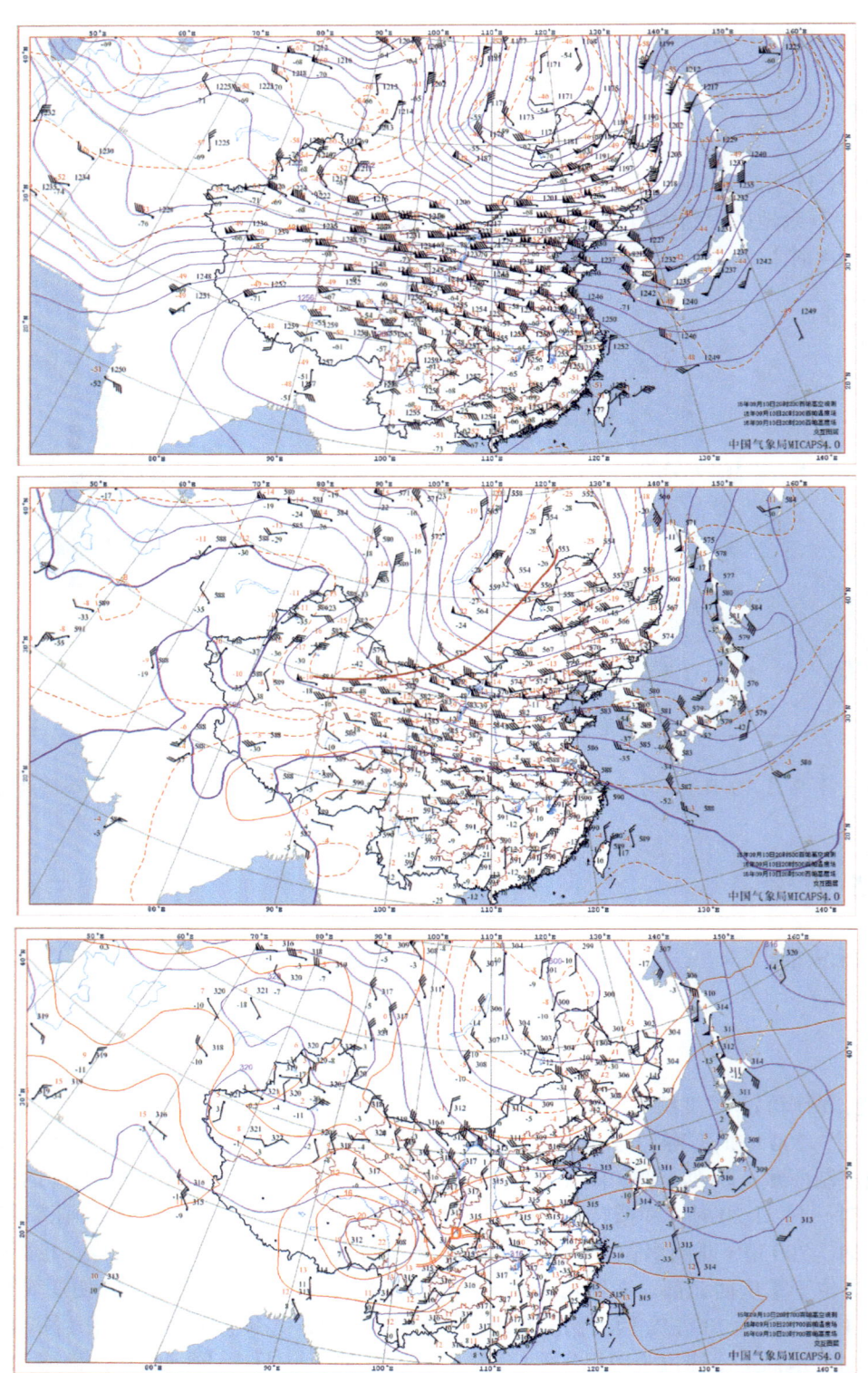

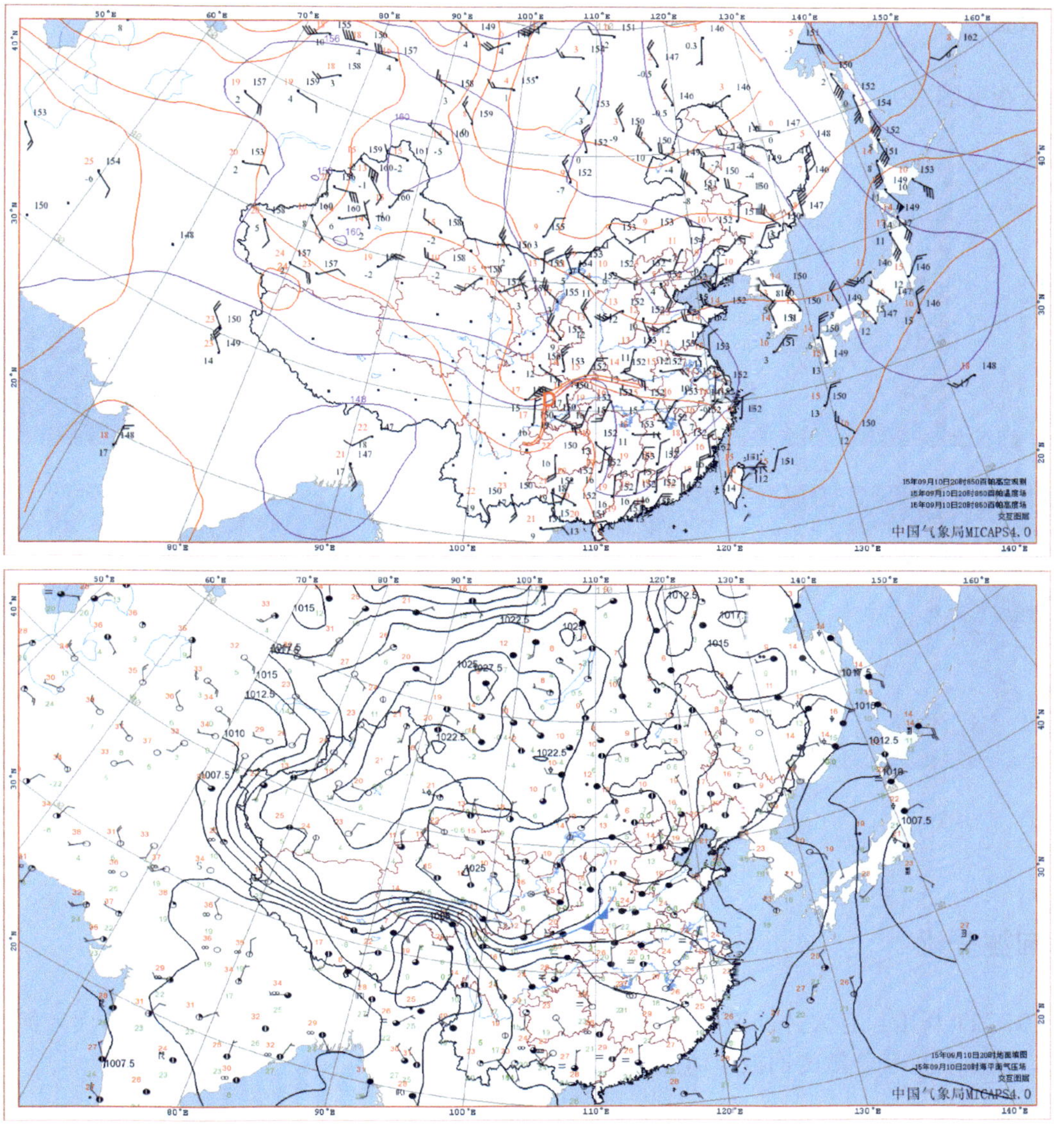

第3章 重庆市长寿区暴雨个例分析

图 3.92　2015 年 9 月 10 日 20 时 200 hPa、500 hPa、700 hPa、850 hPa、地面天气图

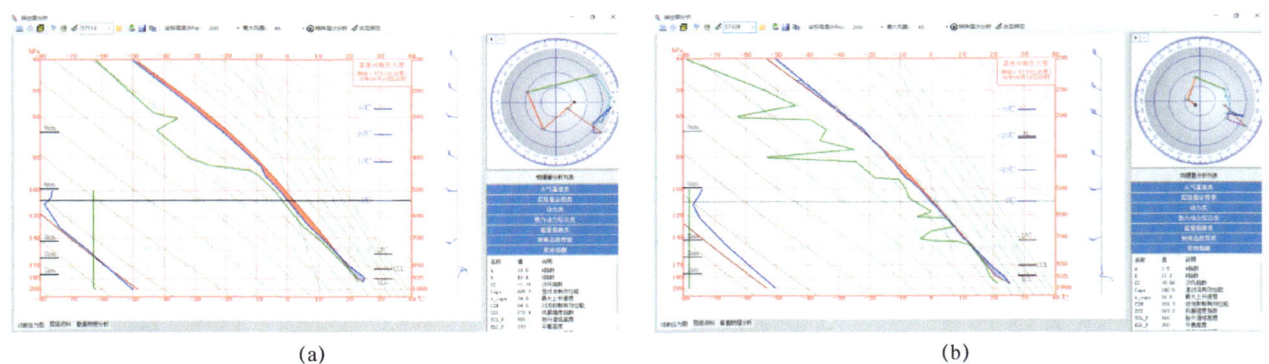

图 3.93　2015 年 9 月 10 日 20 时沙坪坝（a）、达州（b）探空图

6. 卫星云图

红外云图见图 3.94。

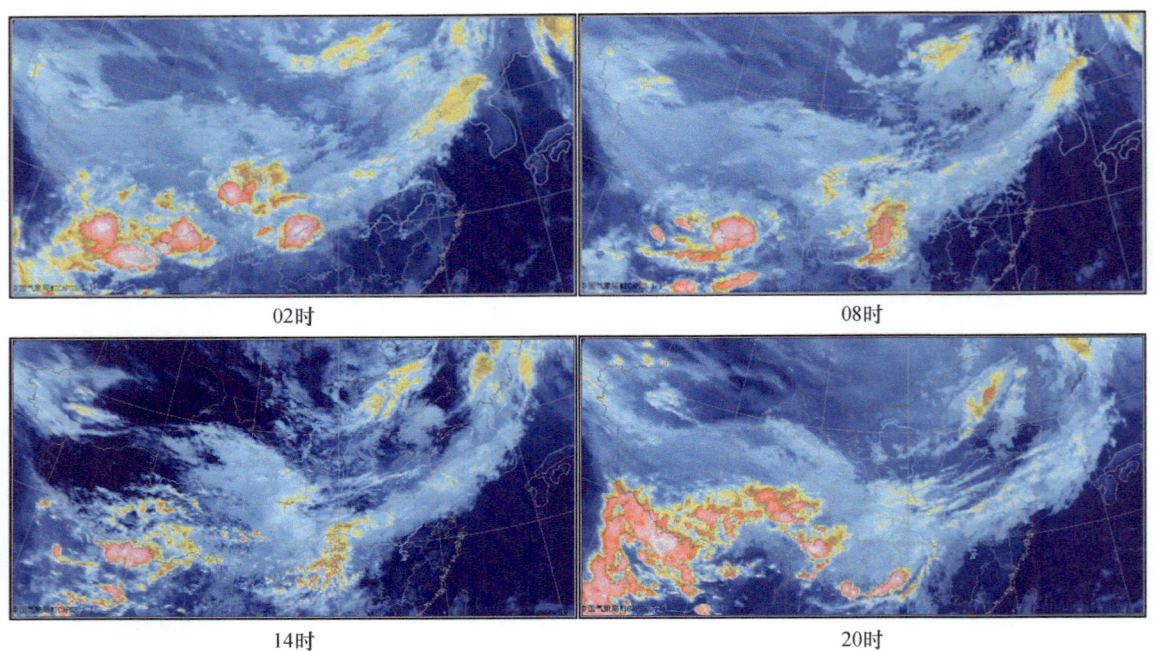

图 3.94　2015 年 9 月 11 日 02 时、08 时、14 时、20 时红外云图

7. 雷达回波分析

11 日 01：27 开始，有大片回波向东偏北方向移动，开始影响长寿，09：58 以后有大片回波发展且位置偏南，长寿上空有分散的回波单体经过（图 3.95）。

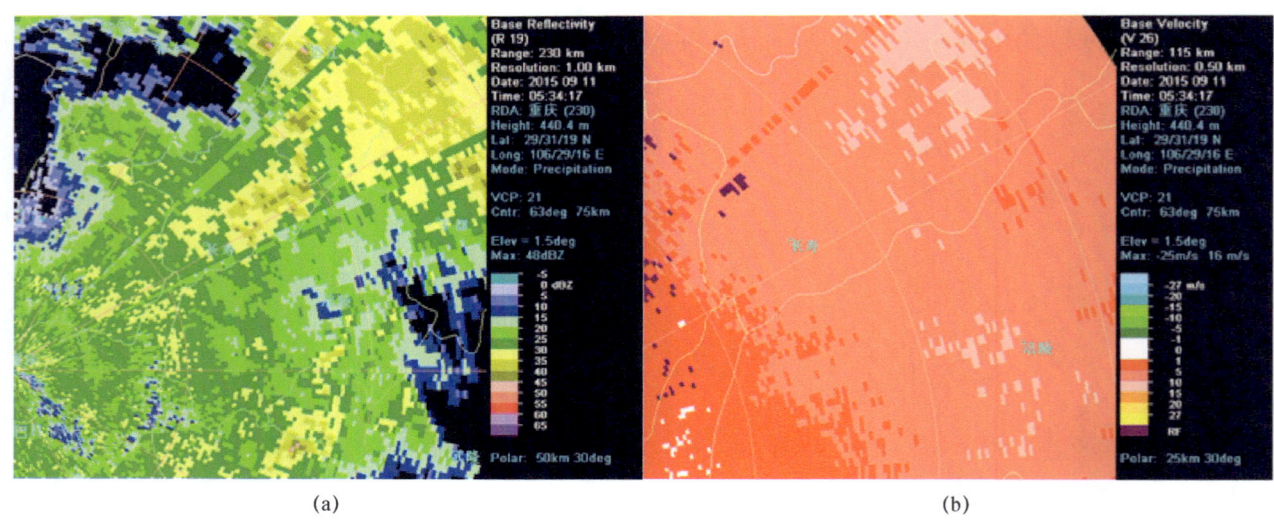

图 3.95　2015 年 9 月 11 日 05：34 重庆多普勒天气雷达基本反射率因子（a），径向速度图（b）

8. 物理量指标

物理量指标见表3.21。

表3.21　2015年9月10日20时、11日08时、11日20时物理量因子

	物理量指标		9月10日20时	9月11日08时	9月11日20时
水汽条件	温度（℃）	500 hPa	−2.5	−2.7	−3.9
		850 hPa	20.2	18.2	14.2
	露点温度（℃）	500 hPa	−4.2	−4.1	−5.2
		850 hPa	19.1	16.9	13.1
	相对湿度（%）	700 hPa	91	86	92
		850 hPa	93	92	93
	水汽通量散度 ($g·s^{-1}·cm^{-2}·hPa^{-1}$)	700 hPa	−6	7	−5.6
		850 hPa	−20.7	−17.8	−9
	比湿（g/kg）	700 hPa	10.99	10	9.53
		850 hPa	16.35	14.22	11.11
	温度露点差（℃）	700 hPa	1.4	2.2	1.3
		850 hPa	1.1	1.3	1.1
动力条件	低空风速（m/s）	850 hPa	5.7	4.3	7.3
	相对涡度（$10^{-6}s^{-1}$）	500 hPa	−9	−1	2.7
		700 hPa	−2	36	31
		850 hPa	11.7	30	−5.4
	垂直速度（$10^{-3}\ hPa·s^{-1}$）	500 hPa	−16.8	−20	−20.6
		700 hPa	−14.7	−15.5	−14.5
		850 hPa	−6.8	−7.7	−2.3
	散度（$10^{-6}s^{-1}$）	500 hPa	2.9	−2.2	0.5
		700 hPa	−5.3	−4.7	−10.8
		850 hPa	−12.7	−10	−15.5
热力条件	假相当位温 θ_{se}（℃）	500 hPa	74.67	74.57	71.45
		850 hPa	82.83	74.04	60.18
	假相当位温 θ_{se} 梯度（℃）	500 hPa	0.83	1.04	0.78
		850 hPa	1.19	3.02	3.78
	总温度场 TT（℃）	850 hPa	70.1	64.5	55.3
	温度平流（$10^{-5}℃·s^{-1}$）	850 hPa	2.2	1.9	1
不稳定能量条件	500 hPa 和 850 hPa 的 θ_{se} 差（℃）		8.16	−0.53	−11.27
	500 hPa 和 850 hPa 的 T 差（℃）		22.7	20.9	18.1
	500 hPa 和 850 hPa 的 T_d 差（℃）		23.3	21	18.3
	A 指数		18.5	16	14.4
	K 指数（℃）		40.4	35.6	29.9
	SI 指数（℃）		−1.74	0.99	5.3
	CAPE（$J·kg^{-1}$）		606.6	3.3	1.9
	CIN（$J·kg^{-1}$）		64.7	127	0.3
	LI 抬升指数		−1.74	1.6	4.8
	垂直风切变 V_{WS}		0.33	0.38	0.6

个例 21　2016 年 5 月 7 日暴雨

1. 暴雨时段

2016 年 5 月 6 日 20 时—7 日 08 时。

2. 雨情描述

2016 年 5 月 6 日夜间至 7 日白天，长寿出现了一次区域性暴雨天气过程，中部及偏西地区出现大到暴雨，其余地区小到中雨（图 3.96）。降雨量最大为葛兰镇 81.2 mm，最大小时雨强 61.2 mm（葛兰，5 月 6 日 22 时）。

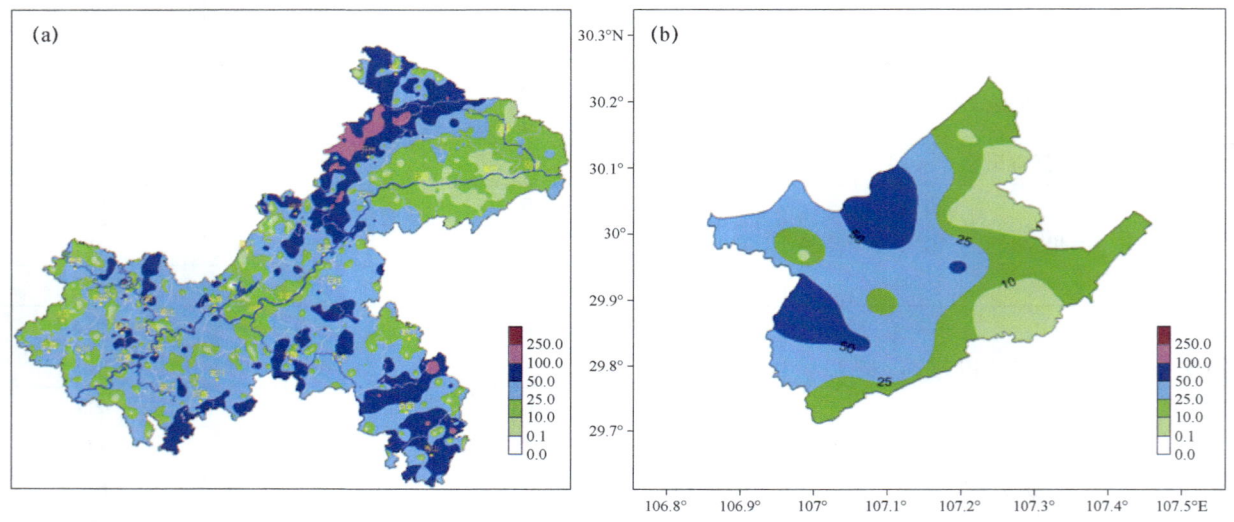

图 3.96　2016 年 5 月 6 日 20 时—7 日 20 时重庆市（a）和长寿区（b）降雨量分布图（单位：mm）

3. 灾情描述

此次过程造成全区共 33078 人不同程度受灾，紧急转移安置人口 253 人，房屋倒塌 97 间，严重损坏房屋 296 间，一般性损坏房屋 854 间，农作物受灾面积达 2129.5hm^2，其中 138.7hm^2 绝收，无人员伤亡，造成直接经济损失 1632.5 万元。

4. 形势分析

影响系统：低涡、西南涡、切变线、低空急流、冷锋

6 日 20 时，500 hPa 东北地区—山东一带有一冷槽，槽后偏北气流中在宁夏中部—甘肃南部有波动槽发展，槽后偏北气流引导冷空气南下，青藏高原西部有低涡东移，长寿受低涡前侧偏南气流控制。

6 日 20 时，700 hPa 四川盆地西北部有西南涡生成发展，右侧暖式切变线从重庆东北部上空穿过，850 hPa 西南涡位于重庆西部，暖式切变线伸至重庆东南部，长寿位于两条切变线之间的辐合上升区。夜间，西南涡沿切变线东移，850 hPa 西南涡南侧的偏南气流发展，至 7 日 08 时，偏南气流发展为西南

急流,为此过程输送充足的水汽,700 hPa、850 hPa的西南涡分别移至重庆东北部、东南部。

6日20时,地面上,宁夏附近有一冷高压,贵州南部有热低压,长寿位于冷锋附近,有明显的锋面抬升。

5. 天气分析图

不同层面天气图、探空图分别在图3.97、图3.98中给出。

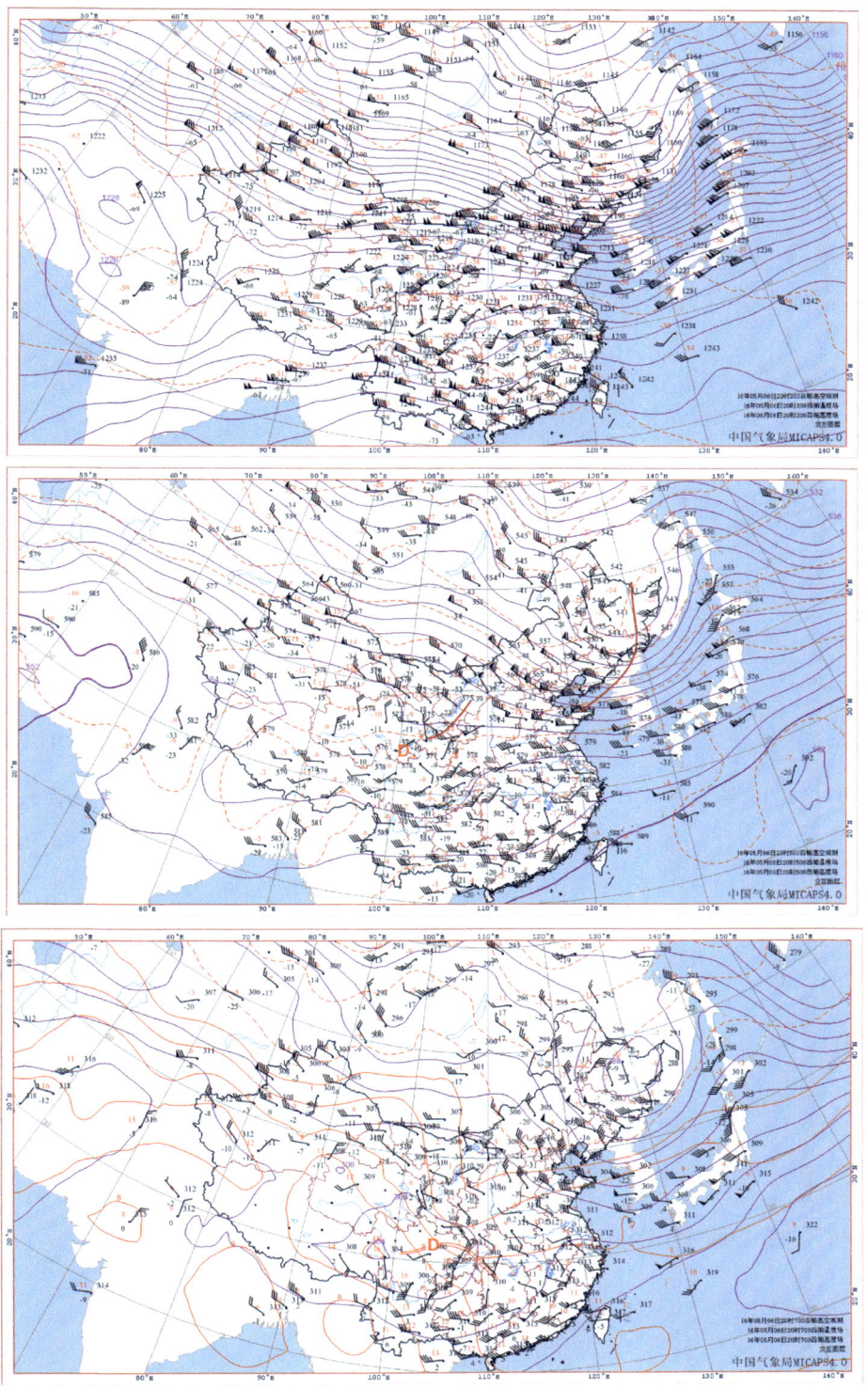

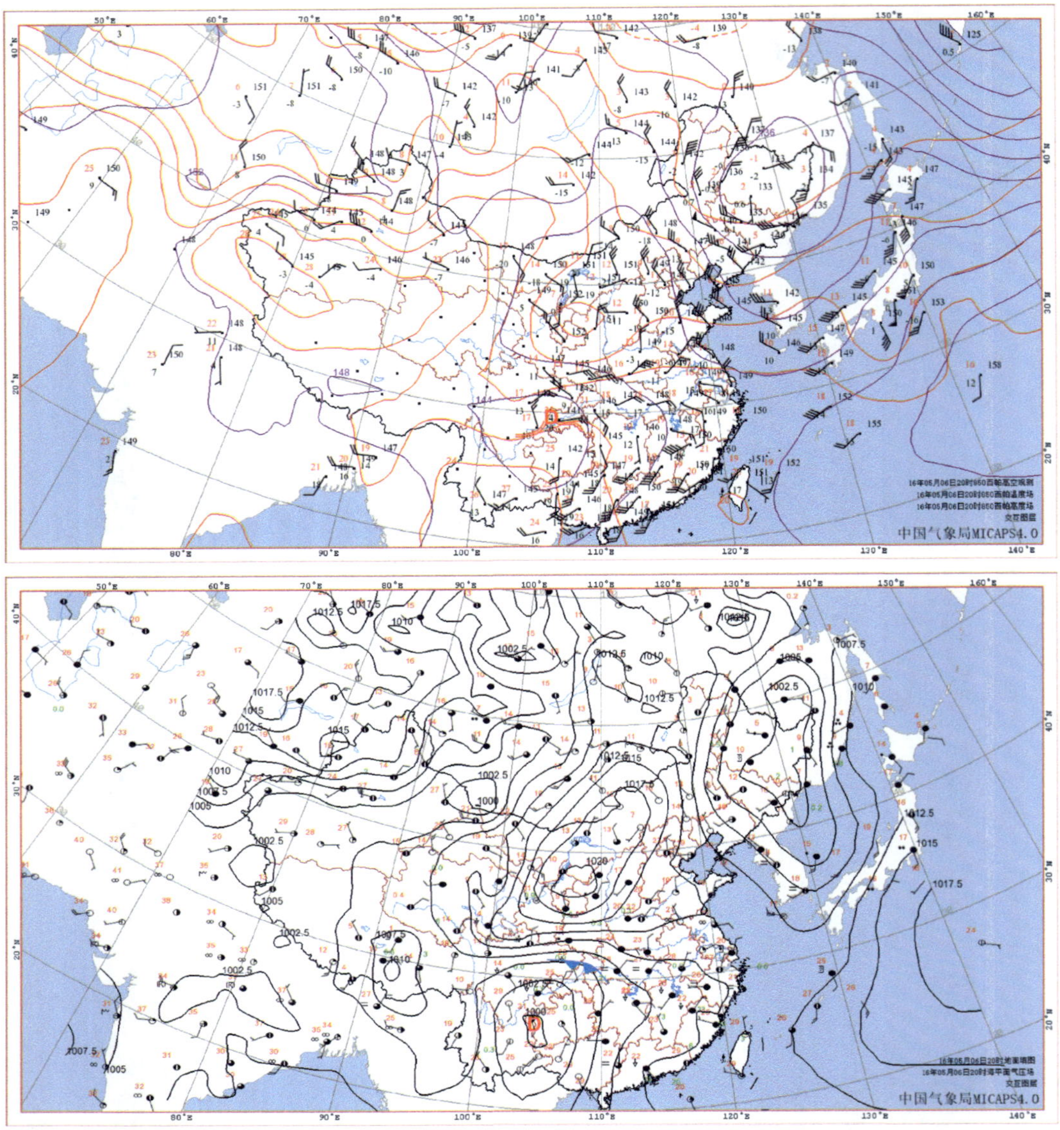

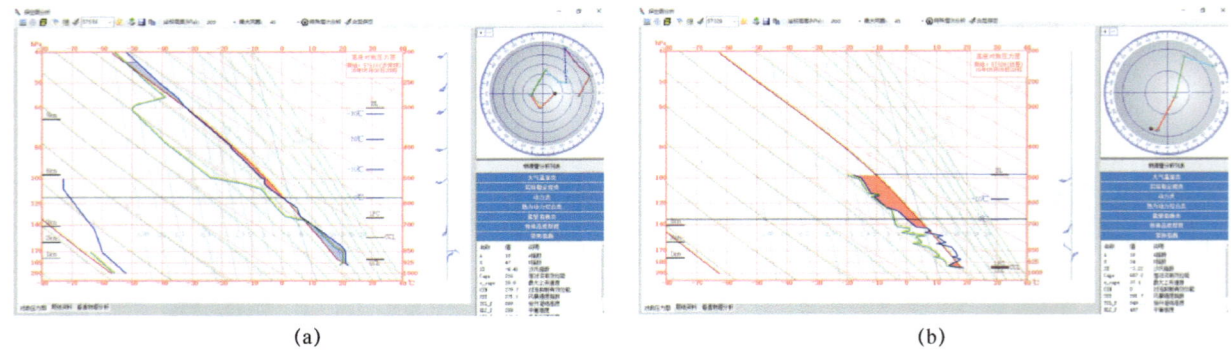

图 3.97 2016 年 5 月 6 日 20 时 200 hPa、500 hPa、700 hPa、850 hPa、地面天气图

(a)　　　　　　　　　　　　(b)

图 3.98 2016 年 5 月 6 日 20 时沙坪坝（a）、达州（b）探空图

6. 卫星云图

红外云图见图 3.99。

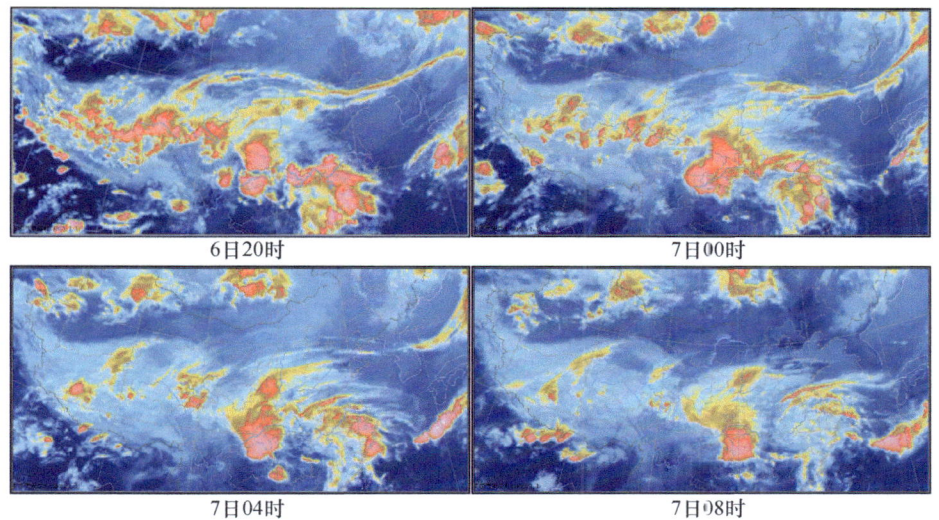

图 3.99　2016 年 5 月 6 日 20 时，7 日 00 时、04 时、08 时红外云图

7. 雷达回波分析

6 日 20：40—21：38，以积云降水为主的层积混合降水回波向东北方向移动，经过长寿；21：03 回波中心强度达 60 dBZ 以上，在长寿北部出现"三体散射"火焰回波。速度图上，长寿境内为大面积的速度辐合区，并有中气旋和低仰角大风区出现；21：38 后，大片密实的回波从长寿南部移入，开始影响长寿，回波强度基本在 35 dBZ 以上（图 3.100）。

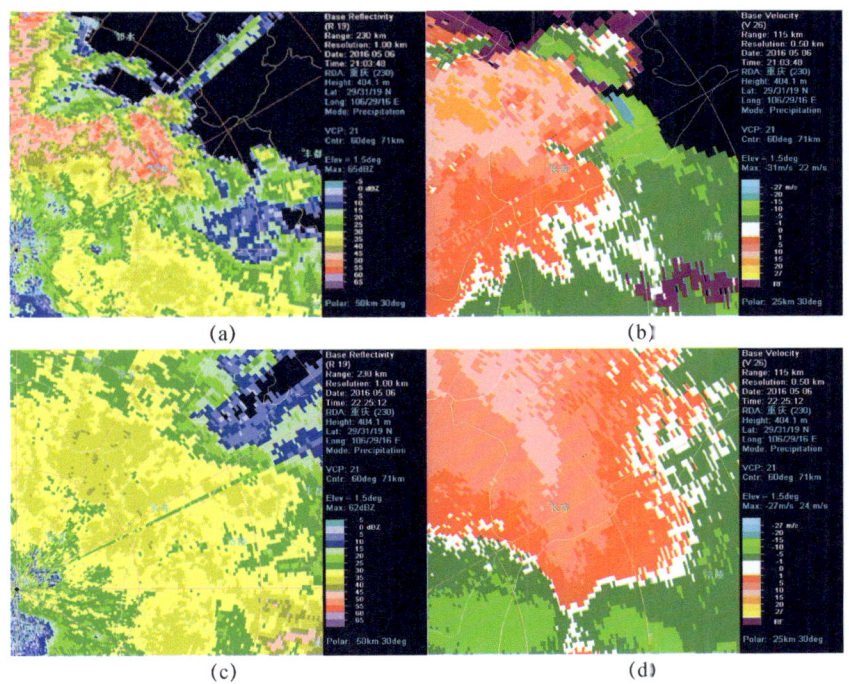

图 3.100　2016 年 5 月 6 日重庆多普勒天气雷达 21：03 基本反射率因子（a）
21：03 径向速度图（b）22：25 基本反射率因子（c）22：25 径向速度图（d）

8. 物理量指标

物理量指标见表3.22。

表3.22　2016年5月6日20时、7日08时、7日20时物理量因子

	物理量指标		5月6日20时	5月7日08时	5月7日20时
水汽条件	温度（℃）	500 hPa	−6	−7	−7
		850 hPa	21	15	15
	露点温度（℃）	500 hPa	−22	−9	−10
		850 hPa	17	14	14
	相对湿度（%）	700 hPa	100	87	93
		850 hPa	94	94	94
	水汽通量散度 $(g \cdot s^{-1} \cdot cm^{-2} \cdot hPa^{-1})$	700 hPa	0.5	−14	1
		850 hPa	−23.1	−43	−23
	比湿（g/kg）	700 hPa	10.99	8.36	8.36
		850 hPa	18.41	11.79	11.79
	温度露点差（℃）	700 hPa	0	2	1
		850 hPa	1	1	1
动力条件	低空风速（m/s）	850 hPa	5.7	7.3	4.3
	相对涡度（$10^{-6}s^{-1}$）	500 hPa	10.7	34	29.3
		700 hPa	−1	38	21.5
		850 hPa	20.3	31	18.6
	垂直速度（10^{-3} hPa·s^{-1}）	500 hPa	\	\	\
		700 hPa	\	\	\
		850 hPa	\	\	\
	散度（$10^{-6}s^{-1}$）	500 hPa	0.4	0.3	0.2
		700 hPa	0	−1.5	0.3
		850 hPa	−2	−4	−2
热力条件	假相当位温 θ_{se}（℃）	500 hPa	56.38	63.06	62.11
		850 hPa	86.71	63.08	63.08
	假相当位温 θ_{se} 梯度（℃）	500 hPa	2.5	1.95	0.28
		850 hPa	1.92	4.15	3.36
	总温度场 TT（℃）	850 hPa	65	58	52
	温度平流（10^{-5}℃·s^{-1}）	850 hPa	1.3	−4	−3
不稳定能量条件	500 hPa 和 850 hPa 的 θ_{se} 差（℃）		30.33	0.02	0.97
	500 hPa 和 850 hPa 的 T 差（℃）		27	22	22
	500 hPa 和 850 hPa 的 T_d 差（℃）		39	23	24
	A 指数		10	17	17
	K 指数（℃）		47	34	35
	SI 指数（℃）		−6.41	0.91	0.91
	CAPE（J·kg^{-1}）		216.3	104.7	0
	CIN（J·kg^{-1}）		279.8	0	0
	LI 抬升指数		−0.75	−0.14	2.67
	垂直风切变 V_{WS}		1.28	0.75	1.14

个例22 2016年6月30日暴雨

1. 暴雨时段

2016年6月30日08时—20时。

2. 雨情描述

2016年6月29日夜间至30日白天，长寿出现了一次区域性暴雨天气过程，西北部沿线出现暴雨，其余地区中到大雨（图3.101）。降雨量最大为万顺镇88.6 mm，最大小时雨强20.6 mm（长寿城区，6月30日16时）。

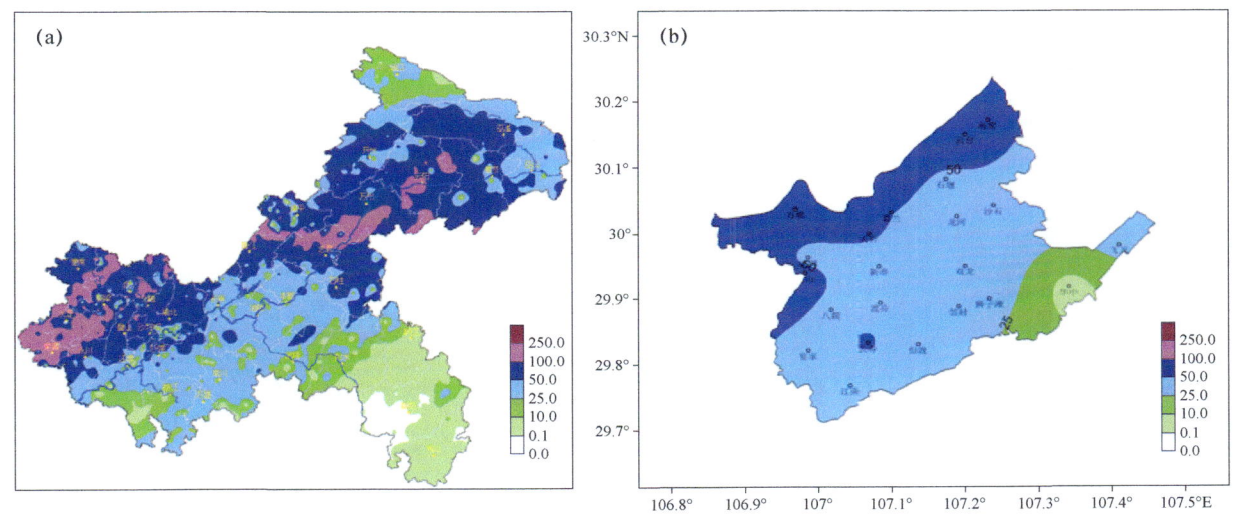

图3.101　2016年6月29日20时—30日20时重庆市（a）和长寿区（b）降雨量分布图（单位：mm）

3. 灾情描述

此次过程造成全区共3317人不同程度受灾，房屋倒塌37间，农作物受灾面积达175hm^2，无人员伤亡，共造成直接经济损失202万元。

4. 形势分析

影响系统：低槽、西南涡、切变线。

30日08时，500 hPa副高强盛，588 dagpm线控制华南、华东一带，呈东北—西南走向，欧洲大部地区上空受强盛的高压系统控制，中亚大部地区位于两个高压系统间宽广的低压带中，青藏高原西部有低槽东移，长寿受槽前偏南气流控制。

30日08时，700 hPa四川盆地西北部有西南涡生成，右侧切变线伸至盆地东北部，850 hPa西南涡位于重庆西北部，右侧切变线伸至重庆中部。白天，西南涡沿切变线东移，长寿受西南涡及其切变线影响，有明显的上升运动。

30日08时，地面上，长寿位于低压带中。

5. 天气分析图

不同层面天气图、探空图分别在图 3.102、图 3.103 中给出。

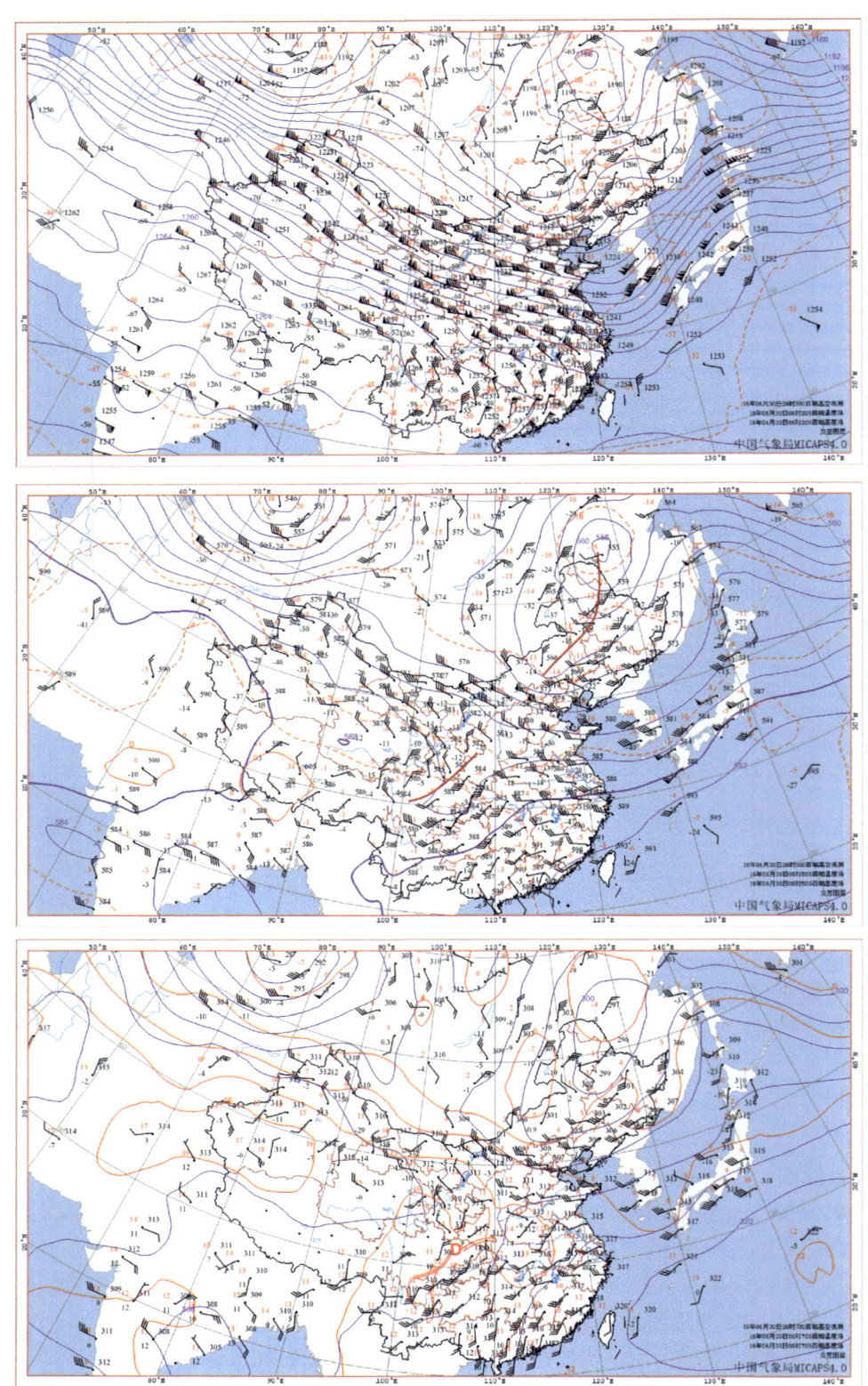

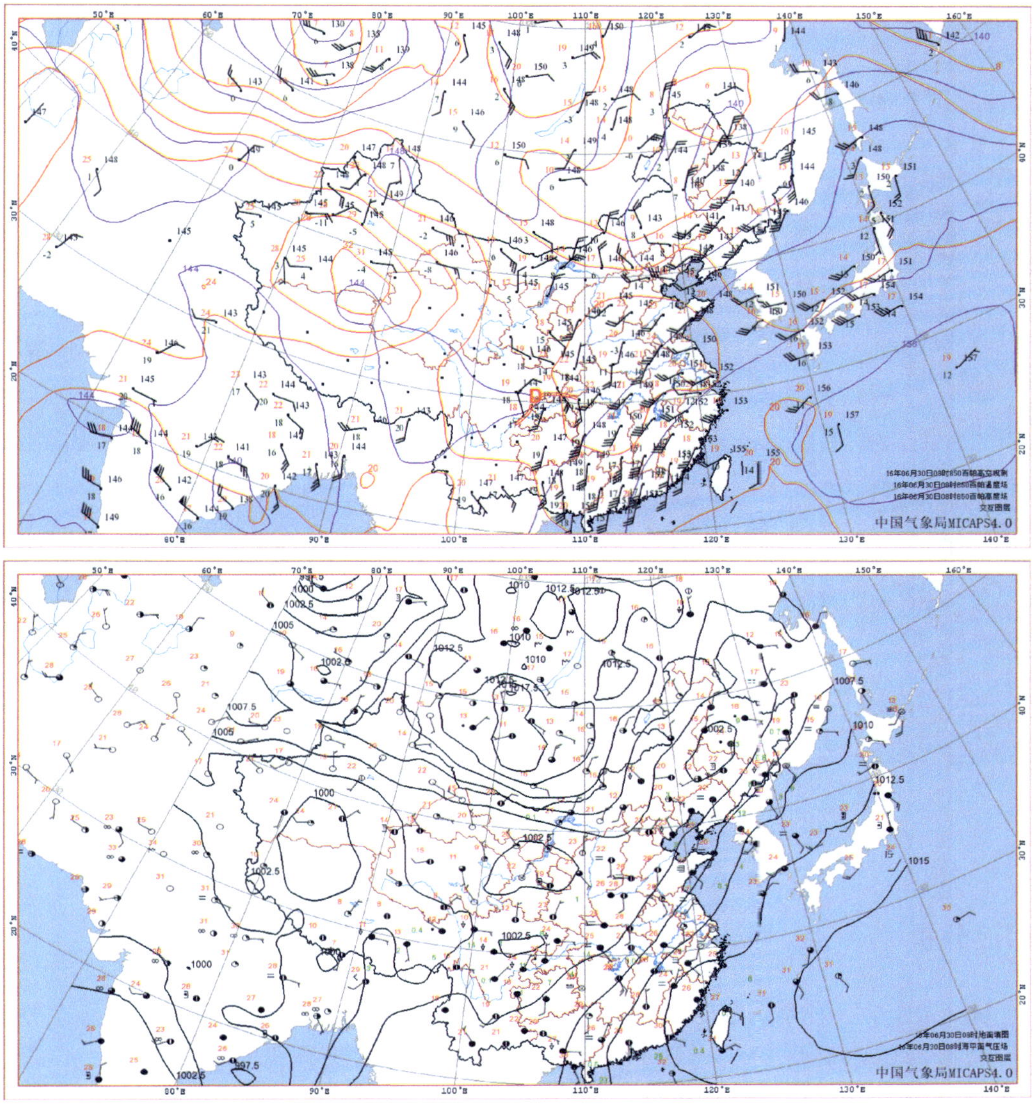

图 3.102　2016 年 6 月 30 日 08 时 200 hPa、500 hPa、700 hPa、850 hPa、地面天气图

(a)　　(b)

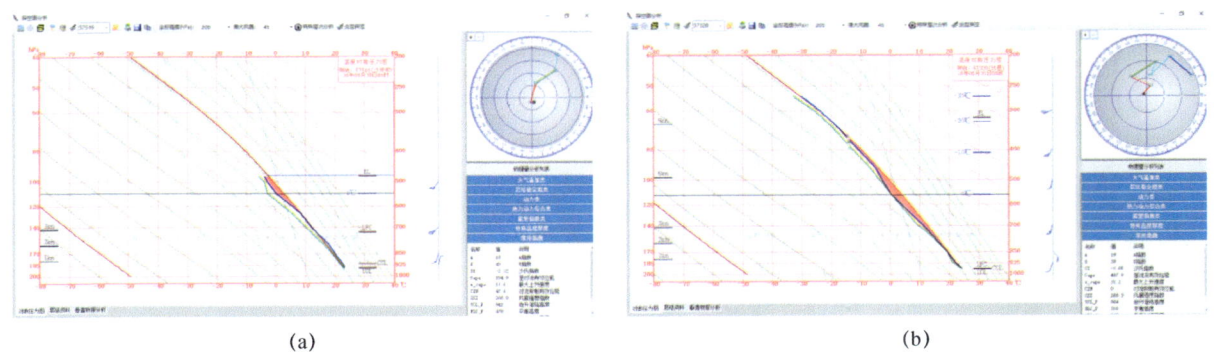

图 3.103　2016 年 6 月 30 日 08 时沙坪坝（a）、达州（b）探空图

6. 卫星云图

红外云图见图 3.104。

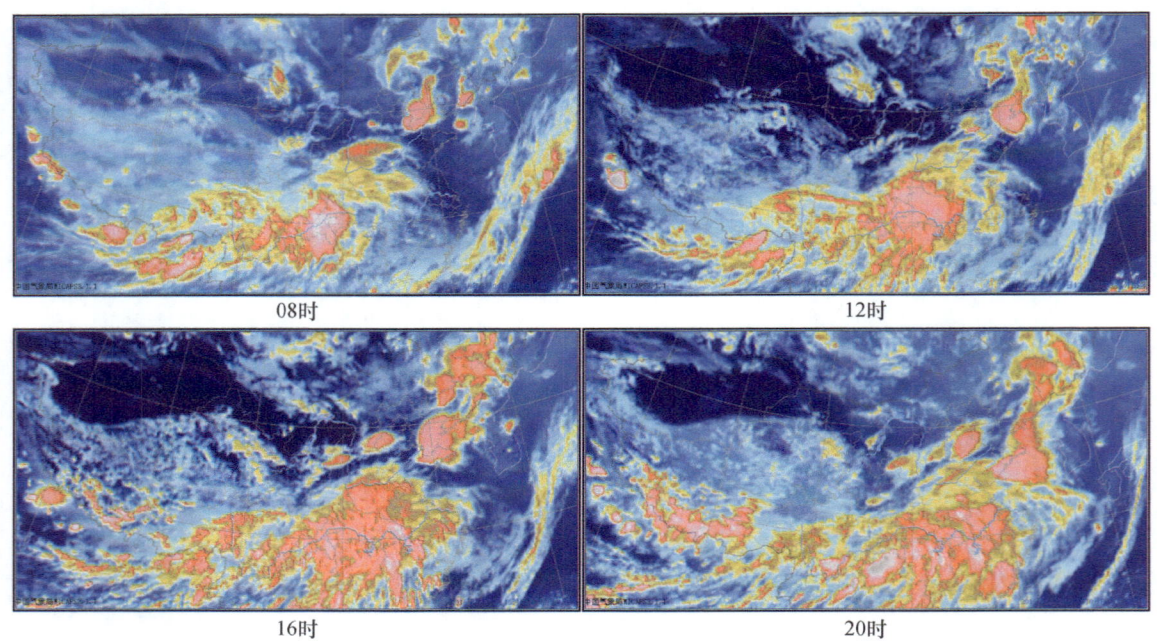

图 3.104 2016 年 6 月 30 日 08 时、12 时、16 时、20 时红外云图

7. 雷达回波分析

6 日 08:00—18:32，长寿上空受到层云降水为主的大片回波影响，反射率因子维持在 25～40 dBZ，列车效应导致长寿境内出现持续不断的降水；长寿北部地区出现低仰角大风区，以西南风为主（图 3.105）。

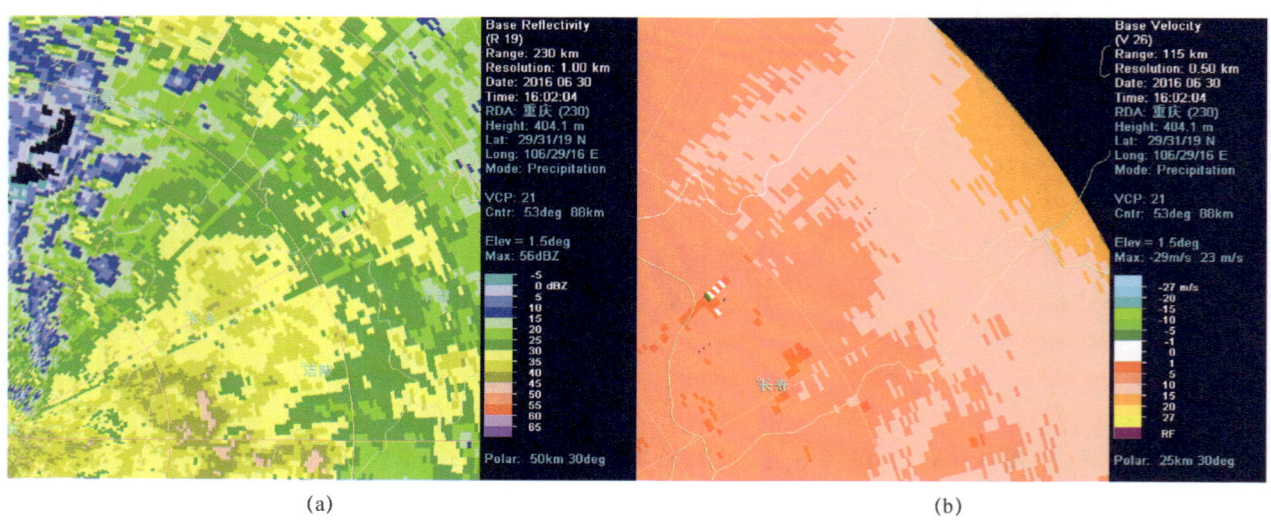

图 3.105 2016 年 6 月 30 日 16:02 重庆多普勒天气雷达基本反射率因子（a），径向速度图（b）

8. 物理量指标

物理量指标见表 3.23。

表 3.23　2016 年 6 月 29 日 20 时、30 日 08 时、30 日 20 时物理量因子

	物理量指标		6月29日20时	6月30日08时	6月30日20时
水汽条件	温度（℃）	500 hPa	−2	−3	−1
		850 hPa	22	20	18
	露点温度（℃）	500 hPa	−26	−4	−2
		850 hPa	18	19	16
	相对湿度（%）	700 hPa	72	88	94
		850 hPa	78	94	88
	水汽通量散度（$g \cdot s^{-1} \cdot cm^{-2} \cdot hPa^{-1}$）	700 hPa	−2.5	−27	18.2
		850 hPa	0.7	−29	−26.7
	比湿（g/kg）	700 hPa	10.27	10.99	10.99
		850 hPa	15.25	16.25	13.42
	温度露点差（℃）	700 hPa	5	2	1
		850 hPa	4	1	2
动力条件	低空风速（m/s）	850 hPa	6.3	9.7	10
	相对涡度（$10^{-6} s^{-1}$）	500 hPa	−9	6	47
		700 hPa	3.3	11	74.5
		850 hPa	2.5	17	44
	垂直速度（10^{-3} hPa$\cdot s^{-1}$）	500 hPa			
		700 hPa			
		850 hPa			
	散度（$10^{-6} s^{-1}$）	500 hPa	0.7	−1.6	−0.8
		700 hPa	0	−2.5	2
		850 hPa	0.1	−2	−1.8
热力条件	假相当位温 θ_{se}（℃）	500 hPa	60.17	75.88	80.17
		850 hPa	81.8	85.46	71.46
	假相当位温 θ_{se} 梯度（℃）	500 hPa	1	0.85	1
		850 hPa	1.58	0	2
	总温度场 TT（℃）	850 hPa	75.6	75	70.5
	温度平流（10^{-5}℃$\cdot s^{-1}$）	850 hPa	−1	0.2	0.3
不稳定能量条件	500 hPa 和 850 hPa 的 θ_{se} 差（℃）		21.63	9.58	−8.71
	500 hPa 和 850 hPa 的 T 差（℃）		24	23	19
	500 hPa 和 850 hPa 的 T_d 差（℃）		44	23	18
	A 指数		−9	19	15
	K 指数（℃）		37	40	34
	SI 指数（℃）		−0.89	−2.12	3.63
	$CAPE$（$J \cdot kg^{-1}$）		76.6	154.9	2.9
	CIN（$J \cdot kg^{-1}$）		438.2	47.6	0
	LI 抬升指数		−0.11	−2.24	2.57
	垂直风切变 V_{WS}		1.01	4.27	0.75

个例23　2016年7月19日暴雨

1. 暴雨时段

2016年7月19日02时—14时。

2. 雨情描述

2016年7月18日夜间至19日白天，长寿出现一次区域性暴雨天气过程，南部和中部大部分地区出现大到暴雨，其中西南部达暴雨，其余地区小到中雨（图3.106）。降雨量最大为长寿城区64.4 mm，最大小时雨强39.4 mm（长寿城区，7月19日06时）。

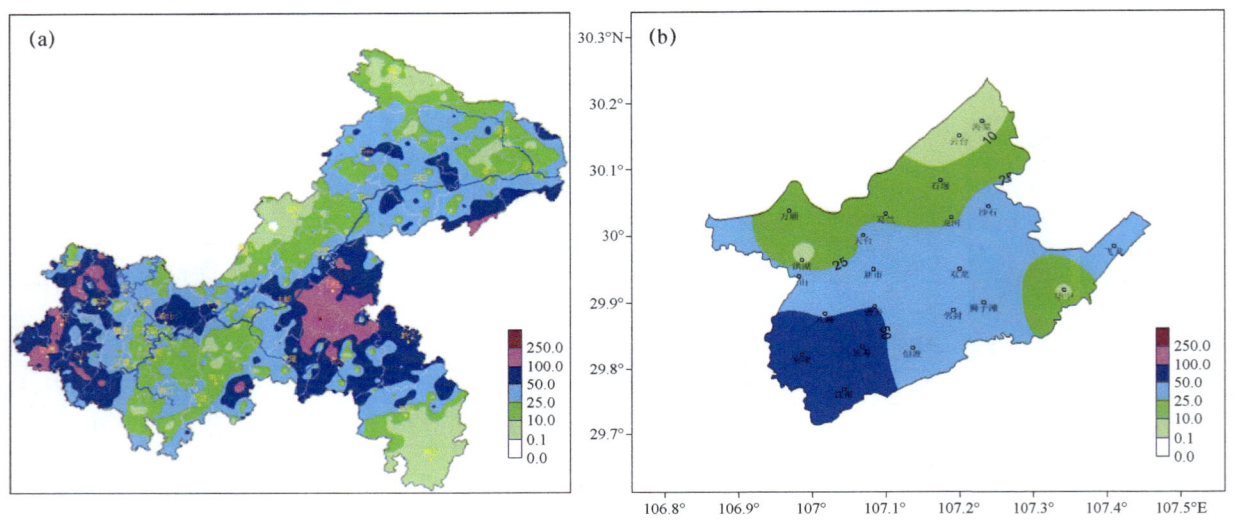

图3.106　2016年7月18日20时—19日20时重庆市（a）和长寿区（b）降雨量分布图（单位：mm）

3. 灾情描述

此次过程无灾情。

4. 形势分析

影响系统：低槽、西南涡、切变线、低空急流。

19日08时，200 hPa长寿位于南亚高压脊线附近，辐散抽吸作用明显；500 hPa内蒙古中部—陕西南部、四川东部—云南中部分别有低槽，长寿受南方低槽槽前偏南气流控制；700 hPa四川盆地西北部有西南涡生成，右侧切变线向北伸至盆地东北部；850 hPa西南涡位置与700 hPa接近，右侧切变线位于重庆中部—东北部上空，南侧低空急流强盛，长寿位于850 hPa西南涡切变线和低空急流左侧的辐合上升区。

19日08时，地面上，长寿受热低压控制。

18日20时，沙坪坝探空图上，湿层深厚，CAPE值为1113 J/kg，K指数为45 ℃，SI指数为–2.58 ℃，不稳定能量条件较好。

5. 天气分析图

不同层面天气图、探空图分别在图 3.107、图 3.108 中给出。

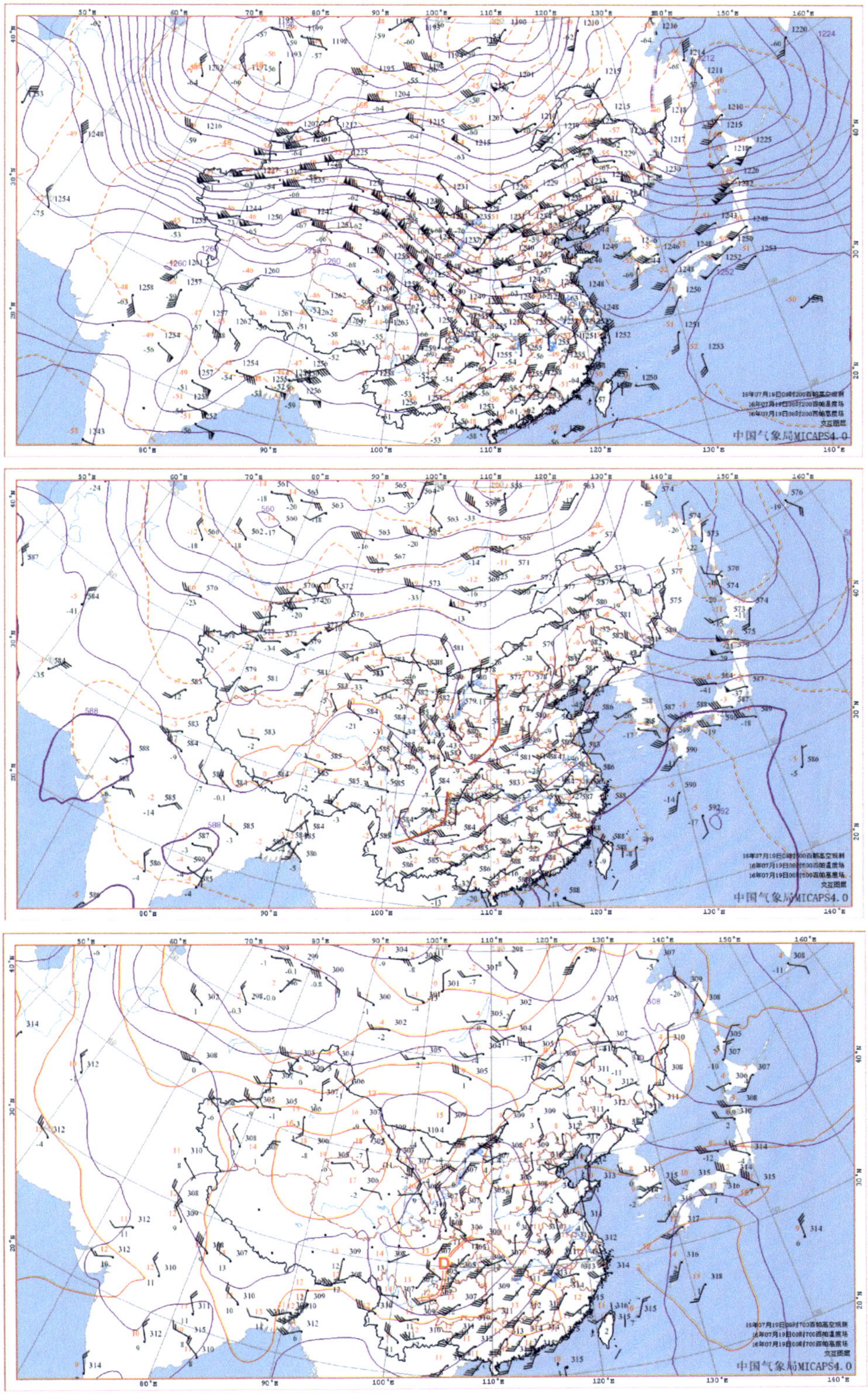

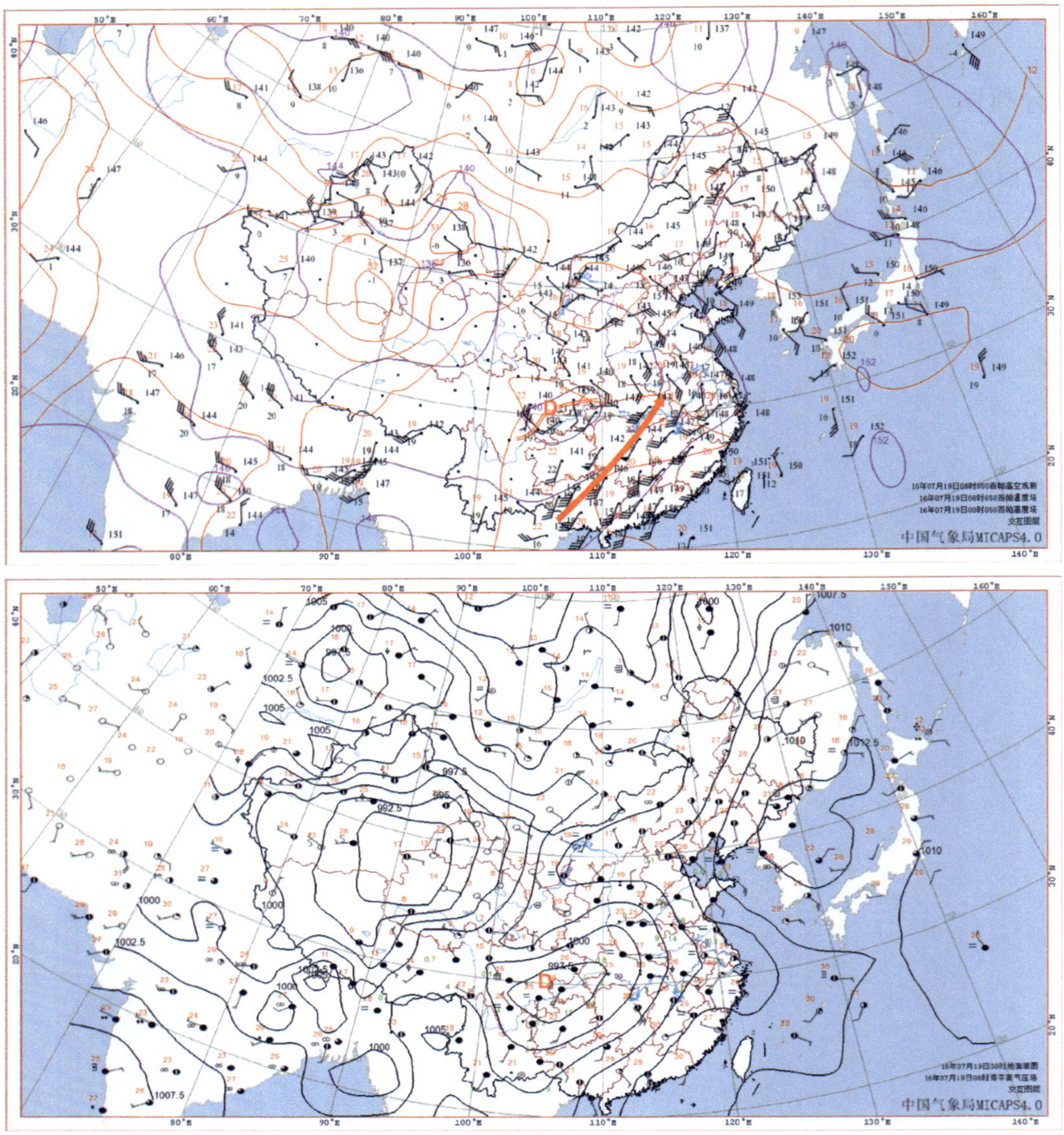

图 3.107　2016 年 7 月 19 日 08 时 200 hPa、500 hPa、700 hPa、850 hPa、地面天气图

(a)　　　　　　　　　　(b)

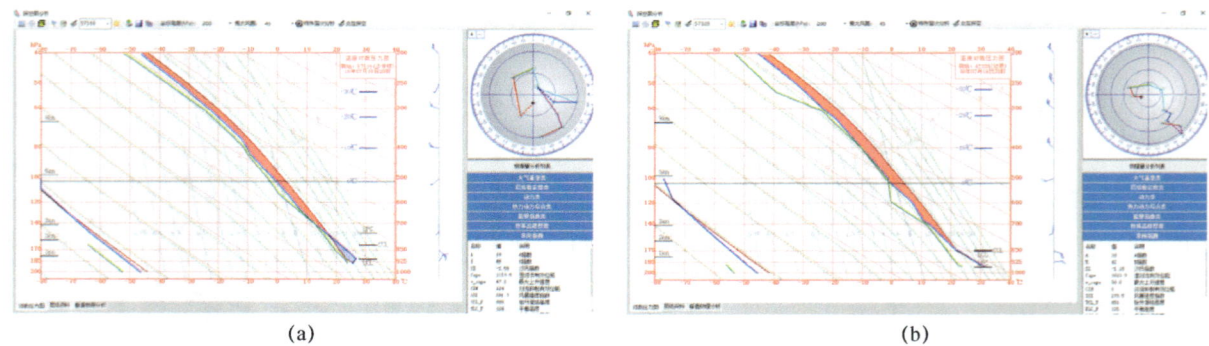

图 3.108　2016 年 7 月 18 日 20 时沙坪坝（a）、达州（b）探空图

6. 卫星云图

红外云图见图3.109。

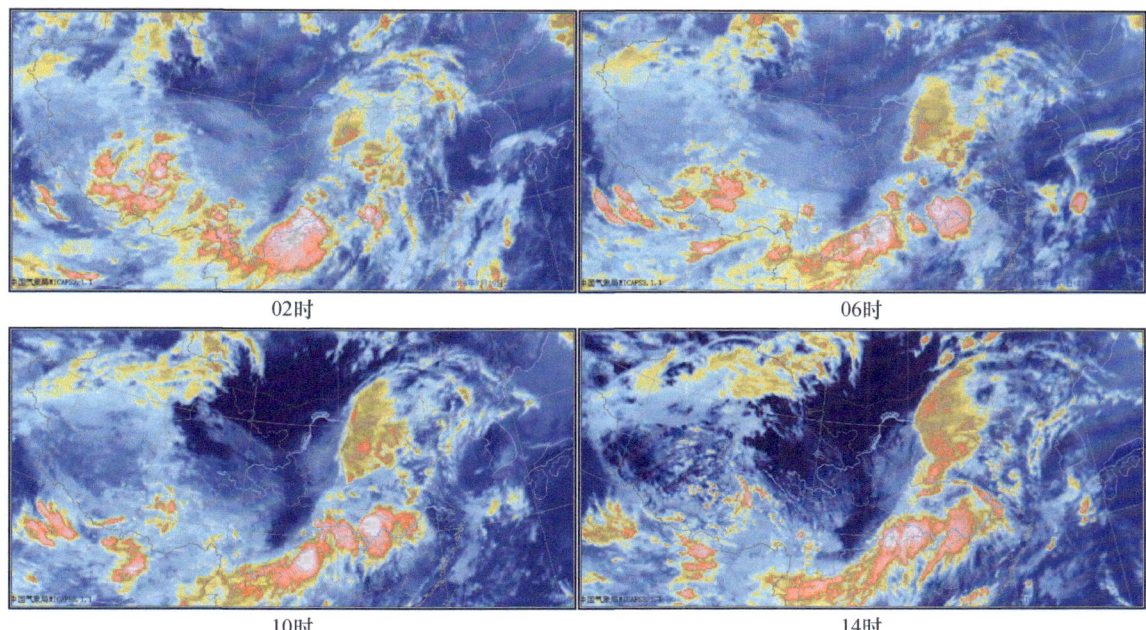

图 3.109　2016 年 7 月 19 日 02 时、06 时、10 时、14 时红外云图

7. 雷达回波分析

19 日 04：35—06：31，强对流回波从长寿西部移入，表现为以积云降水为主的层积混合型降水回波，强回波中心主要位于长寿中部及偏南地区，强度基本在 45 dBZ 以上；05：04，速度图上，长寿南部、中部有低层辐合区以及低仰角大风区，风向以西南风为主。06：31 后，长寿主要受分散的回波单体影响（图3.110）。

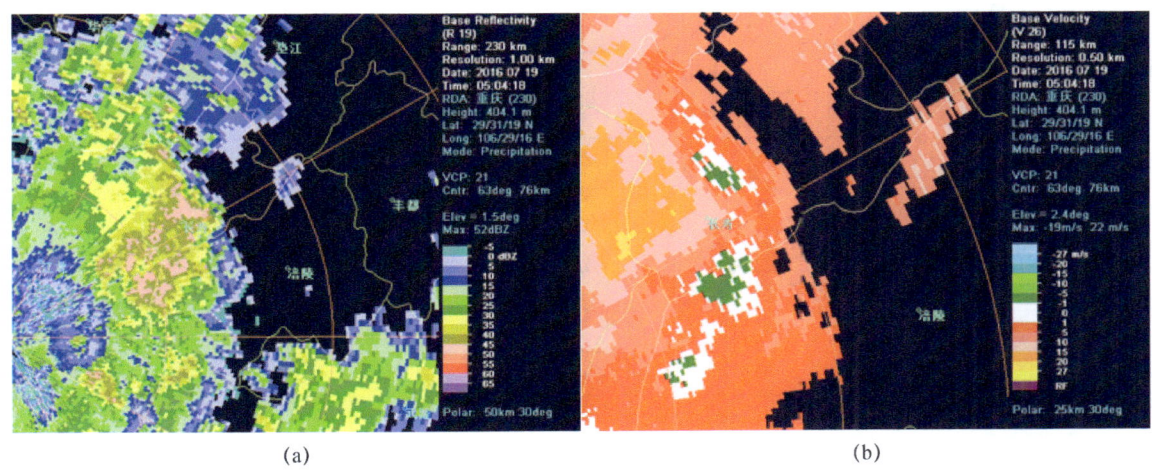

图 3.110　2016 年 7 月 19 日 5 时 4 分重庆多普勒天气雷达基本反射率因子（a），径向速度图（b）

8. 物理量指标

物理量指标见表3.24。

表3.24　2016年7月18日20时、19日08时、19日20时物理量因子

	物理量指标		7月18日20时	7月19日08时	7月19日20时
水汽条件	温度（℃）	500 hPa	−1	0	−2
		850 hPa	24	20	21
	露点温度（℃）	500 hPa	−3	−1	−23
		850 hPa	20	20	20
	相对湿度（%）	700 hPa	100	94	88
		850 hPa	78	100	94
	水汽通量散度 ($g·s^{-1}·cm^{-2}·hPa^{-1}$)	700 hPa	−9	−8.6	22.5
		850 hPa	−19.8	−48.3	−10
	比湿（g/kg）	700 hPa	13.43	12.57	12.57
		850 hPa	17.3	17.3	17.3
	温度露点差（℃）	700 hPa	0	1	2
		850 hPa	4	0	1
动力条件	低空风速（m/s）	850 hPa	9.7	11.7	9.3
	相对涡度（$10^{-6}s^{-1}$）	500 hPa	9	30.8	30
		700 hPa	23	31.5	58
		850 hPa	22	38	34
	垂直速度（10^{-3} hPa·s^{-1}）	500 hPa			
		700 hPa			
		850 hPa			
	散度（$10^{-6}s^{-1}$）	500 hPa	−0.2	2	−0.3
		700 hPa	−0.5	−0.9	1
		850 hPa	−1.3	−3	−0.7
热力条件	假相当位温 θ_{se}（℃）	500 hPa	78.47	83.32	61
		850 hPa	90.51	85.46	86.71
	假相当位温 θ_{se} 梯度（℃）	500 hPa	0.68	3.77	2.59
		850 hPa	1.37	1.6	3.89
	总温度场 TT（℃）	850 hPa	77	78	81.8
	温度平流（10^{-5}℃·s^{-1}）	850 hPa	0.4	0.4	0.4
不稳定能量条件	500 hPa 和 850 hPa 的 θ_{se} 差（℃）		12.04	2.14	25.71
	500 hPa 和 850 hPa 的 T 差（℃）		25	20	23
	500 hPa 和 850 hPa 的 T_d 差（℃）		23	21	43
	A 指数		19	18	−1
	K 指数（℃）		45	39	41
	SI 指数（℃）		−2.58	−0.06	−2.41
	CAPE（J·kg^{-1}）		1113	79.6	577.8
	CIN（J·kg^{-1}）		124	4.3	54.3
	LI 抬升指数		−2.81	0.08	−2.94
	垂直风切变 V_{WS}		0.41	1.4	1.04

个例24　2017年5月22日暴雨

1. 暴雨时段

2017年5月21日02时—22日14时。

2. 雨情描述

2017年5月20日夜间至22日白天，长寿出现了一次区域暴雨天气过程，中南部出现暴雨，局地达大暴雨，其余地区中到大雨（图3.111）。累计降雨量最大为渡舟街道141.9 mm，最大小时雨强23.3 mm（晏家，5月22日11时）。

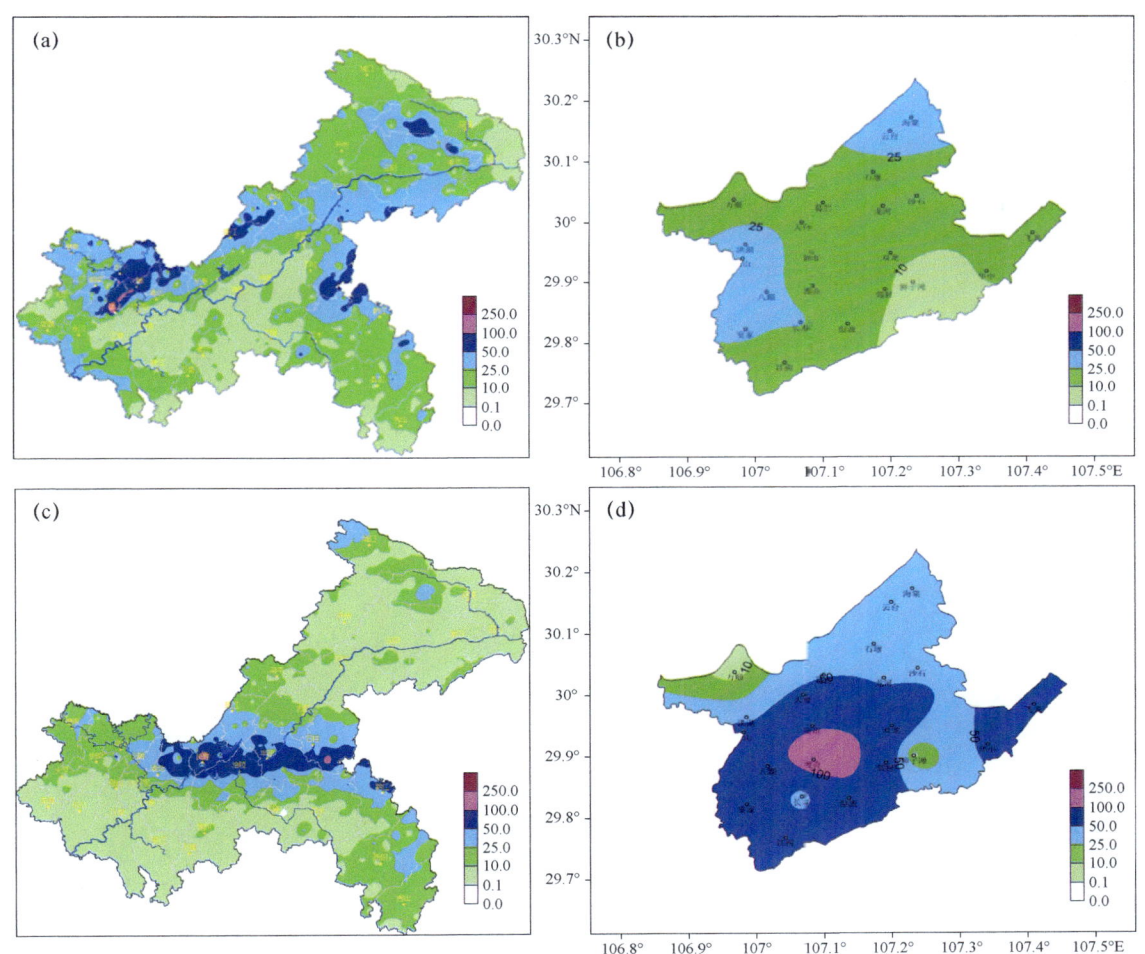

图3.111　2017年5月20日20时—21日20时、21日20时—22日20时重庆市和长寿区降雨量分布图（单位：mm）

3. 灾情描述

此次过程造成全区 5869 人不同程度受灾，54 间房屋倒塌，123 间房屋损坏，农作物受灾面积达 392 hm^2，无人员伤亡，造成直接经济损失 606.4 万元。

4. 形势分析

影响系统：低槽、西南涡、切变线。

21 日 08 时，500 hPa 内蒙古西部、青藏高原上分别有低槽；21 日 08 时—22 日 08 时，低槽分别移至内蒙古中部—宁夏北部、甘肃南部—四川南部，长寿一直受南方低槽槽前偏南气流控制，北方低槽槽后偏北气流引导冷空气南下，但由于低槽位置偏北，冷空气路径偏北。

21 日 08 时，700 hPa 四川盆地西部有西南涡生成，右侧切变线向北伸至盆地东北部，850 hPa 西南涡位置与 700 hPa 接近，右侧切变线位于四川盆地中部—湖北西部上空，随后，西南涡沿切变线缓慢东移；至 22 日 08 时，700 hPa 西南涡移至四川盆地东北部，850 hPa 西南涡移至四川盆地中部，长寿位于西南涡移动方向的右前侧，有明显的上升运动。

21 日 08 时—22 日 08 时，地面上，长寿受高压后部偏南气流影响。

20 日 20 时，沙坪坝探空图上，$CAPE$ 值为 318.3 J/kg，SI 指数为 −3.78 ℃，有一定的不稳定能量，其中 K 指数为 43 ℃，有利于短时强降水的发生。

5. 天气分析图

不同层面天气图、探空图分别在图 3.112、图 3.113 中给出。

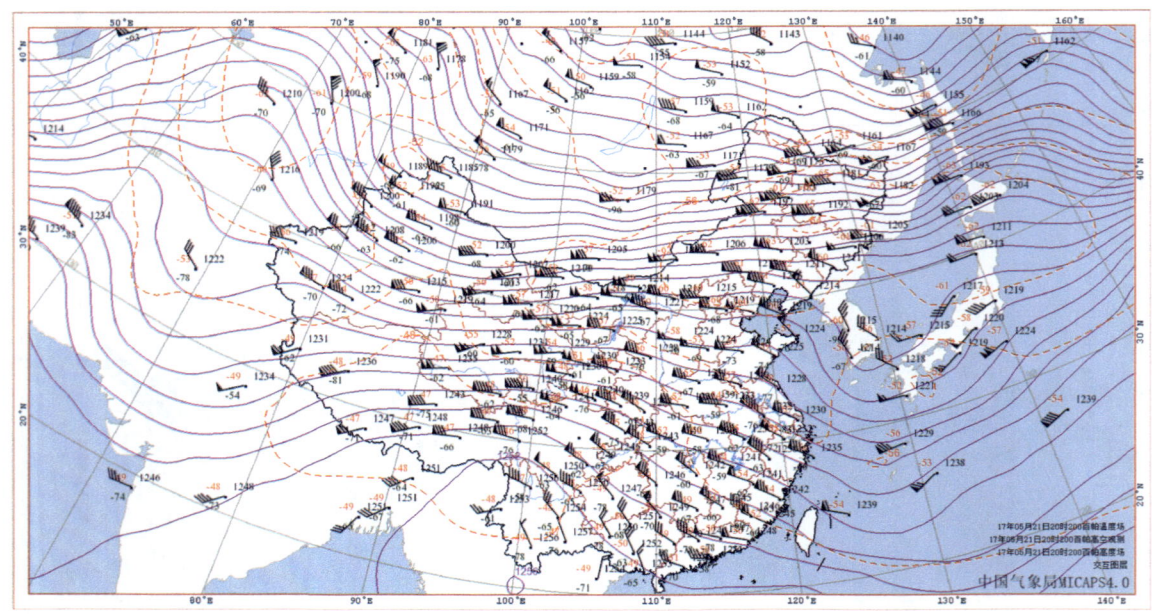

第3章 重庆市长寿区暴雨个例分析

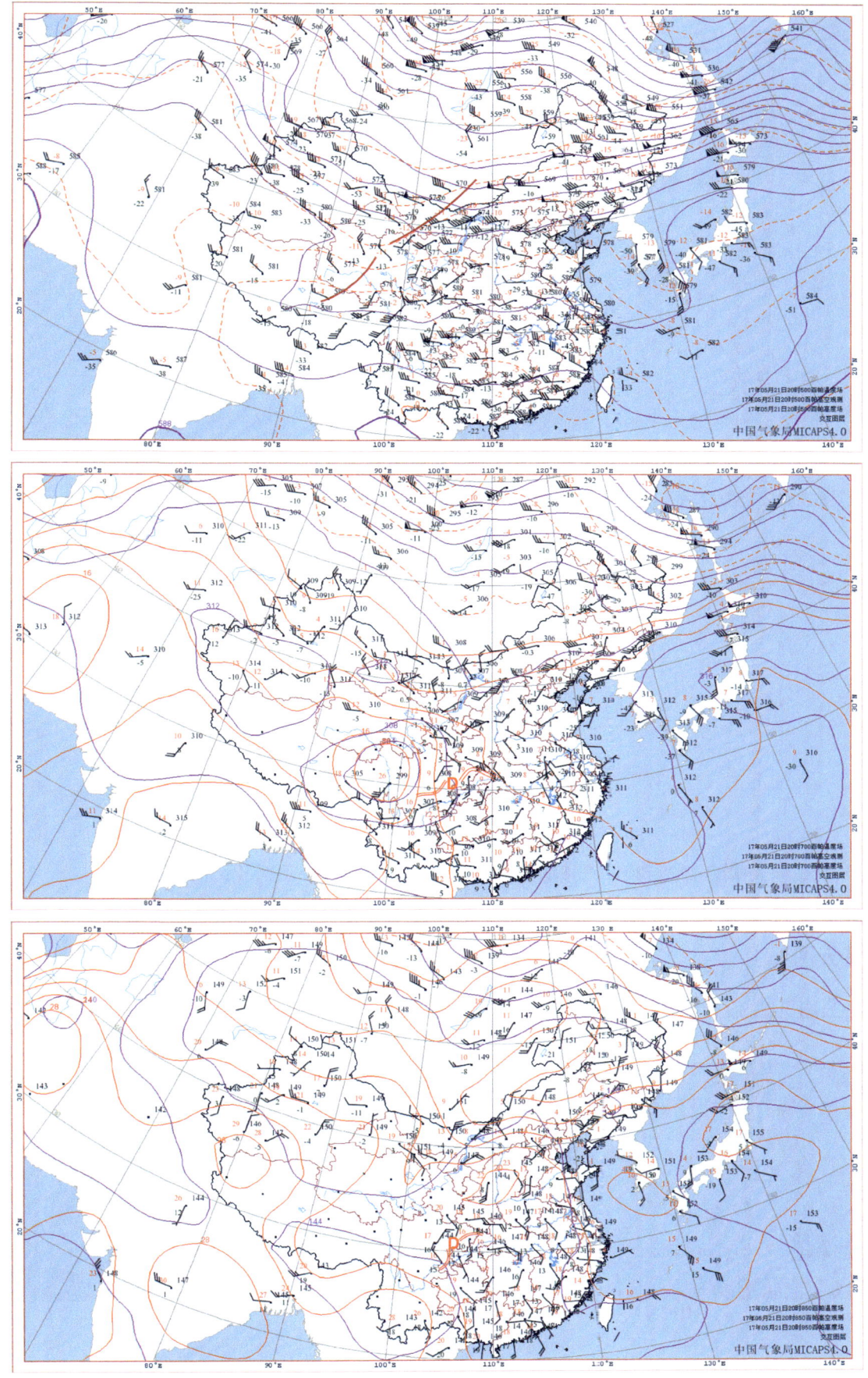

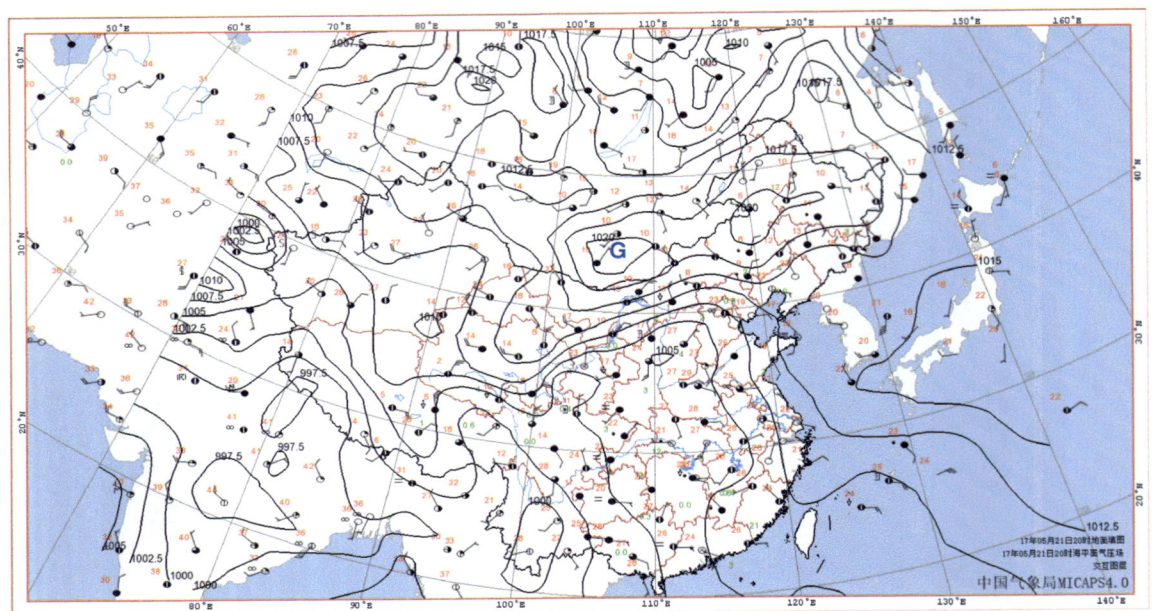

图 3.112 2017 年 5 月 21 日 20 时 200 hPa、500 hPa、700 hPa、850 hPa、地面天气图

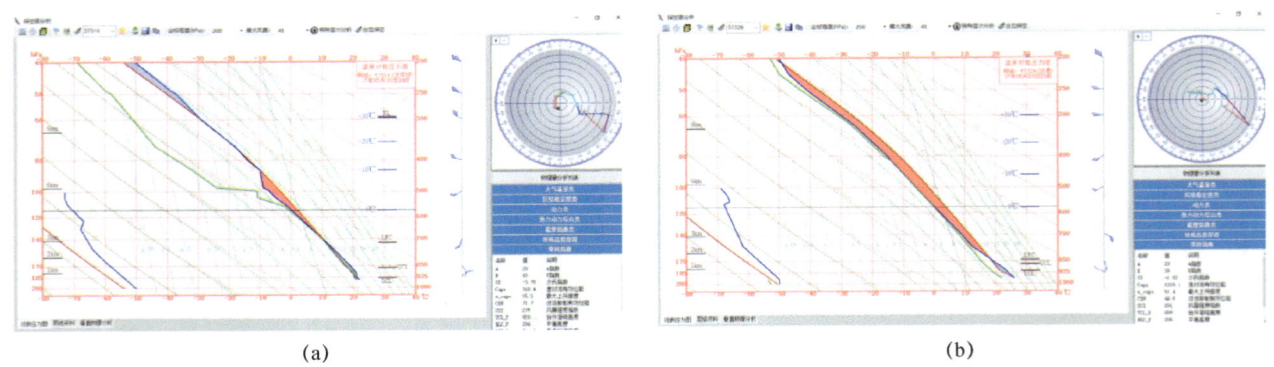

图 3.113 2017 年 5 月 22 日 08 时沙坪坝（a）、达州（b）探空图

6. 卫星云图

红外云图见图 3.114。

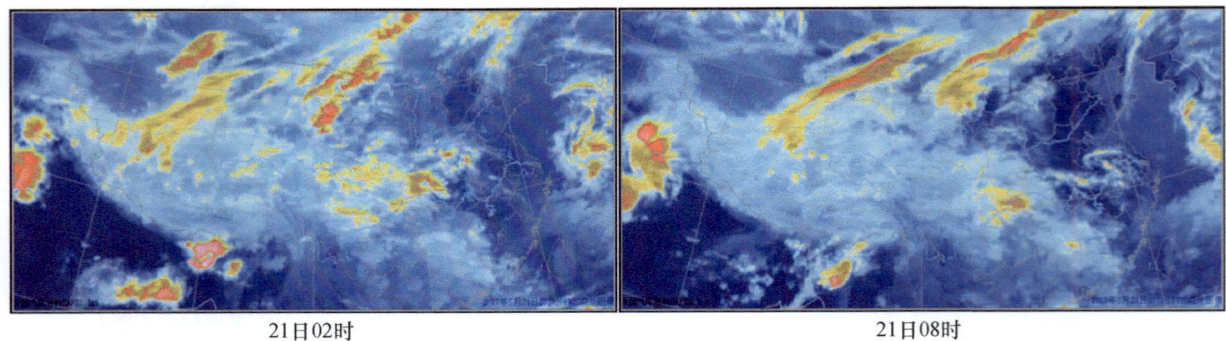

21日02时　　　　　　　　　　　　　　　　21日08时

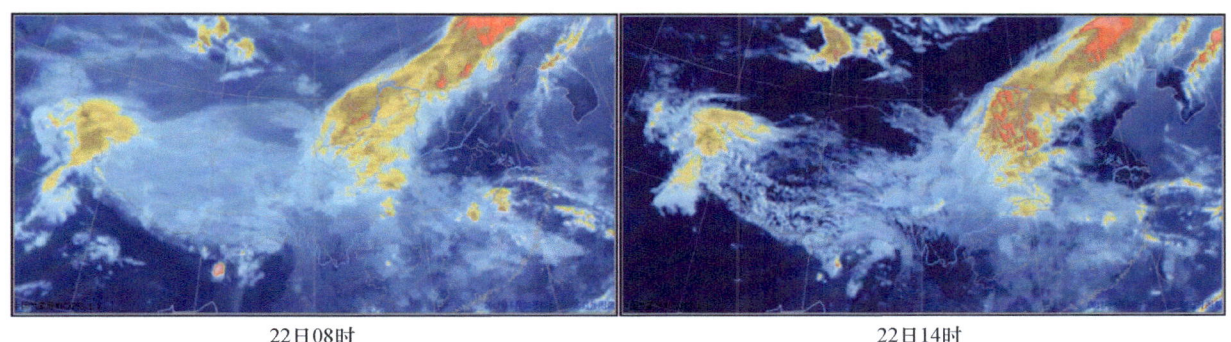

图 3.114 2017 年 5 月 21 日 02 时、08 时，22 日 08 时、14 时红外云图

7. 雷达回波分析

21 日 01：01—09：41、22 日 07：22—13：57 两个时段，长寿受大片的强回波影响，回波向东北方向移动，强度维持在 20~50 dBZ，此次过程的其他时段有分散的单体回波经过长寿；径向速度图上，长寿上空为大片南风（图 3.115）。

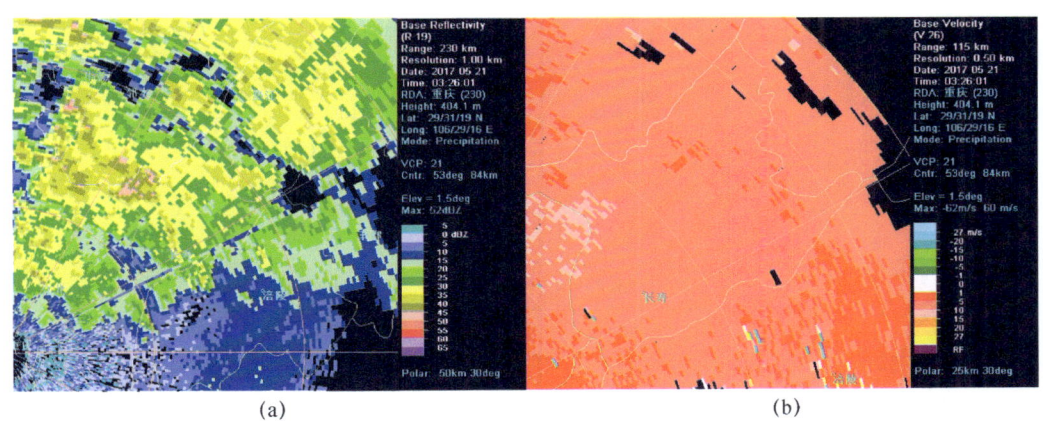

(a) (b)

图 3.115 2017 年 5 月 21 日 3 时 26 分重庆多普勒天气雷达基本反射率因子（a），径向速度图（b）

8. 物理量指标

物理量指标见表 3.25。

表 3.25 2017 年 5 月 20 日 20 时、21 日 08 时、21 日 20 时、22 日 08 时、22 日 20 时物理量因子

	物理量指标		5月20日20时	5月21日08时	5月21日20时	5月22日08时	5月22日20时
水汽条件	温度（℃）	500 hPa	−7	−5	−5	−4	−7
		850 hPa	19	17	17	17	17
	露点温度（℃）	500 hPa	−11	−6	−6	−5	−18
		850 hPa	17	16	17	16	17

续表

	物理量指标		5月20日20时	5月21日08时	5月21日20时	5月22日08时	5月22日20时
水汽条件	相对湿度（%）	700 hPa	100	93	93	93	93
		850 hPa	88	94	100	94	100
	水汽通量散度 ($g \cdot s^{-1} \cdot cm^{-2} \cdot hPa^{-1}$)	700 hPa	−18.5	0.9	8.2	−19.2	−1.9
		850 hPa	−5.1	−15.7	−10.7	−17.8	−23
	比湿（g/kg）	700 hPa	10.99	10.27	9.59	10.27	10.27
		850 hPa	14.31	13.42	14.31	13.42	14.31
	温度露点差（℃）	700 hPa	0	1	1	1	1
		850 hPa	2	1	0	1	0
动力条件	低空风速（m/s）	850 hPa	4.7	6.7	3.3	6.3	5.3
	相对涡度（$10^{-6}s^{-1}$）	500 hPa	15.2	10.5	8.3	10.5	7
		700 hPa	21.3	25.9	22.2	9.5	21.5
		850 hPa	22.2	24.6	20.6	24.9	13.3
	垂直速度（$10^{-3} hPa \cdot s^{-1}$）	500 hPa	−24	−8.6	5.3	−37	−22.4
		700 hPa	−10.2	−13.4	−0.3	−28.6	−19.3
		850 hPa	0.8	−6.8	0.3	−10	−5.2
	散度（$10^{-6}s^{-1}$）	500 hPa	−3	0.3	−3	3.5	4.5
		700 hPa	−17	0.2	9.8	−16.8	−5.9
		850 hPa	−3.1	−1.2	−7.8	−12.4	−20.5
热力条件	假相当位温 θ_{se}（℃）	500 hPa	61.23	68.98	68.98	71.58	56.74
		850 hPa	75.29	70.23	72.84	70.23	72.84
	假相当位温 θ_{se} 梯度（℃）	500 hPa	1.53	1.19	1.5	1.17	0.3
		850 hPa	0.9	0.8	0.72	2.1	3.55
	总温度场 TT（℃）	850 hPa	64.9	64.8	65.8	65.2	66
	温度平流（$10^{-5}℃ \cdot s^{-1}$）	850 hPa	−0.8	0.3	−0.2	1.4	−5.7
不稳定能量条件	500 hPa 和 850 hPa 的 θ_{se} 差（℃）		14.06	1.25	3.86	−1.35	16.1
	500 hPa 和 850 hPa 的 T 差（℃）		26	22	22	21	24
	500 hPa 和 850 hPa 的 T_d 差（℃）		28	22	23	21	35
	A 指数		20	19	20	18	12
	K 指数（℃）		43	37	38	36	40
	SI 指数（℃）		−3.78	−0.02	−0.96	0.98	−2.96
	CAPE（$J \cdot kg^{-1}$）		318.3	1.4	161.9	71.6	349
	CIN（$J \cdot kg^{-1}$）		71.8	0	0	293.5	5.2
	LI 抬升指数		−3.75	0.33	−1.25	0.87	−3.53
	垂直风切变 V_{ws}		1.23	1.43	0.81	0.73	0.88

个例 25　2017 年 8 月 8 日暴雨

1. 暴雨时段

2017 年 8 月 8 日 02 时—14 时。

2. 雨情描述

2017 年 8 月 7 日夜间至 8 日白天，长寿出现了一次区域暴雨天气过程，中部及东部出现大雨到暴雨，局地达大暴雨，其余地区中雨到大雨（图 3.116）。降雨量最大为龙河镇 107.3 mm，最大小时雨强 63.8 mm（长寿湖，8 月 8 日 09 时）。

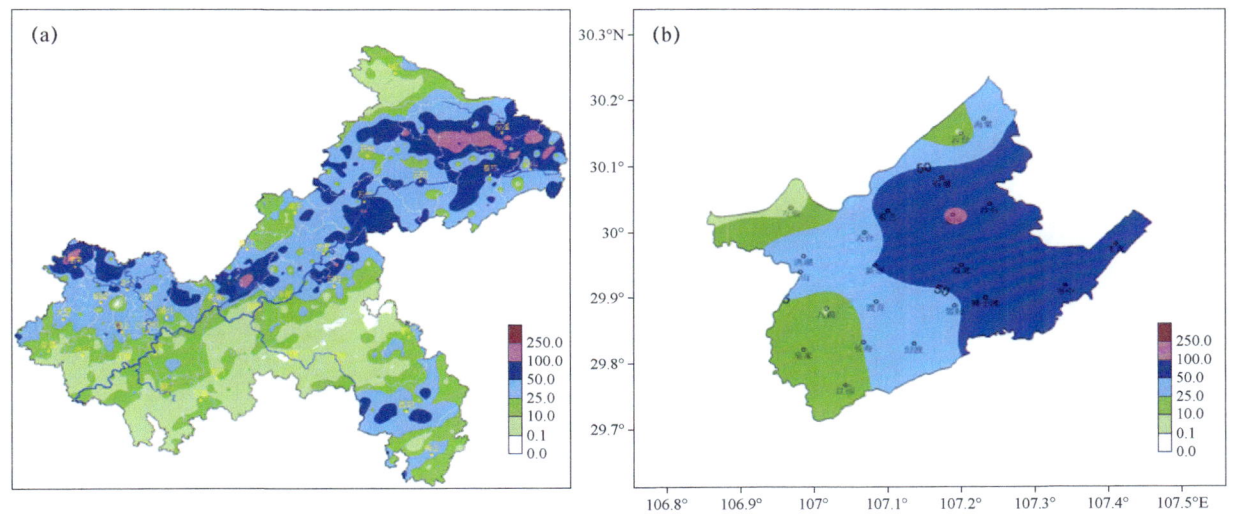

图 3.116　2017 年 8 月 7 日 20 时—8 日 20 时重庆市（a）和长寿区（b）降雨量分布图（单位：mm）

3. 灾情描述

此次过程无灾情。

4. 形势分析

影响系统：低槽、切变线、冷锋。

08 日 08 时，200 hPa 长寿位于南亚高压脊线附近，辐散抽吸作用明显。500 hPa 副高控制华南、华东南部一带，副高外围的偏南气流有利于水汽输送，河北南部—重庆北部—四川南部有低槽东移，槽后偏北气流引导冷空气南下。

08 日 08 时，700 hPa 切变线位于山东南部—重庆东北部—四川南部一线；850 hPa 切变线位于山东南部—重庆中部一线，长寿位于两条切变线之间的辐合上升区。从垂直方向看，500 hPa 和 700 hPa 在重庆附近形成前倾槽形势。

08 日 08 时，地面上，青海南部有冷高压，其前部弱冷锋位于重庆长江流域一带。

7 日 20 时，沙坪坝探空图上，CAPE 值为 1500.1 J/kg，K 指数为 42 ℃，SI 指数为 –0.88 ℃，有较强的不稳定能量。

5. 天气分析图

不同层面天气图、探空图分别在图 3.117、图 3.118 中给出。

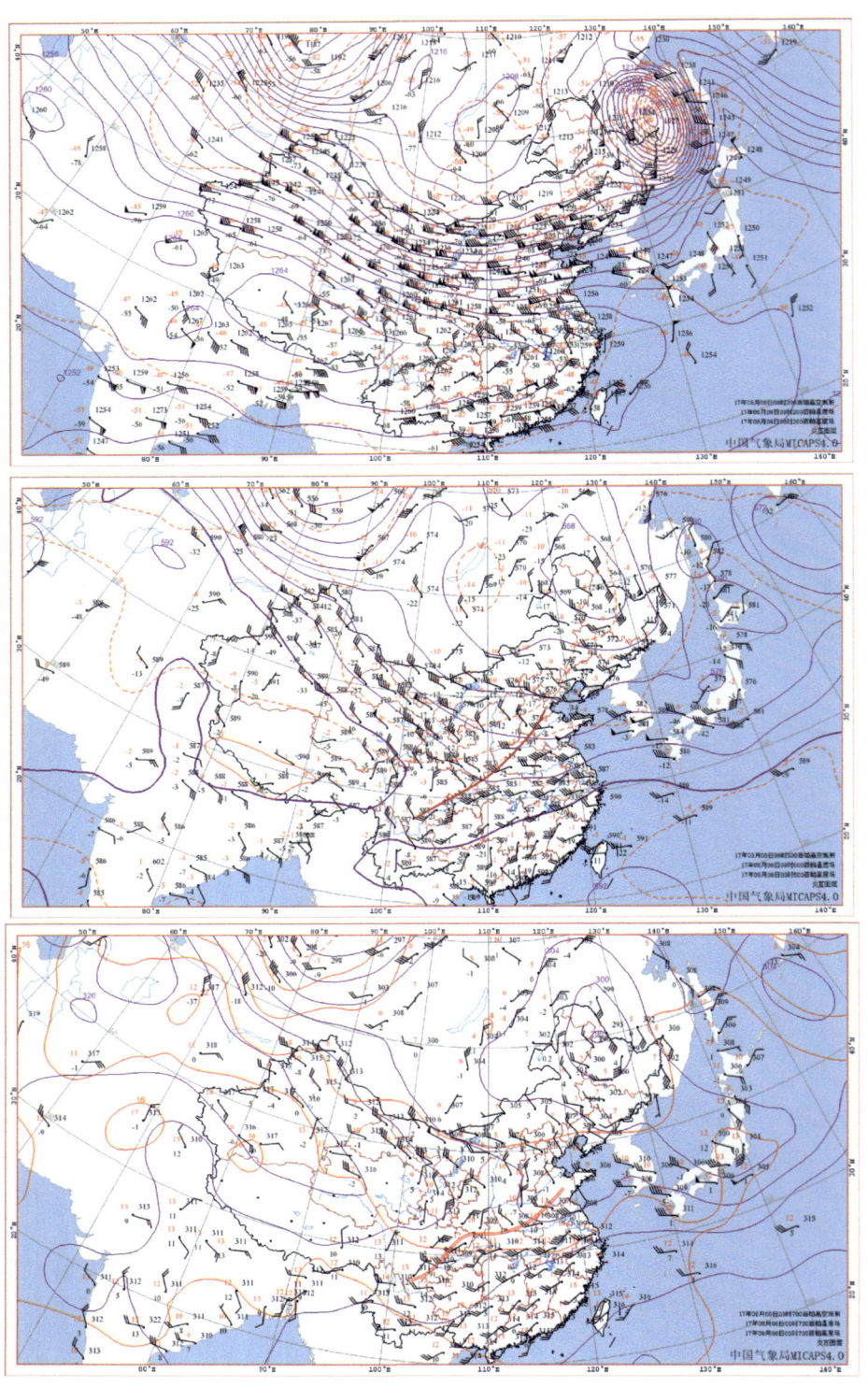

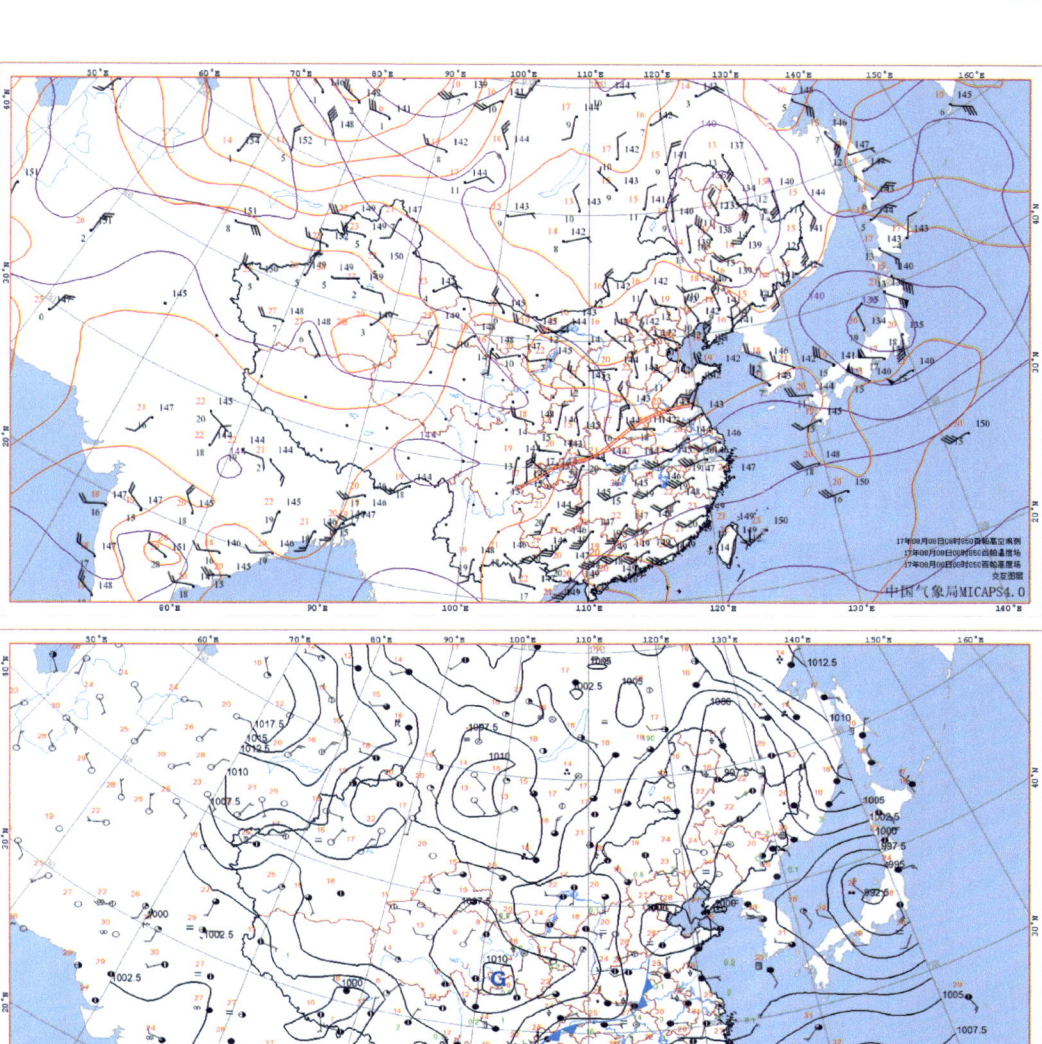

图 3.117 2017 年 8 月 8 日 08 时 200 hPa、500 hPa、700 hPa、850 hPa、地面天气图

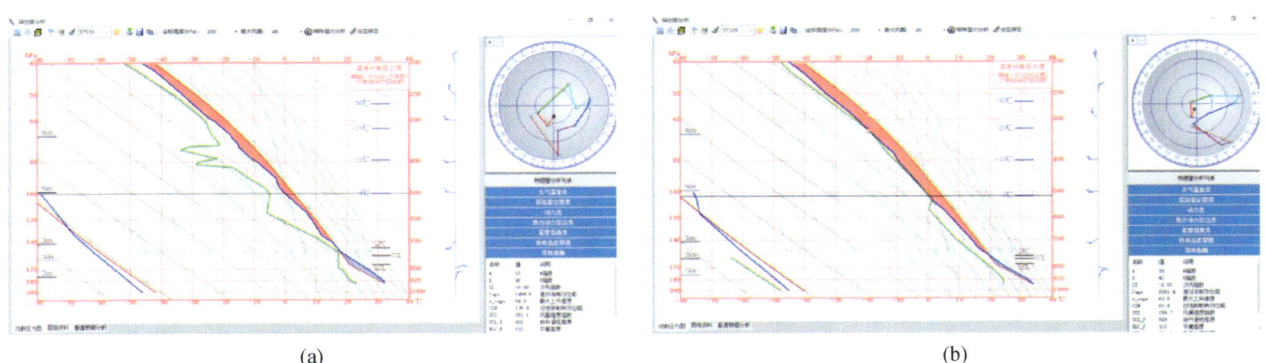

(a)   (b)

图 3.118 2017 年 8 月 7 日 20 时沙坪坝（a）、达州（b）探空图

6. 卫星云图

红外云图见图3.119。

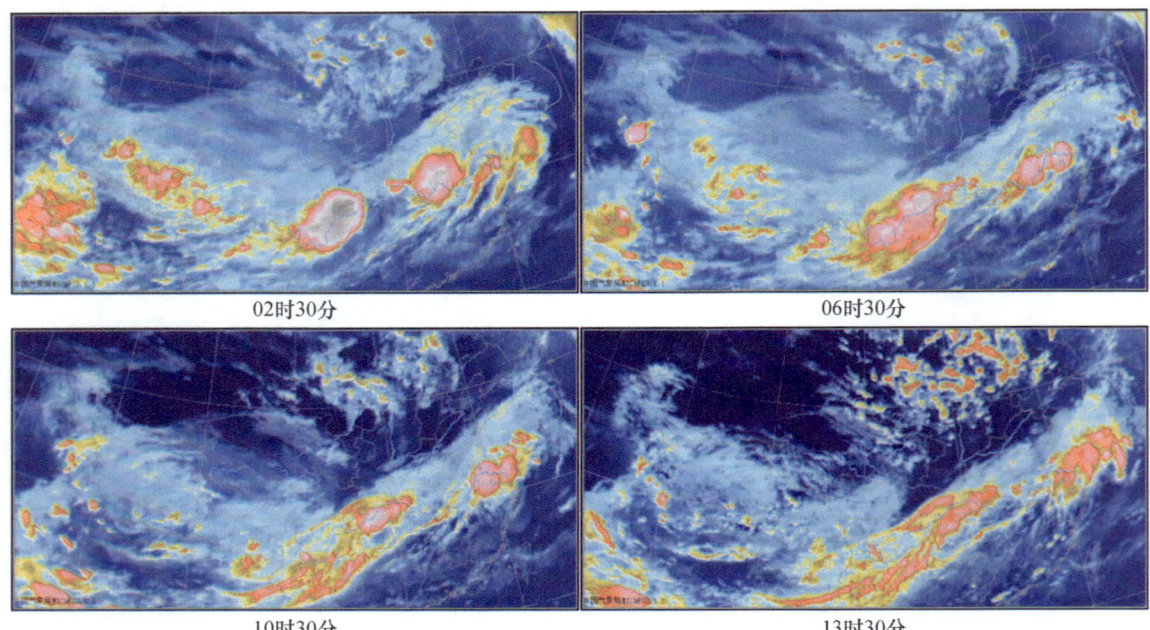

图 3.119　2017 年 8 月 8 日 02 时 30 分、06 时 30 分、10 时 30 分、13 时 30 分红外云图

7. 雷达回波分析

8日06：53开始，有强对流回波从西南方向移入长寿，降水回波以积云降水为主的层积混合型降水；07：46，在大片回波中，长寿区有几个强回波中心，回波中心强度达45 dBZ以上，对应速度上图有中低层辐合。强对流回波向东北方向移动时，逐渐减弱；09：37后，长寿主要受强度为30～40 dBZ的片状回波影响（图3.120）。

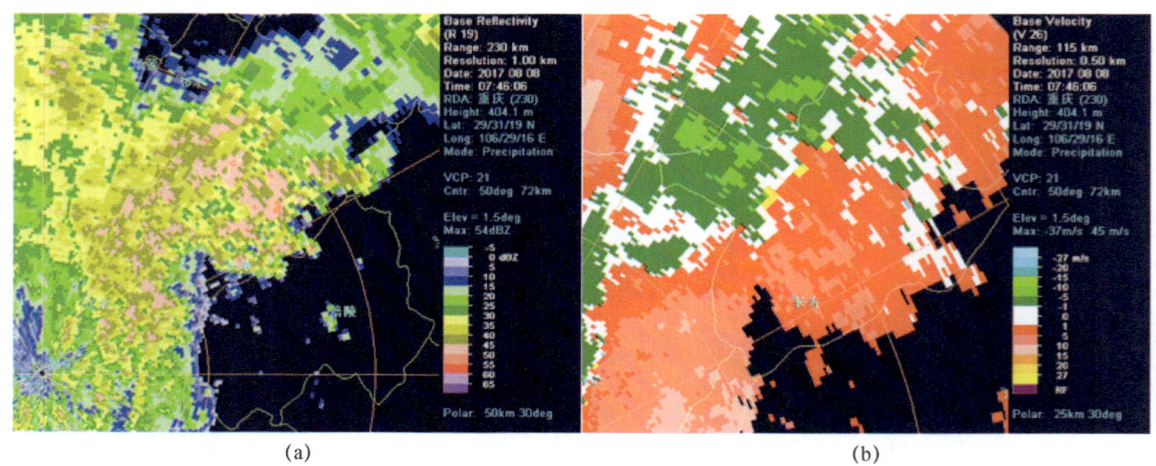

图 3.120　2017 年 8 月 8 日 7 时 46 分重庆多普勒天气雷达基本反射率因子（a），径向速度图（b）

8. 物理量指标

物理量指标见表 3.26。

表 3.26　2017 月 8 日 7 日 20 时、8 日 08 时、8 日 20 时物理量因子

	物理量指标		8月7日20时	8月8日08时	8月8日20时
水汽条件	温度（℃）	500 hPa	0	−1	−2
		850 hPa	27	19	20
	露点温度（℃）	500 hPa	−5	−2	−9
		850 hPa	18	15	17
	相对湿度（%）	700 hPa	82	82	44
		850 hPa	58	78	83
	水汽通量散度 $(g \cdot s^{-1} \cdot cm^{-2} \cdot hPa^{-1})$	700 hPa	2.2	−4.1	8.4
		850 hPa	4.9	−8.7	10.5
	比湿（g/kg）	700 hPa	12.57	10.99	6.77
		850 hPa	15.25	12.58	14.31
	温度露点差（℃）	700 hPa	3	3	12
		850 hPa	9	4	3
动力条件	低空风速（m/s）	850 hPa	7.3	10.3	5.3
	相对涡度 $(10^{-6} s^{-1})$	500 hPa	−20.7	7.8	16.1
		700 hPa	−2.9	40.7	30
		850 hPa	28.8	26.7	3.2
	垂直速度 $(10^{-3} hPa \cdot s^{-1})$	500 hPa	6	−22.5	14.9
		700 hPa	0.2	−8	−0.3
		850 hPa	1.1	−1	−5.8
	散度 $(10^{-6} s^{-1})$	500 hPa	13	−9	21
		700 hPa	1.2	−8.3	7.6
		850 hPa	2	−7.2	−6
热力条件	假相当位温 θ_{se}（℃）	500 hPa	76.77	80.17	69.43
		850 hPa	88.03	70.21	76.51
	假相当位温 θ_{se} 梯度（℃）	500 hPa	2.12	1.94	2.76
		850 hPa	0.68	3.56	7.04
	总温度场 TT（℃）	850 hPa	76.6	68.8	64.5
	温度平流 $(10^{-5} ℃ \cdot s^{-1})$	850 hPa	1.8	−2.5	0.5
不稳定能量条件	500 hPa 和 850 hPa 的 θ_{se} 差（℃）		11.26	−9.96	7.08
	500 hPa 和 850 hPa 的 T 差（℃）		27	20	22
	500 hPa 和 850 hPa 的 T_d 差（℃）		23	17	26
	A 指数		10	12	0
	K 指数（℃）		42	32	27
	SI 指数（℃）		−0.88	3.98	0.75
	CAPE $(J \cdot kg^{-1})$		1500.1	0	2.5
	CIN $(J \cdot kg^{-1})$		135.9	0	0
	LI 抬升指数		−2.82	2.69	0.29
	垂直风切变 V_{WS}		0.34	0.45	0.44

个例26　2017年9月2日暴雨

1. 暴雨时段

2017年9月1日20时—2日14时。

2. 雨情描述

2017年9月1日夜间至2日白天，长寿出现了一次区域大暴雨天气过程，南部地区暴雨，其余地区大暴雨（图3.121）。降雨量最大为石堰镇沙石站128.0 mm，最大小时雨强28.6 mm（沙石，9月1日23时）。

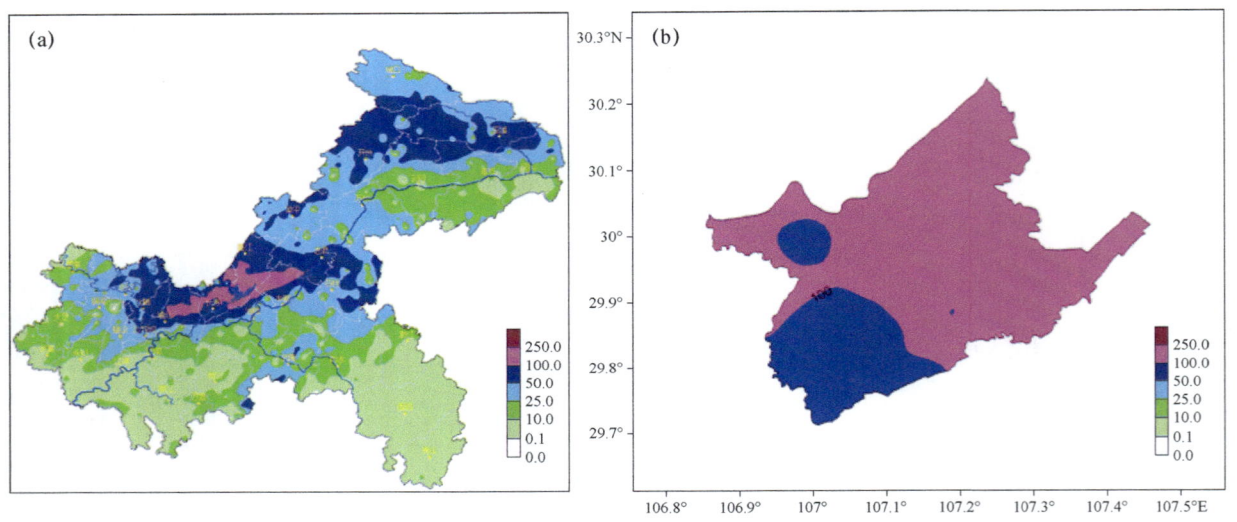

图3.121　2017年9月1日20时—2日20时重庆市（a）和长寿区（b）降雨量分布图（单位：mm）

3. 灾情描述

此次过程造成全区1535人不同程度受灾，紧急转移安置人口3人，房屋倒塌3间，严重损坏房屋13间，一般损坏房屋37间，农作物受灾面积达8.1公顷，无人员伤亡，造成直接经济损失152.3万元。

4. 形势分析

影响系统：低槽、西南涡、切变线。

1日20时—2日08时，200 hPa长寿位于南亚高压脊线附近，辐散抽吸作用明显。

1日20时，500 hPa南海有热带低压发展，在青藏高原西部有低槽东移，长寿受槽前偏南气流控制。

1日20时，700 hPa西南涡发展东移至在四川盆地东北部，左侧冷式切变线位于四川南部，850 hPa西南涡发展东移至重庆中部，冷式切变线伸至重庆西部，长寿位于700 hPa和850 hPa间的西南涡和冷式切变线之间的辐合上升区。至2日08时，700 hPa西南涡缓慢东移，850 hPa西南涡向北移动减弱。

1日20时，地面上，长寿受冷高压后部偏南气流控制。

5. 天气分析图

不同层面天气图、探空图分别在图3.122、图3.123中给出。

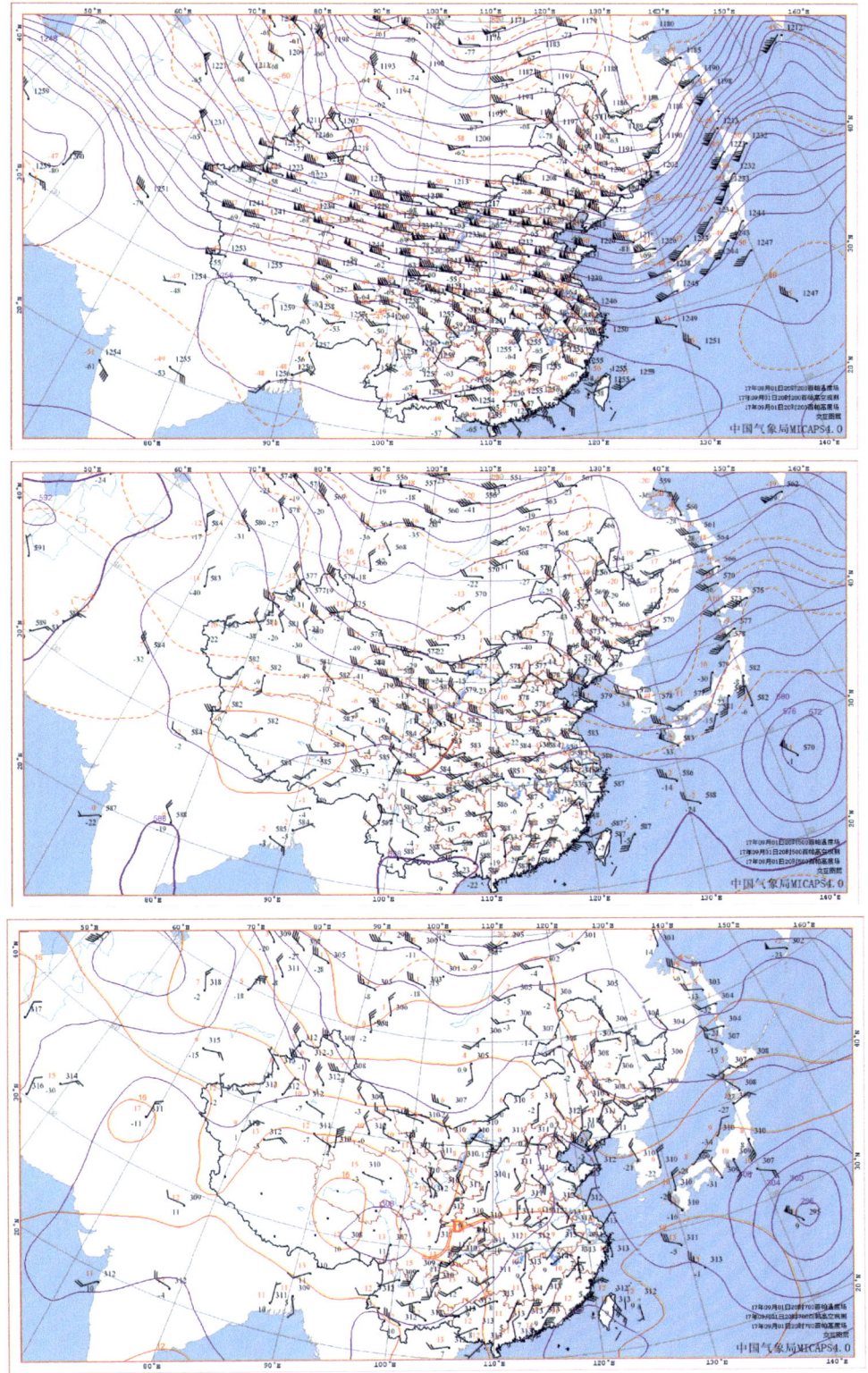

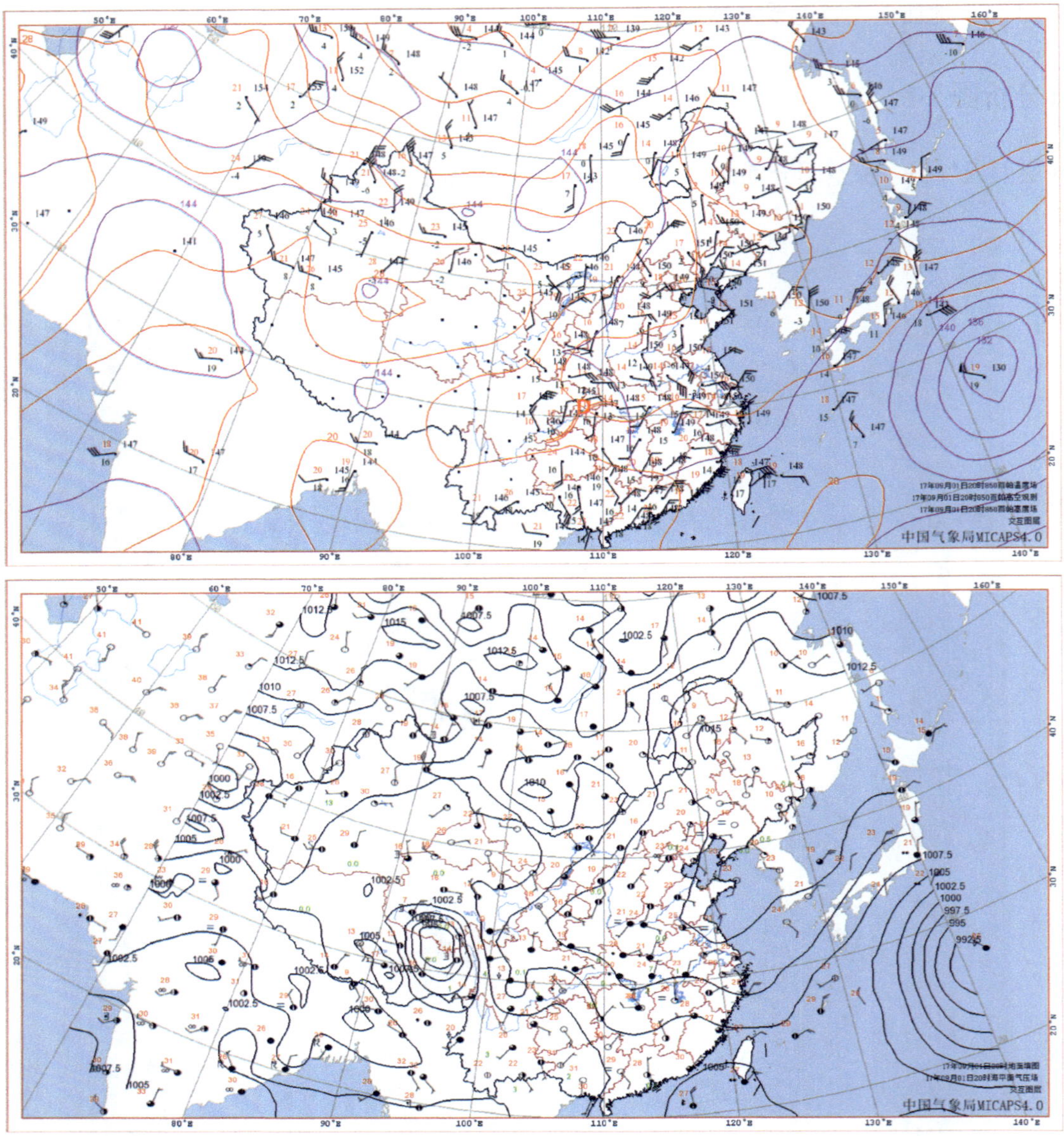

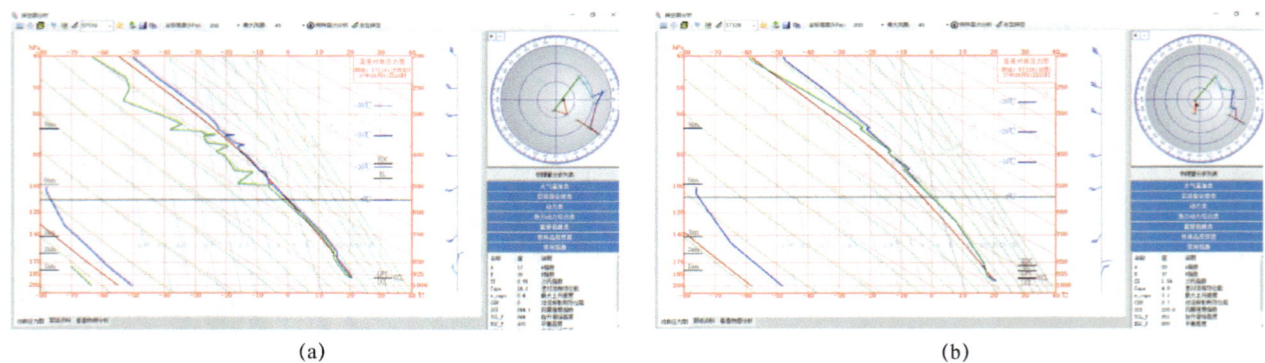

图 3.122　2017 年 9 月 1 日 20 时 200 hPa、500 hPa、700 hPa、850 hPa、地面天气图

(a)　　　　　　　　　　　　　　(b)

图 3.123　2017 年 9 月 1 日 20 时沙坪坝（a）、达州（b）探空图

6. 卫星云图

红外云图见图3.124。

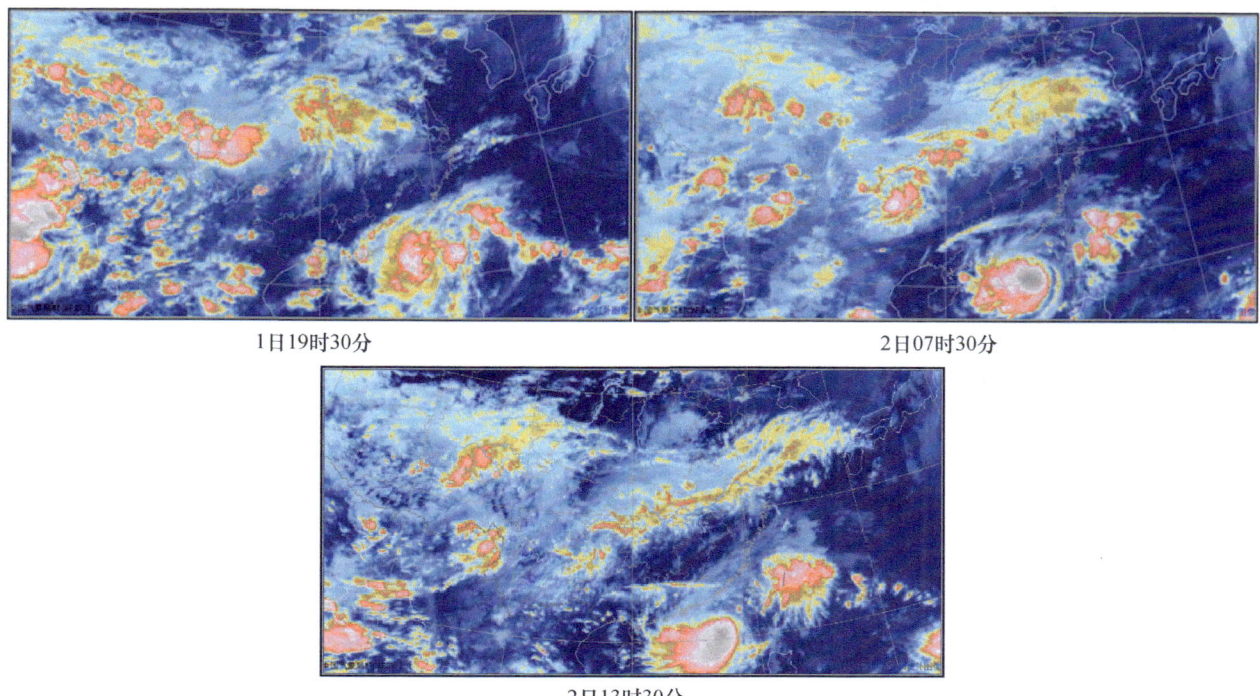

图3.124 2017年9月1日19时30分，2日07时30分、13时30分红外云图

7. 雷达回波分析

1日20:32—2日13:13，不断有大片的回波经过长寿（图3.125），回波强度维持在30~35 dBZ，以层状云降水回波为主，由于回波影响长寿的时间较长，造成长寿此次暴雨天气过程。

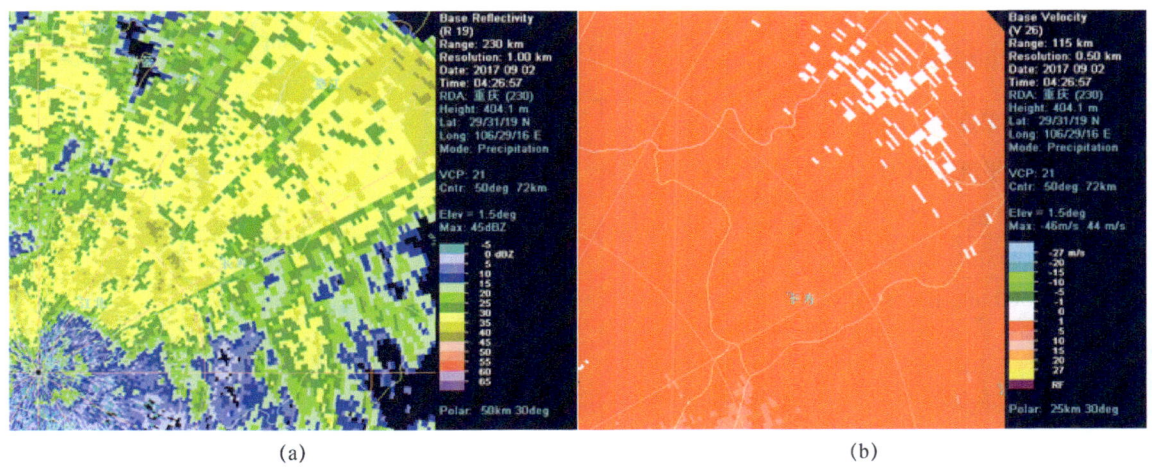

图3.125 2017年9月2日04:26重庆多普勒天气雷达基本反射率因子（a），径向速度图（b）

8. 物理量指标

物理量指标见表 3.27。

表 3.27 2017 年 9 月 1 日 20 时、2 日 08 时、2 日 20 时物理量因子

	物理量指标		9月1日20时	9月2日08时	9月2日20时
水汽条件	温度（℃）	500 hPa	−4	0	−2
		850 hPa	17	16	16
	露点温度（℃）	500 hPa	−6	−27	−4
		850 hPa	16	9	15
	相对湿度（%）	700 hPa	94	54	93
		850 hPa	94	63	94
	水汽通量散度 ($g·s^{-1}·cm^{-2}·hPa^{-1}$)	700 hPa	−0.4	1.2	2.1
		850 hPa	−10.7	−9.9	−5.1
	比湿（g/kg）	700 hPa	11.76	6.3	10.27
		850 hPa	13.42	8.45	12.58
	温度露点差（℃）	700 hPa	1	9	1
		850 hPa	1	7	1
动力条件	低空风速（m/s）	850 hPa	4	6	3.3
	相对涡度（$10^{-6}s^{-1}$）	500 hPa	−2	8.6	−1.1
		700 hPa	14	50.8	35.5
		850 hPa	31.6	21.2	13.5
	垂直速度（$10^{-3}hPa·s^{-1}$）	500 hPa	−7.9	−25.8	−1
		700 hPa	−11	−15	−8.2
		850 hPa	−5	−5.2	−6.7
	散度（$10^{-6}s^{-1}$）	500 hPa	4.9	−1	8
		700 hPa	1.3	−0.1	1.3
		850 hPa	−6.5	−1	−3.5
热力条件	假相当位温 θ_{se}（℃）	500 hPa	70.27	62.41	75.62
		850 hPa	70.23	54.66	66.58
	假相当位温 θ_{se} 梯度（℃）	500 hPa	2.59	0.8	1.3
		850 hPa	1.31	1.84	2.63
	总温度场 TT（℃）	850 hPa	64.9	57.3	64.2
	温度平流（$10^{-5}℃·s^{-1}$）	850 hPa	−1	1	−0.6
不稳定能量条件	500 hPa 和 850 hPa 的 θ_{se} 差（℃）		−0.04	−7.75	−9.04
	500 hPa 和 850 hPa 的 T 差（℃）		21	16	18
	500 hPa 和 850 hPa 的 T_d 差（℃）		22	36	19
	A 指数		17	−27	14
	K 指数（℃）		36	16	32
	SI 指数（℃）		0.98	11.78	4.39
	CAPE（$J·kg^{-1}$）		14.5	0	25.5
	CIN（$J·kg^{-1}$）		0	0	0
	LI 抬升指数		−0.19	6.51	2.93
	垂直风切变 V_{WS}		0.2	0.53	0.21

个例27　2017年9月10日暴雨

1. 暴雨时段

2017年9月9日08时—10日08时。

2. 雨情描述

2017年9月9日白天至10日上午，长寿出现了一次区域暴雨天气过程，全区暴雨，中东部部分地区达大暴雨（图3.126）。降雨量最大为葛兰镇天台站112.3 mm，最大小时雨强38.9 mm（长寿湖，9月9日21时）。

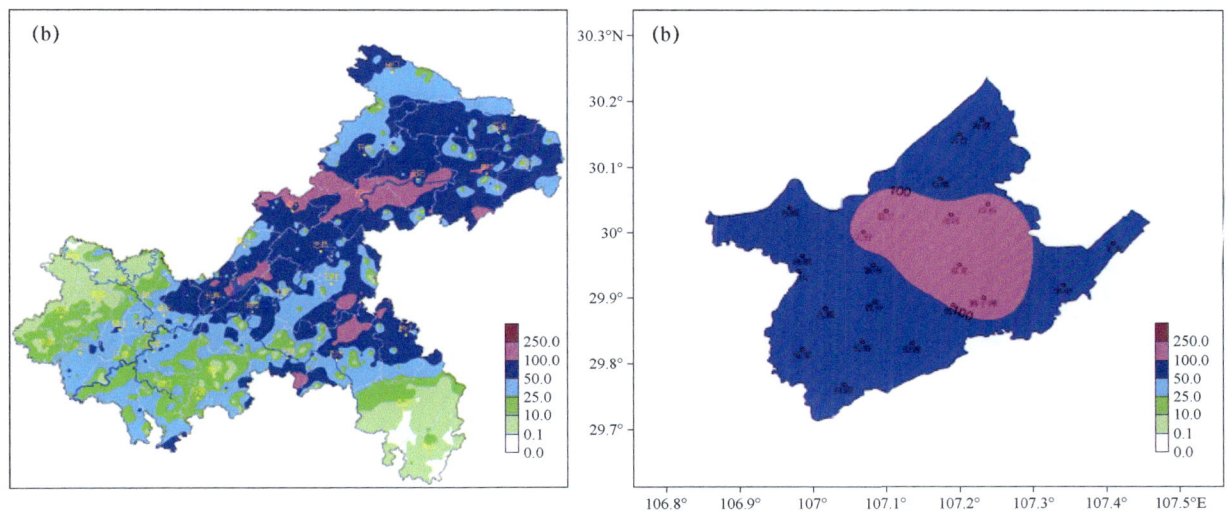

图3.126　2017年9月9日08时—10日08时重庆市（a）和长寿区（b）降雨量分布图（单位：mm）

3. 灾情描述

此次过程造成全区1612人不同程度受灾，紧急转移安置人口17人，倒塌房屋13间，严重损坏房屋25间，一般性损坏房屋24间，农作物受灾面积达3.13hm²，无人员伤亡，造成直接经济损失115.6万元。

4. 形势分析

影响系统：低槽、低涡、切变线、冷锋。

9日08时，500 hPa副高较强，588 dagpm线控制华南、华东地区，副高外围的偏南气流有利于水汽的输送。副高与青藏高原上的南压高压之间有一低槽，低槽位于甘肃东部—四川中部，长寿受槽前偏南气流控制；9日08时—10日08时，南方低槽受副高阻挡移动缓慢，有利于降水的持续。

9日08时，700 hPa西南涡位于在四川盆地北部，850 hPa西南涡位于重庆西部，其右侧暖式切变线位于和湖北长江一线，随后，西南涡向东北方向移动；至 10 日 08 时，700 hPa、850 hPa 西南涡分别移至河南南部、湖北中部，长寿位于 700 hPa 冷式切变线辐合上升区。

9 日 08 时，地面上，巴尔喀什湖附近有冷高压，其分裂出的冷高压位于青海北部，前沿冷锋位于内蒙古中部—甘肃中部一线，随后冷锋南压，至 9 日 20 时，移动到长寿附近。

5. 天气分析图

不同层面天气图、探空图分别在图 3.127、图 3.128 中给出。

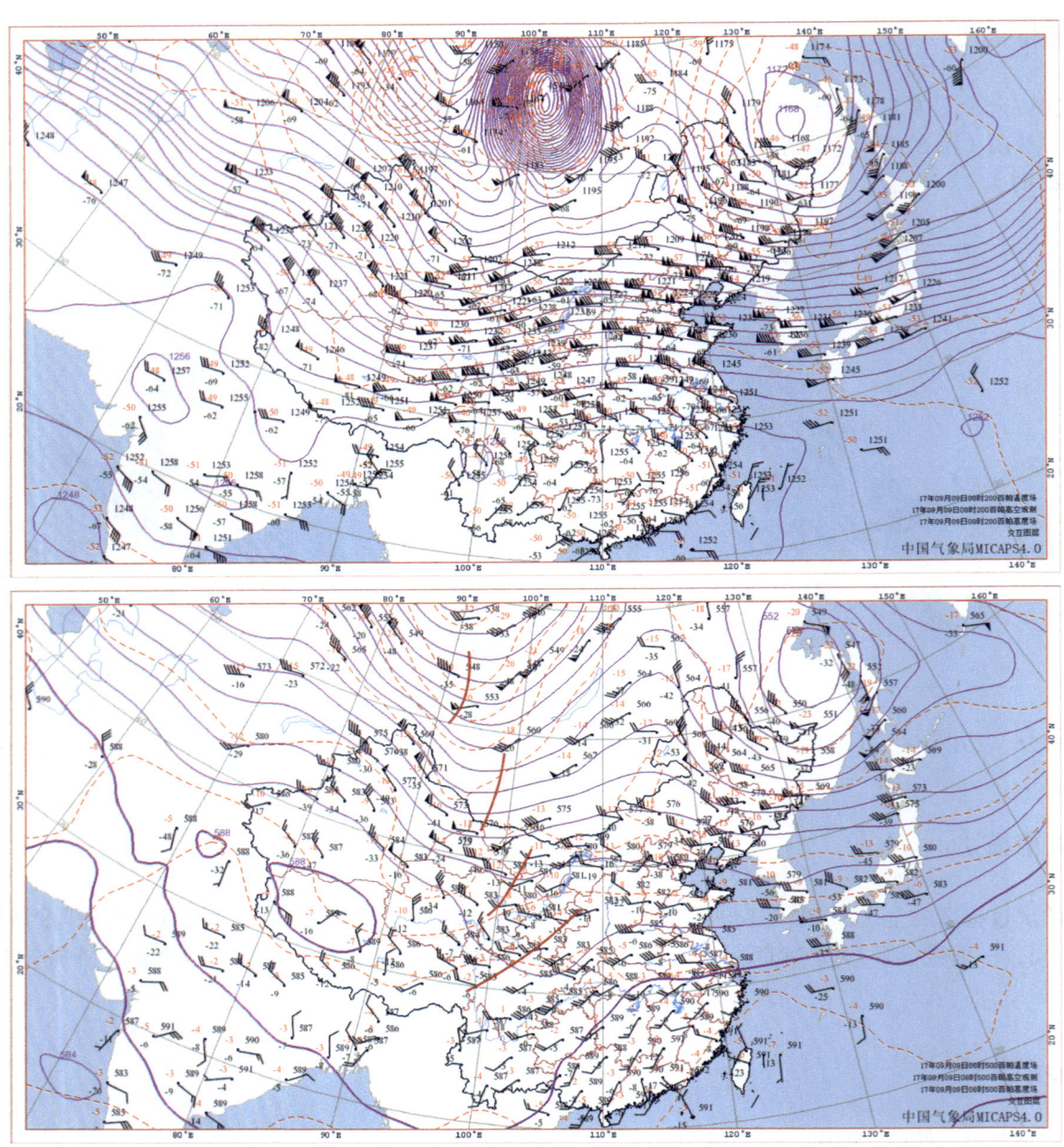

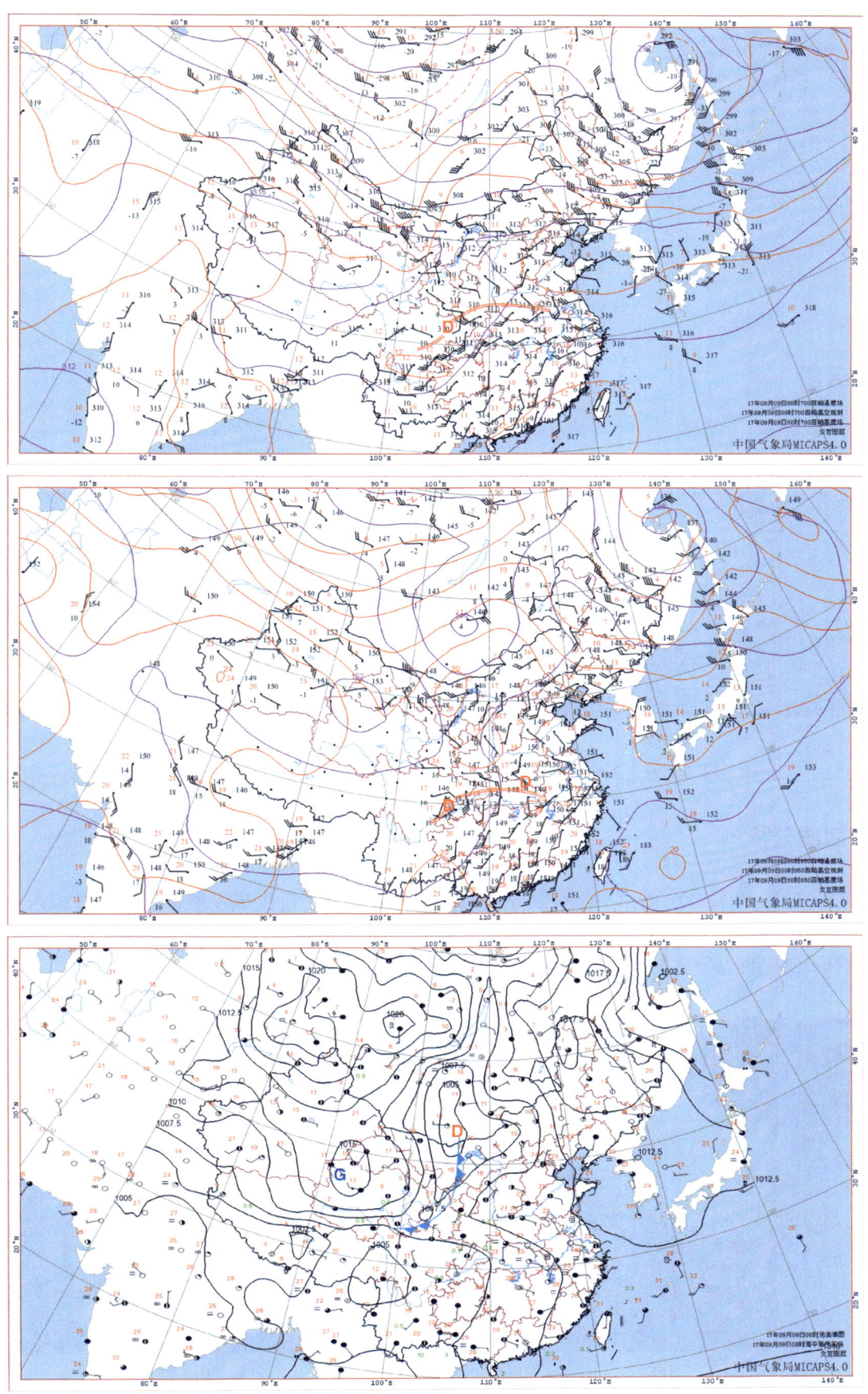

图 3.127　2017 年 9 月 9 日 08 时 200 hPa、500 hPa、700 hPa、850 hPa、地面天气图

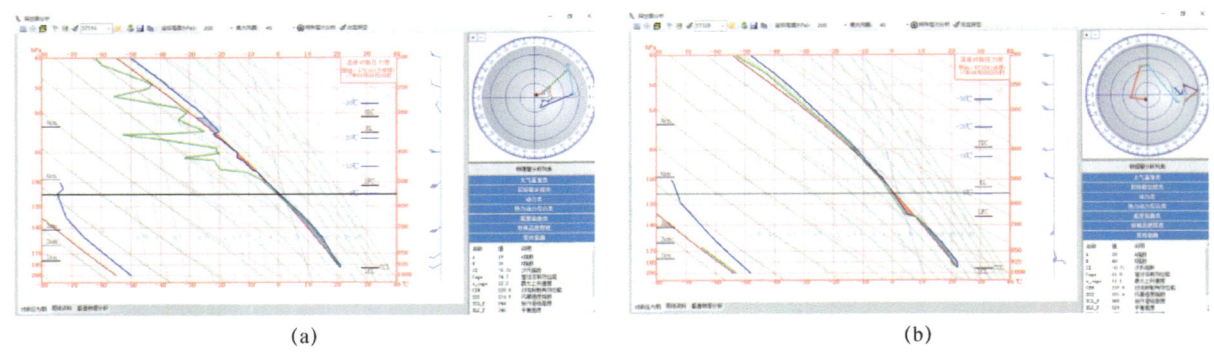

图 3.128　2017 年 9 月 9 日 08 时沙坪坝（a）、达州（b）探空图

6. 卫星云图

红外云图见图 3.129。

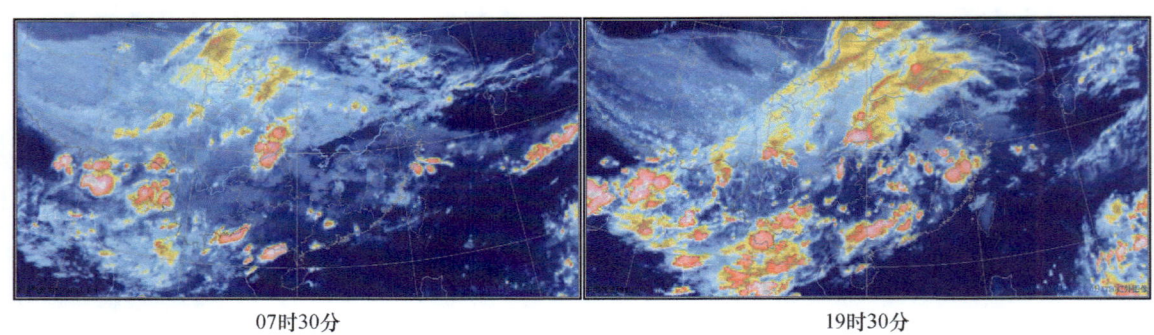

图 3.129　2017 年 9 月 9 日 7 时 30 分、19 时 30 分红外云图

7. 雷达回波分析

9 日 17：52—10 日 00：15，不断有强对流回波在长寿及其附近生成发展，此后合并成东北—西南向的带状回波，强回波中心在 50 dBZ 在以上，回波向东北方向移动，列车效应明显。10 日 00：15 后，影响长寿的回波主要以分散的回波单位为主，强度基本在 30～40 dBZ（图 3.130）。

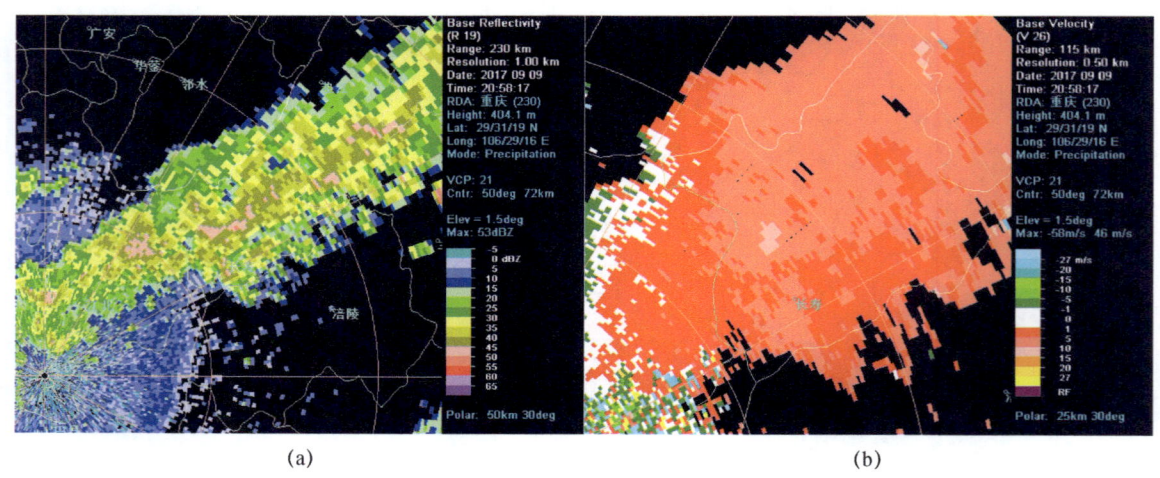

图 3.130　2017 年 9 月 9 日 20 时 58 分重庆多普勒天气雷达基本反射率因子（a），径向速度图（b）

8. 物理量指标

物理量指标见表3.28。

表3.28　2017年9月9日20时、10日08时、10日20时物理量因子

物理量指标			9月9日20时	9月10日08时	9月10日20时
水汽条件	温度（℃）	500 hPa	−4	−3	−3
		850 hPa	18	18	17
	露点温度（℃）	500 hPa	−5	−4	−4
		850 hPa	17	18	14
	相对湿度（%）	700 hPa	94	94	93
		850 hPa	94	100	82
	水汽通量散度（g·s^{-1}·cm^{-2}·hPa^{-1}）	700 hPa	−1.2	−0.9	15.8
		850 hPa	−1.2	−24.7	2.5
	比湿（g/kg）	700 hPa	11.76	11.76	10.27
		850 hPa	14.31	15.25	11.79
	温度露点差（℃）	700 hPa	1	1	1
		850 hPa	1	0	3
动力条件	低空风速（m/s）	850 hPa	26	18	24
	相对涡度（10^{-6}s^{-1}）	500 hPa	−16.3	−22	−6
		700 hPa	−6	−23.5	−8.3
		850 hPa	−4.5	−7.5	−13
	垂直速度（10^{-3} hPa·s^{-1}）	500 hPa	−12	11	−7
		700 hPa	−1.6	−1.7	14
		850 hPa	−0.3	−18.5	−2
	散度（10^{-6}s^{-1}）	500 hPa	71.58	74.33	74.33
		700 hPa	74.06	76.84	65.48
		850 hPa	0.51	0.5	2.55
热力条件	假相当位温 θ_{se}（℃）	500 hPa	2	2.64	3.1
		850 hPa	70.1	72.4	63.3
	假相当位温 θ_{se} 梯度（℃）	500 hPa	3	0.5	−3.3
		850 hPa	2.48	2.51	−8.85
	总温度场 TT（℃）	850 hPa	22	21	20
	温度平流（10^{-5}℃·s^{-1}）	850 hPa	22	22	18
不稳定能量条件	500 hPa 和 850 hPa 的 θ_{se} 差（℃）		19	19	15
	500 hPa 和 850 hPa 的 T 差（℃）		38	38	33
	500 hPa 和 850 hPa 的 T_d 差（℃）		−0.31	−0.36	3.86
	A 指数		74.7	194.8	21.4
	K 指数（℃）		220.5	0	0
	SI 指数（℃）		−0.19	−0.71	1.1
	CAPE（J·kg^{-1}）		0.19	0.55	0.34
	CIN（J·kg^{-1}）		−4	−3	−3
	LI 抬升指数		18	18	17
	垂直风切变 V_{WS}		−5	−4	−4

个例 28 2017 年 9 月 18 日暴雨

1. 暴雨时段

2017 年 9 月 18 日 02 时—19 日 08 时。

2. 雨情描述

2017 年 9 月 17 日夜间至 19 日白天，长寿出现了一次区域性暴雨天气过程，北部地区和中部部分地区出现大到暴雨，局地大暴雨，其余地区小到中雨（图 3.131）。累计降雨量最大为海棠镇 185.8 mm，最大小时雨强 55.3 mm（云台，9 月 18 日 06 时）。

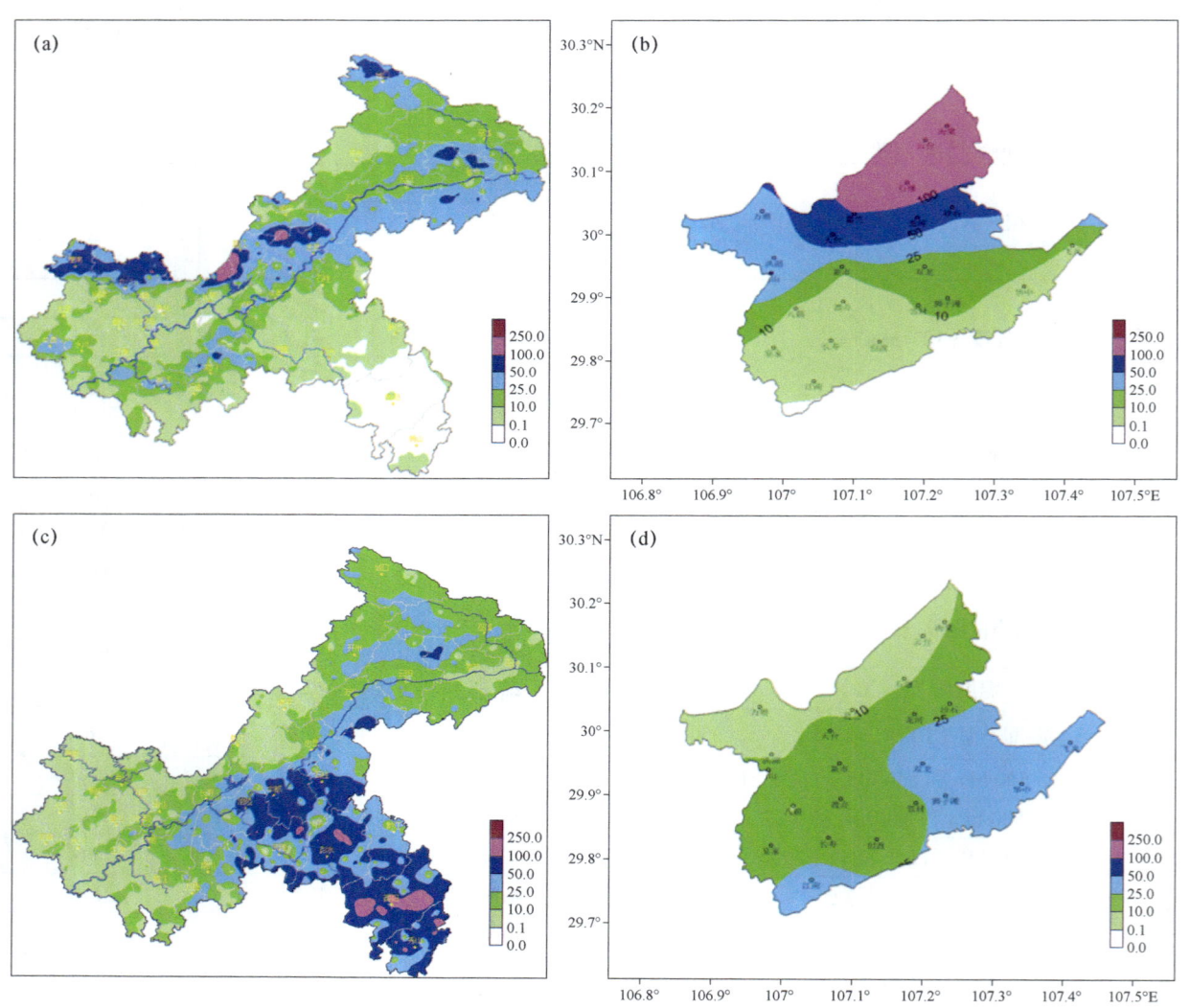

图 3.131　2017 年 9 月 17 日 20 时—18 日 20 时、9 月 18 日 20 时—19 日 20 时重庆市、长寿区降雨分布图（单位：mm）

3. 灾情描述

此次过程造成全区 20389 人不同程度受灾，紧急转移安置人口 870 人，倒塌房屋 24 间，严重损坏房屋 75 间，一般性损坏房屋 195 间，农作物受灾面积达 348.5 公顷，无人员伤亡，造成直接经济损失 4928.5 万元。

4. 形势分析

影响系统：低槽、西南涡、冷锋。

18 日 08 时，500 hPa 副高较强，588 dagpm 线控制华南、华东、西南南部地区，中高纬以纬向环流为主，多波动槽，长寿受偏西气流控制，随着高原上的波动槽东移，长寿转为偏南气流控制。

18 日 08 时，700 hPa 西南涡位于在四川盆地北部，850 hPa 西南涡位于重庆中部，长寿处于 850 hPa 西南涡中心，有明显的上升运动。18 日 08 时—19 日 08 时西南涡少动。

18 日 08 时，地面上，蒙古附近有冷高压，其分裂出的冷高压位于青海湖附近，前沿冷锋位于内蒙古中部—青海南部一线，随后冷锋南压，至 18 日 20 时，移动到长寿附近。

17 日 20 时，沙坪坝探空图上，$CAPE$ 为 875.1 J/kg，K 指数为 40 ℃，SI 指数为 −2.12 ℃，有较强的不稳定能量。

5. 天气分析图

不同层面天气图、探空图分别在图 3.132、图 3.133 中给出。

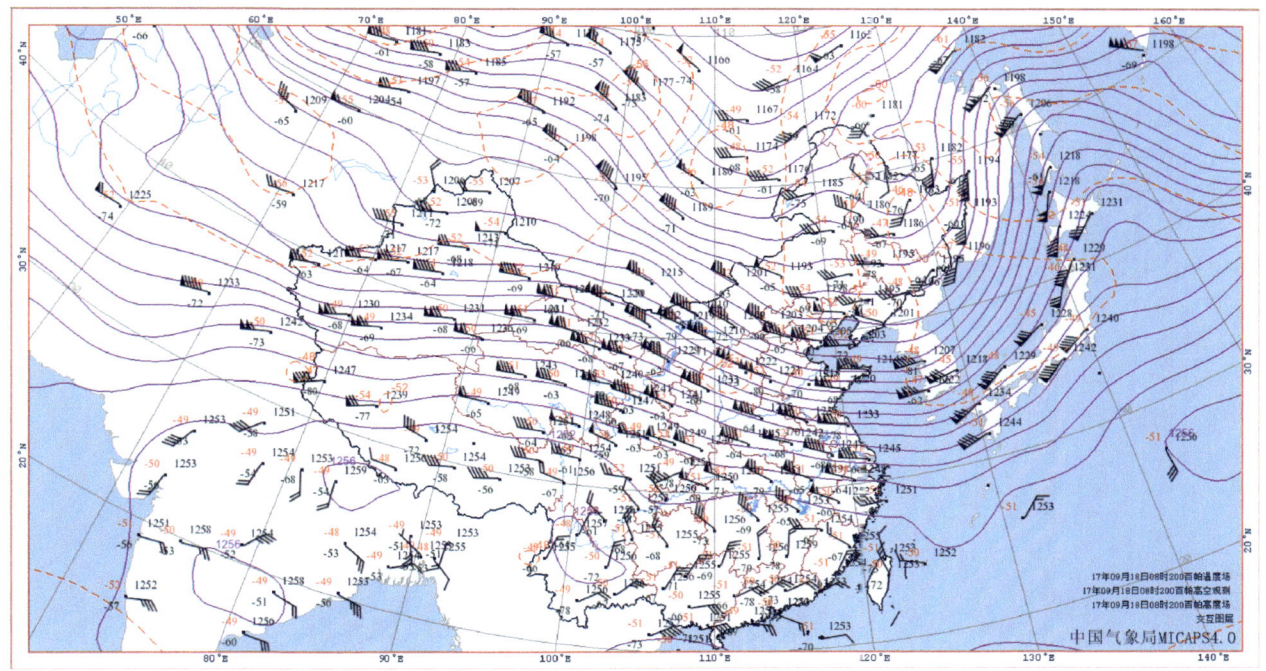

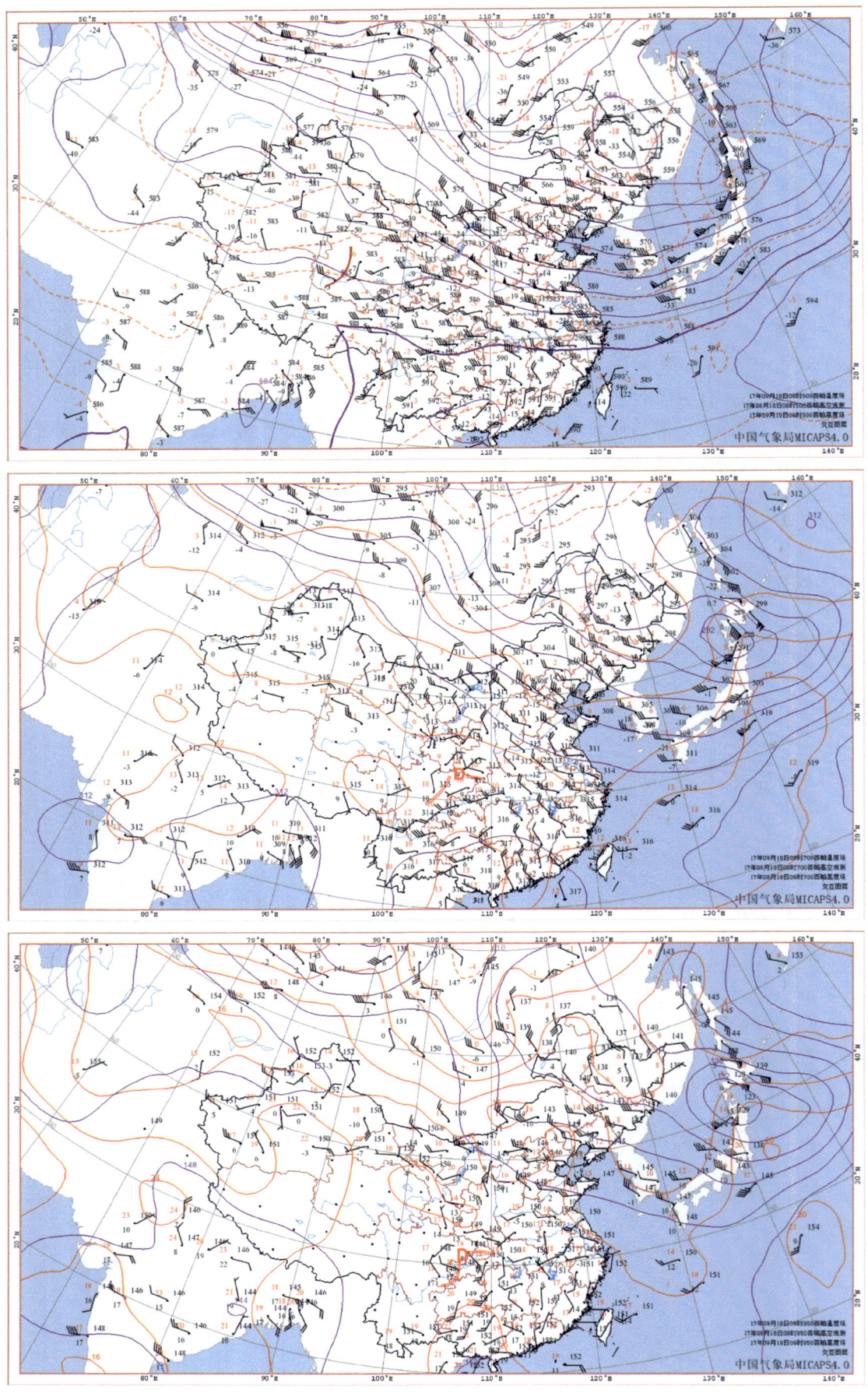

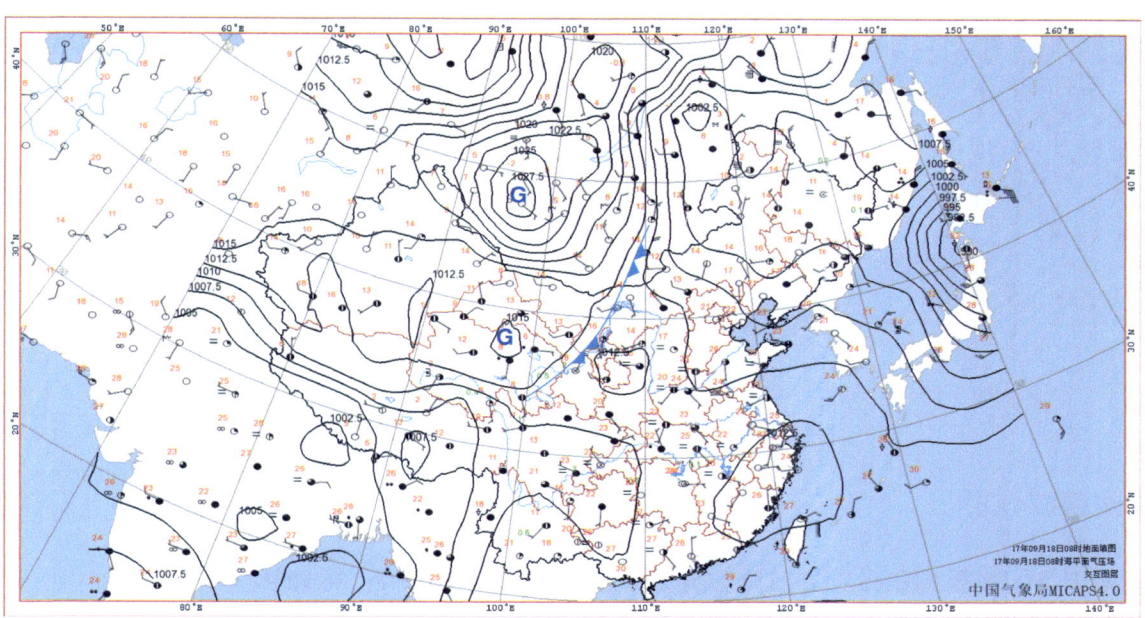

图3.132 2017年9月18日08时200 hPa、500 hPa、700 hPa、850 hPa、地面天气图

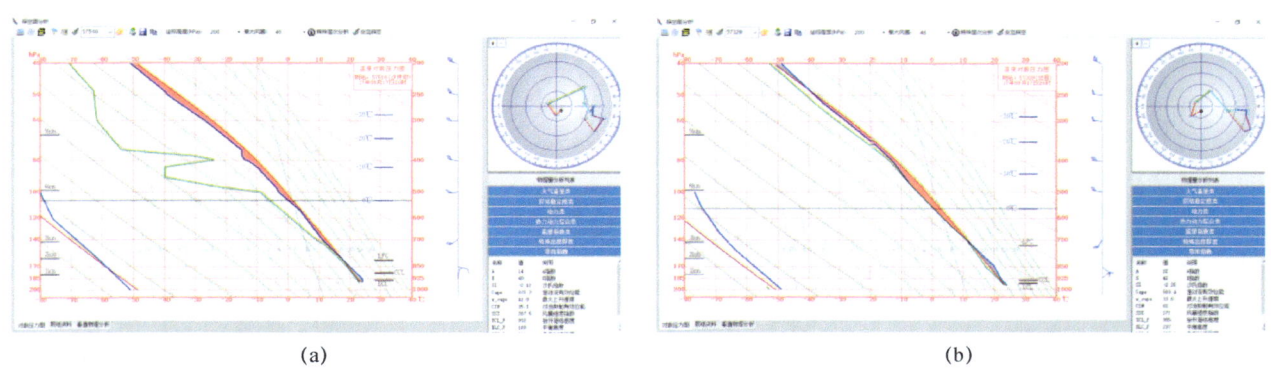

图3.133 2017年9月17日20时沙坪坝（a）、达州（b）探空图

6. 卫星云图

红外云图见图3.134。

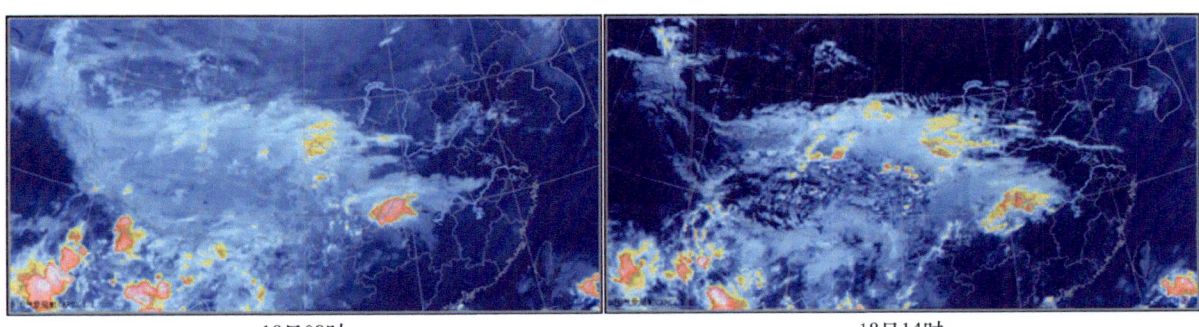

18日08时　　　　　　　　　　　　　　　18日14时

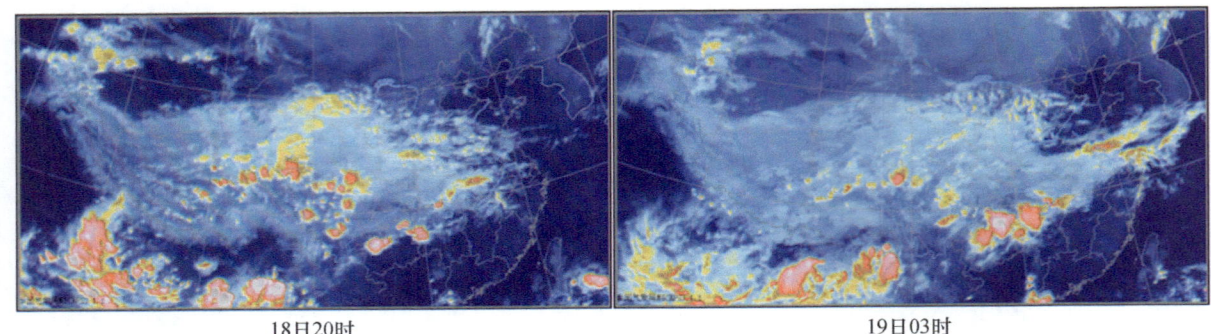

图 3.134 2017 年 9 月 18 日 08 时、14 时、20 时，19 日 03 时红外云图

7. 雷达回波分析

长寿上空主要受到积云对流回波影响，18 日 01：11—19 日 11：36 和 9 日 01：36—08：02 两个时段不断有强对流回波发展，并向偏东方向移动影响长寿，强回波中心在 45 dBZ 以上（图 3.135）；在长寿北部地区存在小范围明显的低仰角大风区，由于强回波影响长寿的时间较长，造成长寿此次暴雨天气过程，且偏北街镇出现大风天气。

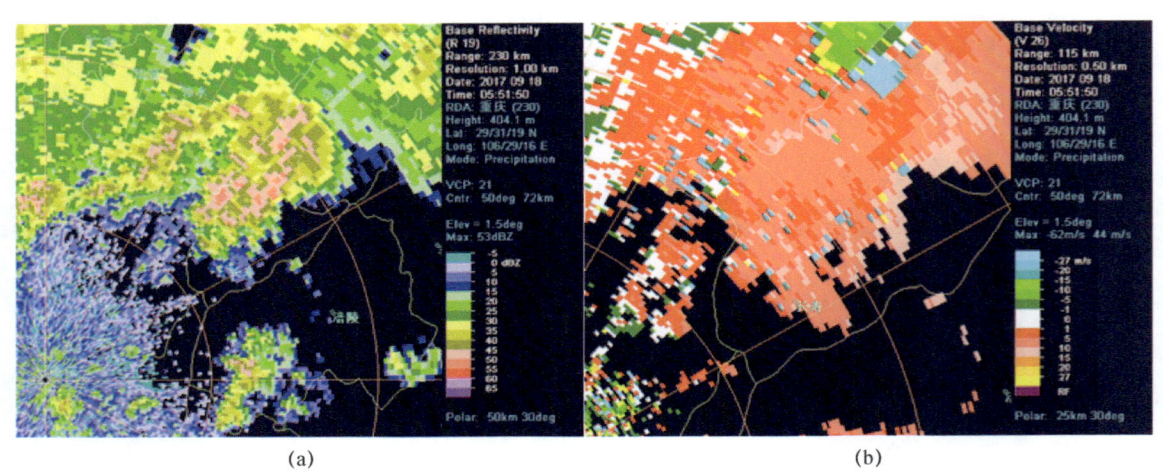

图 3.135 2017 年 9 月 18 日 5：51 重庆多普勒天气雷达基本
反射率因子（a），径向速度图（b）

8. 物理量指标

物理量指标见表 3.29。

表 3.29 2017 年 9 月 17 日 20 时、18 日 08 时、18 日 20 时、19 日 08 时物理量因子

	物理量指标		9 月 17 日 20 时	9 月 18 日 08 时	9 月 18 日 20 时	9 月 19 日 08 时
水汽条件	温度（℃）	500 hPa	−3	−5	−2	−3
		850 hPa	20	18	18	18

续表

	物理量指标		9月17日20时	9月18日08时	9月18日20时	9月19日08时
水汽条件	露点温度（℃）	500 hPa	-9	-10	-14	-4
		850 hPa	19	18	18	17
	相对湿度（%）	700 hPa	87	94	94	100
		850 hPa	94	100	100	94
	水汽通量散度 ($g \cdot s^{-1} \cdot cm^{-2} \cdot hPa^{-1}$)	700 hPa	3.1	9.4	0.4	-3.6
		850 hPa	-5	-14	-21.8	-29.5
	比湿（g/kg）	700 hPa	10.27	10.99	11.76	11.76
		850 hPa	16.25	15.25	15.25	14.31
	温度露点差（℃）	700 hPa	2	1	1	0
		850 hPa	1	0	0	1
动力条件	低空风速（m/s）	850 hPa	4.3	7.3	4.7	9
	相对涡度（$10^{-6} s^{-1}$）	500 hPa	-3	8.2	4.2	10.5
		700 hPa	4.6	17.6	25	39.6
		850 hPa	13.3	29.5	18.1	28
	垂直速度（10^{-3} hPa·s^{-1}）	500 hPa	2.2	-20	-10.3	-32
		700 hPa	-2.2	-16	-14.1	-23.4
		850 hPa	-0.7	-4	-4.8	-10
	散度（$10^{-6} s^{-1}$）	500 hPa	6.4	8	8	-8
		700 hPa	1.3	-11	0.4	-3.5
		850 hPa	-4	-8.6	-15	-17.4
热力条件	假相当位温 θ_{se}（℃）	500 hPa	68.15	64.64	65.26	74.33
		850 hPa	82.29	76.84	76.84	74.06
	假相当位温 θ_{se} 梯度（℃）	500 hPa	0.27	0.45	1.13	0.25
		850 hPa	0.49	1.88	6.5	3.7
	总温度场 TT（℃）	850 hPa	71.2	70.2	72	68.8
	温度平流（10^{-5}℃·s^{-1}）	850 hPa	1	1.3	0	0.7
不稳定能量条件	500 hPa 和 850 hPa 的 θ_{se} 差（℃）		14.14	12.2	11.58	-0.27
	500 hPa 和 850 hPa 的 T 差（℃）		23	23	20	21
	500 hPa 和 850 hPa 的 T_d 差（℃）		28	28	32	21
	A 指数		14	17	7	19
	K 指数（℃）		40	40	37	38
	SI 指数（℃）		-2.12	-2.36	0.64	0.69
	CAPE（$J \cdot kg^{-1}$）		875.1	133.9	80.1	5.3
	CIN（$J \cdot kg^{-1}$）		35.2	155.5	10.7	160.7
	LI 抬升指数		-2.33	-1.02	0.4	0.47
	垂直风切变 V_{WS}		0.59	0.34	0.38	0.33

3.3 小结

通过分析长寿 2011—2017 年 28 个暴雨个例发现，暴雨都是高低空天气系统共同作用产生的：地面冷空气起触发作用；中低层（700 hPa 和 850 hPa）的低涡、切变线有利于辐合上升运动，偏南风低空急流向暴雨区输送充沛的水汽；中层（500 hPa）的高空槽、高原涡等低压系统和切变线、东风波等扰动系统为辐合上升运动提供重要的动力条件；高层（200 hPa）的南亚高压有利于高空辐散抽吸，进而有利于该等压面以下上升运动发展。

第4章 重庆市长寿区暴雨的预报思路

4.1 长寿区暴雨的影响系统

影响长寿暴雨的天气系统在高低空都有不同的作用：地面冷空气起触发作用；中低层（700 hPa 和 850 hPa）的低涡、切变线有利于辐合上升运动，偏南风低空急流向暴雨区输送充沛的水汽；中层（500 hPa）的高空槽、高原涡、切变线、东风波等低压/扰动系统为辐合上升运动提供重要的动力条件；高层（200 hPa）的南亚高压有利于高空辐散抽吸，进而有利于该等压面以下上升运动发展。一次区域性暴雨天气过程往往是以上系统相互配合的结果。这些系统的强度、位置及相互影响决定了长寿暴雨的落区和强度。

500 hPa 的主要影响系统有西风槽、高空涡和切变线。2011—2017 年长寿区域暴雨个例中西风槽 26 个，占 92.8%；高空涡和切变线各 1 个，分别占 3.6%。

700 hPa 的主要影响系统有西南涡和切变线。由于地形的作用，部分暴雨中西南涡和切变线两者都有影响，或者在暴雨过程的不同阶段表现为不同的低压系统，在所选的 28 个个例中西南涡 17 个，占 60.7%。

850 hPa 的影响系统主要是低涡和切变线，10.7% 的暴雨个例中出现低空急流。

地面的影响系统主要有冷锋和热低压。在所选的 28 个个例中有较明显冷锋的个例 18 个，占 64.3%。

以上系统通过不同的配置发展为长寿不同类型或区域的暴雨过程。

4.2 长寿区暴雨的分型

暴雨的形成需要充足的水汽供应、强烈的上升运动以及较长的持续时间。重庆地形独特，环流系统影响复杂，水汽供应条件在不同的高度和时段分布不均，上升运动在不同的层结条件和地形条件下强弱不一，不同的影响系统造成降水持续时间的不同。因此，长寿暴雨分类复杂。大致上，长寿暴雨可以根据季节、持续性和有无冷空气影响等作如下分类。

按季节划分：春季暴雨（3—5 月）、夏季暴雨（6—8 月）、秋季暴雨（9—11 月）。在所选的 28 个个例中春季暴雨 9 个，占比 32.1%；夏季暴雨 8 个，占比 28.6%；秋季暴雨 11 个，占比 39.3%。

按降水的持续性划分：短时暴雨（12 h 以内的暴雨）、非持续性暴雨（12～24 h 以内的暴雨）、持续性暴雨（24 h 以上的暴雨）。在所选的 28 个个例中，短时暴雨 14 个，占比 50%；非持续性暴雨 11 个，占比 39.3%；持续性暴雨仅 3 个，占比 10.7%。

按有无冷空气影响划分：有冷空气影响暴雨和无冷空气影响暴雨。长寿大部分暴雨受冷空气影响，在所选的 28 个个例中有 18 个暴雨天气过程伴有明显的冷空气影响。

4.3 小结

长寿发生暴雨时 500 hPa 主要影响系统为西风槽，高空涡和切变线分别占 3.6%，700 hPa 主要影响系统有西南涡和切变线，其中西南涡影响占 60.7%，850 hPa 影响系统主要是低涡和切变线，10.7% 的暴雨个例中有低空急流作用，地面影响系统主要有冷锋和热低压，有较明显冷锋的个例占 64.3%。

第 5 章 重庆市长寿区暴雨预报模型建立及检验

5.1 暴雨与物理量的相关性分析

暴雨的发生需要水汽条件、动力条件、不稳定能量条件及热力条件等，因此暴雨预报须分析多个物理量，从暴雨发生的各个条件、多方面考虑才能比较准确地预报暴雨的发生。

通过分析长寿近 7 年各项物理量与暴雨（取暴雨发生前物理量与当日暴雨分析）的单相关系数，其中选取了 19 个与暴雨相关的物理量指标因子，分别计算与暴雨的单相关系数。除了 850 hPa 低空风速、K 指数、SI 指数和对流有效位能（$CAPE$）外，其余 15 项均通过了 0.05 显著性水平检验，如表 5.1 所示。

表 5.1 物理量因子与暴雨的相关系数

	物理量		相关系数
水汽条件	相对湿度（%）	700 hPa	0.14
		850 hPa	0.30*
	水汽通量散度（g·s^{-1}·cm^{-2}·hPa^{-1}）	700 hPa	0.52*
	比湿（g/kg）	700 hPa	0.24*
		850 hPa	0.25*
	温度露点差（℃）	850 hPa	−0.22*
动力条件	低空风速（m/s）	850 hPa	0.20
	相对涡度（10^{-6}s^{-1}）	700 hPa	0.23*
		850 hPa	0.37*
	垂直速度（10^{-3} hPa·s^{-1}）	500 hPa	0.29*
		700 hPa	0.24*
	散度（10^{-6}s^{-1}）	700 hPa	0.27*
热力条件	假相当位温 θ_{se}（℃）	850 hPa	0.26*
	假相当位温梯度 θ_{se}（℃）	500 hPa	0.26*
	总温度场 TT（℃）	850 hPa	0.29*
	温度平流（10^{-5}℃·s^{-1}）	850 hPa	0.39*
不稳定能量条件	500 hPa 和 850 hPa 的 θ_{se} 差（℃）	—	0.46*
	500 hPa 和 850 hPa 的 T 差（℃）	—	0.34*
	A 指数	—	0.33*
	K 指数	—	0.14
	SI 指数	—	−0.12
	$CAPE$（J/kg）	—	0.18
	垂直风切变	—	−0.40*

注：* 表示达到了 0.05 显著性水平检验。

5.2 分季节暴雨物理量指标

提取和计算 2011—2017 年每次暴雨天气过程长寿上空 4 个格点的水汽条件、动力抬升、热力抬升条件和不稳定条件物理量数据，建立数值化指标因子库，如表 5.2 所示。

表 5.2 长寿区各季节暴雨相关物理量指标

	物理量		指标		
			春季	夏季	秋季
水汽条件	相对湿度（%）	700 hPa	≥ 88.4	≥ 81.4	≥ 89.8
		850 hPa	≥ 78.4	≥ 73.1	≥ 91
	水汽通量散度（$g·s^{-1}·cm^{-2}·hPa^{-1}$）	700 hPa	≤ -7.1	≤ -5.2	≤ -3.7
	比湿（g/kg）	700 hPa	≥ 10.0	≥ 10.9	≥ 10.6
		850 hPa	≥ 13.8	≥ 14.5	≥ 14.4
	温度露点差（℃）	850 hPa	≤ 5.8	≤ 5.5	≤ 1.5
动力条件	低空风速（m/s）	850 hPa	≥ 6.4	≥ 6.4	≥ 6.8
	相对涡度（$10^{-6} s^{-1}$）	700 hPa	≥ 9.8	≥ 3.4	≥ 9.4
		850 hPa	≥ 16.5	≥ 16.5	≥ 16.0
	垂直速度（10^{-3} hPa·s^{-1}）	500 hPa	≤ -20.7	≤ -10.4	≤ -13.2
		700 hPa	≤ -16.6	≤ -9.9	≤ -11.2
	散度（$10^{-6} s^{-1}$）	700 hPa	≤ -8.0	≤ -2.0	≤ -2.5
热力条件	假相当位温 θ_{se}（℃）	850 hPa	≥ 75.2	≥ 80.2	≥ 75.6
	假相当位温 θ_{se} 梯度（℃）	500 hPa	≥ 1.8	≥ 1.6	≥ 1.3
	总温度场 TT（℃）	850 hPa	≥ 61.1	≥ 72.2	≥ 67.2
	温度平流（10^{-5}℃·s^{-1}）	850 hPa	≥ -0.4	≥ 0.4	≥ 1.6
不稳定能量条件	500 hPa 和 850 hPa 的 θ_{se} 差（℃）	—	≥ 7.8	≥ 5.8	≥ 8.4
	500 hPa 和 850 hPa 的 T 差（℃）	—	≥ 19.9	≥ 20.6	≥ 20.3
	A 指数	—	≥ 10.4	≥ 6.8	≥ 16.5
	K 指数	—	≥ 40.8	≥ 37.3	≥ 37.0
	SI 指数	—	≤ -2.83	≤ 0.37	≤ 0.28
	$CAPE$（J/kg）	—	≥ 262.8	≥ 533.4	≥ 274.2
	垂直风切变	—	≥ 1.34	≥ 0.53	≥ 0.51

5.3 暴雨及落区预报模型建立

5.3.1 暴雨定性预报模型

分析以上各个物理量与暴雨的关系，发现暴雨的发生与水汽条件、动力条件、热力条件关系密切，与不稳定能量条件有一定关系。由此在判断暴雨发生条件时，重点考虑水汽条件、动力条件和热力条件。具体方法如下。

在分析天气形势基础上，判断有降水过程发生时，将能反映水汽条件的物理量进行综合分析诊断，如对比湿、温度露点差、水汽通量散度、相对湿度进行诊断分析，找到产生暴雨时各个物理量的指标，判断是否有暴雨发生。将满足其指标的物理量计为"1"，不满足其指标的物理量计为"0"，然后利用下面的方法进行计算：

$$R_m = \frac{\sum A_i}{n} \times 100\%$$

A_i 表示第 i 个物理量的值。当 A_i 满足第 i 个物理量条件指标时，$A_i=1$；当 A_i 不满足第 i 个物理量指标时，$A_i=0$。n 表示暴雨各项物理量条件的个数，R_m 表示的是满足相应指标的物理量个数占总物理量个数的百分数。m 表示发生暴雨的第 m 个条件（$m=1$，2，3，4）。

当 $R_m \geq 50\%$ 时，表示满足产生暴雨的条件，有可能产生暴雨。当 $R_m < 50\%$ 时，表示不满足产生暴雨的条件，不会产生暴雨。

最后综合评价 R_1（水汽条件）、R_2（动力条件）、R_3（热力条件）、R_4（不稳定能量条件）：

（1）当 R_1、R_2、R_3、R_4 均满足 $\geq 50\%$ 时，未来 12~24 h 内一定有暴雨到大暴雨产生；
（2）当 R_1、R_2、R_3 均满足 $\geq 50\%$ 时，未来 12~24 h 内一定有暴雨产生；
（3）当 R_1、R_3 均满足 $\geq 50\%$ 且 R_4 满足 $> 25\%$ 时，未来 12~24 h 内一定有暴雨产生；
（4）当 R_1、R_2 均满足 $\geq 50\%$ 且 R_3 满足 $> 25\%$ 时，未来 12~24 h 内有暴雨发生；
（5）当 R_2、R_3 均满足 $\geq 50\%$ 且 R_1 满足 $> 25\%$ 时，未来 12~24 h 内有暴雨发生；
（6）当 R_1、R_2 均满足 $\geq 50\%$ 时，或当 R_2、R_3 均满足 $\geq 50\%$ 时，未来 12~24 h 内可能有暴雨发生；
（7）当 R_1、R_2、R_3、R_4 仅 1 个条件满足 $\geq 25\%$ 时，未来 12~24 h 内发生暴雨的可能性低。

5.3.2 暴雨定量预报模型

利用 Eviews9.0 软件进行数学建模，分析暴雨与各物理量间的关系，科学定量判断发生暴雨的概率，数学建模结果如表 5.3 所示。

表 5.3 长寿区暴雨定量预报模型

暴雨预报模型	R^2	F-statistics	DW
$Y_1=1.04x_2-12.23x_4+3.11x_6-3.57x_7+1.05x_8+0.75x_9+5.07x_{14}+2.12x_{17}+4.36x_{18}+4.68x_{20}+5.43x_{21}-32.15x_{23}-151.71$	0.903	0.000016	2.02982
$Y_2=-2.23x_1+2.02x_2-0.95x_3-19.37x_4+2.84x_6-6.32x_7+1.33x_8+1.17x_9-1.48x_{10}+1.16x_{11}+1.98x_{12}+5.89x_{14}+2.5x_{17}+2.11x_{18}+0.45x_{19}+15.65x_{20}+18.27x_{21}-25.18x_{23}-337.39$	0.966	0.000166	2.49879
$Y_3=-1.26x_1+1.85x_2-1.01x_3-18.4x_4+3.23x_6-5.25x_7+1.46x_8+1.05x_9+1.17x_{12}+5.72x_{14}+2.29x_{17}+3.43x_{18}+11.5x_{20}+13.37x_{21}-28.1x_{23}-284.14$	0.933	0.00008	2.17150
$Y_4=0.84x_2-5.33x_4+2.43x_6-3.11x_7+0.99x_8+0.69x_9+5.62x_{14}+2.12x_{17}+4.14x_{18}-25.72x_{23}-31.9$	0.877	0.000007	1.87488

5.3.3 暴雨落区预报模型

暴雨的发生常常伴有低空急流或西南暖湿气流与北方南下的冷空气交汇，形成（低涡）切变线，暴雨发生在低空急流的左侧，低空切变线附近或低涡切变的东侧、南侧。因此，在天气分析时，依靠低空风场的变化确定中小尺度天气系统，可以作为暴雨预报的关键。选取 850 hPa 南、北经向风（受长寿区位限制，长寿以南和以北实况资料太少，这里选取的南北经向风资料来源于 ECMWF 再分析资料），计算南北风指数。根据南北风指数的大小，判断暴雨落区站点出现的概率，概率值越大代表该站所在区域内越容易出现暴雨。

北风指数：

$$N_n = \frac{\sum_{n=1}^{n} v(i)}{n} \quad (n=8)$$

其中，$v(i)$ 是径向风分量，n 是长寿以北的 8 个格点（106.02°E，30.49°N；106.26°E，30.49°N；106.49°E，30.49°N；106.74°E，30.49°N；106.98°E，30.49°N；107.24°E，30.49°N；107.49°E，30.49°N；107.75°E，30.49°N）。

南风指数：

$$S_n = \frac{\sum_{n=1}^{n} v(i)}{n} \quad (n=8)$$

其中，$v(i)$ 是径向风分量，n 是长寿以南的 8 个格点（106.02°E，29.38°N；106.26E，29.38°N；106.49°E，29.3°N；106.74°E，29.38°N；106.98°E，29.38°N；107.24°E，29.38°N；107.49°E，29.38°N；107.75°E，29.38°N）。

南北风指数区间的确定：
（1）$N<0$ 且 $S<0$；
（2）$0<N<3$ 且 $0<S<4$；
（3）$3 \leqslant N$ 且 $4 \leqslant S$；

分别统计南北风指数在以上 3 种情况下（向北为正，向南为负），各区域站出现暴雨的概率：

$$P_i = \left(\frac{i}{i_{\text{sum}}}\right) \times 100\%$$

i 表示单站出现暴雨的次数；sum 表示每一个分类中该站点出现暴雨的总次数；P_i 表示某站点出现暴雨占总次数的概率。表 5.4 为长寿的南北风指数；表 5.5 为南北风指数对应的长寿地区暴雨落区概率。

表 5.4 南北风指数

个例	北风指数（N）	南风指数（S）	指数对应的时间
2011.5.21 暴雨	6.115928979	9.748695925	2011.5.21.08
2011.10.1 暴雨	−0.924502123	−0.375326695	2011.10.1.08
2012.5.11 暴雨	5.8723315	7.945288413	2012.5.11.08
2012.5.29 暴雨	5.022572763	5.762362725	2012.5.28.20
2012.9.1 暴雨	10.64894373	9.786905213	2012.9.1.08
2012.9.11 暴雨	6.063929248	8.108957288	2012.9.11.08
2013.5.14 暴雨	4.532522188	5.402717038	2013.5.13.08
2013.5.25 暴雨	0.506148494	0.374623988	2013.5.24.08
2013.5.29 暴雨	0.891283469	0.82131488	2013.5.28.08
2013.6.9 暴雨	5.379067713	5.819944338	2013.6.8.08
2013.9.2 暴雨	2.4575218	2.668191775	2013.9.1.20
2014.3.20 暴雨	−5.748336516	−0.304934955	2014.3.19.20
2014.9.13 暴雨	3.077316113	4.853382075	2014.9.13.08

续表

个例	北风指数（N）	南风指数（S）	指数对应的时间
2014.9.18 暴雨	2.387316428	1.205061355	2014.9.17.20
2015.6.1 暴雨	4.91940125	5.438420363	2015.5.31.20
2015.6.17 暴雨	−0.66830089	−0.525868509	2015.6.16.20
2015.7.22 暴雨	1.272628238	1.678968888	2015.7.21.20
2015.8.18 暴雨	5.655119163	4.2259017	2015.8.17.20
2015.9.5 暴雨	1.616677928	1.484067412	2015.9.4.20
2015.9.11 暴雨	4.82563415	4.078460363	2015.9.10.20
2016.5.7 暴雨	3.799975875	3.9868153	2016.5.6.20
2016.6.30 暴雨	5.000013488	6.854190213	2016.6.30.08
2017.5.19 暴雨	7.83323	7.967730063	2017.5.18.08
2017.5.22 暴雨	4.174355425	2.869231463	2017.5.22.08
2017.8.8 暴雨	−3.120980568	−2.272662281	2017.8.8.08
2017.9.2 暴雨	2.563675663	2.907500813	2017.9.1.08
2017.9.10 暴雨	3.610802351	5.580204575	2017.9.9.08
2017.9.18 暴雨	1.548210516	1.903163855	2017.9.17.20

表 5.5 南北风指数对应的暴雨落区概率

区域站名	暴雨概率（%）		
	$N<0$ 且 $S<0$	$0<N<3$ 且 $0<S<4$	$N \geq 3$ 且 $S \geq 4$
万顺	15	7	18
西山	10	16	15
洪湖	5	7	11
海棠	10	9	12
龙河	15	13	12
天台	0	16	15
新市	10	16	17
沙石	10	18	9
云台	0	13	14
渡舟	15	11	17
八颗	15	11	11
双龙	10	11	11
邻封	10	9	14
华中	10	11	8
长寿湖	10	9	11
江南	10	11	11
长寿	10	11	15

续表

区域站名	暴雨概率（%）		
	$N<0$ 且 $S<0$	$0<N<3$ 且 $0<S<4$	$N\geq3$ 且 $S\geq4$
但渡	0	9	9
飞龙	10	7	6
宴家	10	9	12
葛兰	5	7	8
石堰	5	11	11

5.4 暴雨及落区预报模型个例检验

利用上述建立的暴雨预报模型对2018—2019年6次降雨天气过程进行检验，结果如下。

5.4.1 天气过程降雨实况

（1）2018年"4·5"暴雨

2018年4月4日夜间到5日白天，长寿出现一次暴雨天气过程（图5.1），全区共出现暴雨5站（飞龙68.9 mm，华中67.2 mm，江南53.2 mm，渡舟53.7 mm，沙石50.0 mm），大雨13站，其余小到中雨。

（2）2018年"7·6"暴雨

2018年7月6日白天到夜间，长寿出现一次暴雨天气过程（图5.2），全区共出现暴雨6站（八颗93 mm，云台91 mm，石堰73.4 mm，双龙67.2 mm，龙河64.2 mm，渡舟56.5 mm），大雨8站，其余小雨到中雨。

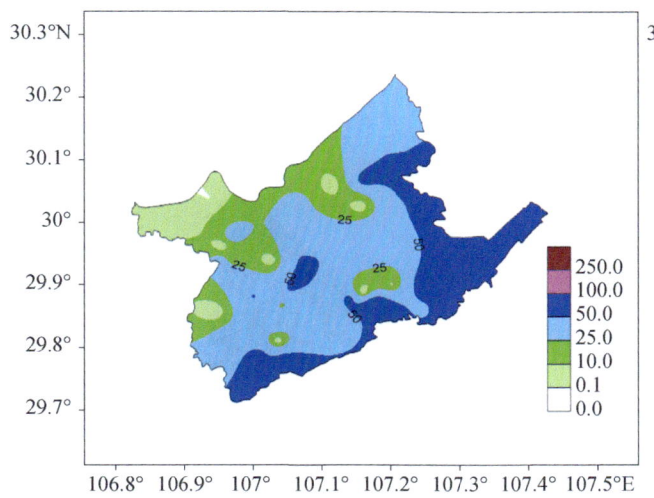

图5.1 2018年4月4日20时—5日20时长寿区降雨量分布图（单位：mm）

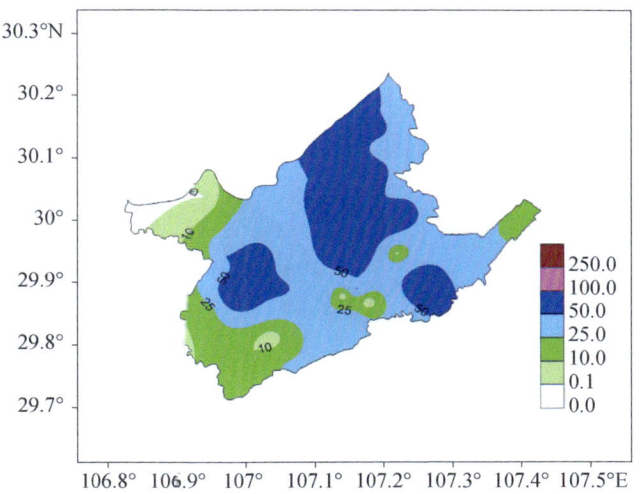

图5.2 2018年7月6日08时—7日08时长寿区累计雨量降雨量分布图（单位：mm）

（3）2018年"7·30"暴雨

2018年7月30日白天到夜间，长寿区偏南街镇普降暴雨，中部和北部普降中到大雨（图5.3），全区共出现暴雨7站（邻封70.7 mm，渡舟56.0 mm，长寿湖53.9 mm，双龙52.8 mm，宴家52.2 mm，但渡51.6 mm，飞龙50.4 mm），大雨11站，其余小到中雨。

（4）2018年"9·25"暴雨

2018年9月24日白天到夜间，长寿区普降暴雨，局地大暴雨（图5.4）。全区共出现大暴雨1站（邻封101.8 mm），暴雨12站（江南90.5 mm，但渡70.3 mm，飞龙65.4 mm，双龙63.2 mm，西山61.4 mm，长寿60.1 mm，八颗60.0 mm，渡舟58.6 mm，华中58.0 mm，云台57.0 mm，海棠56.8 mm，天台50.6），其余大雨。

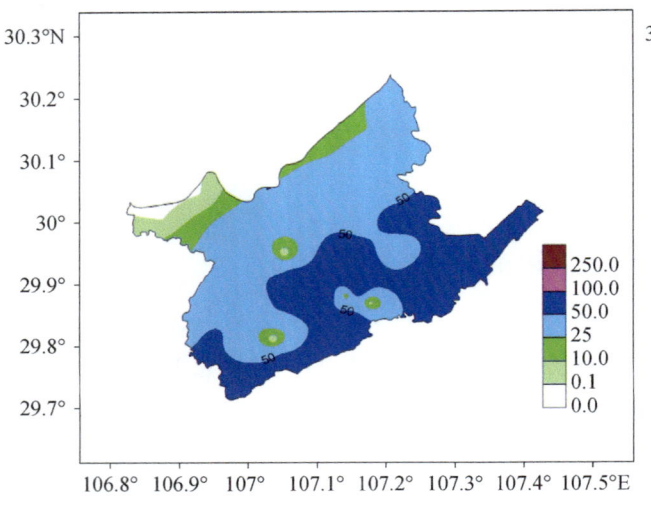

图5.3　2018年7月30日20时—31日20时长寿区降雨量分布图（单位：mm）　　图5.4　2018年9月24日20时—25日20时长寿区降雨量分布图（单位：mm）

（5）2019年"4·20"强降雨

2019年4月20日白天到夜间，长寿普降大到暴雨（图5.5），全区共出现暴雨3站（渡舟64.7 mm、邻封62.2 mm、双龙51.0 mm），其余中到大雨。

（6）2019年"5·12"降雨

2019年5月11日夜间到12日白天，长寿普降中到大雨（图5.6），雨量15～35 mm，其中石堰站雨量最大为34.2 mm。

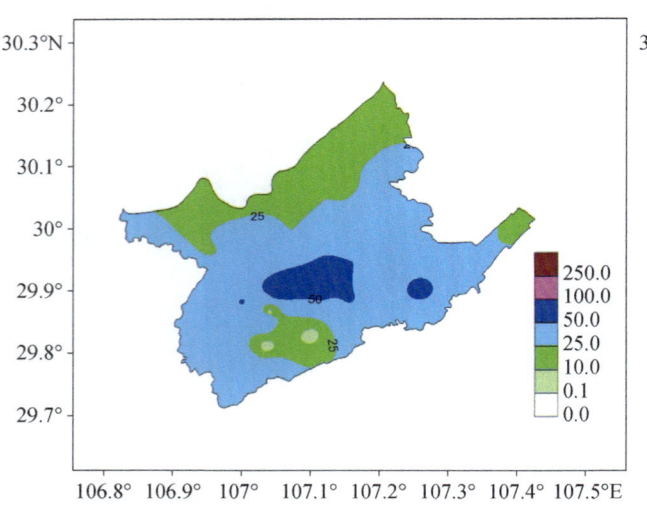
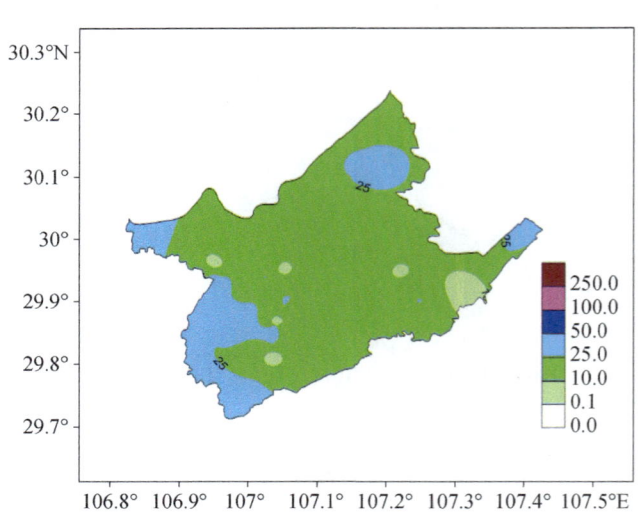

图5.5　2019年4月20日02时—21日02时长寿区降雨量分布图（单位：mm）　　图5.6　2019年5月11日20时—12日20时长寿区降雨量分布图（单位：mm）

5.4.2 暴雨及落区预报模型检验

对上述 6 次降雨天气过程进行暴雨及落区预报准确率的检验。

（1）根据 4 月 5 日 08 时物理量数据计算得出，此次天气过程水汽条件诊断结果为 50%、动力条件诊断结果为 100%、热力条件诊断结果为 25%、不稳定能量条件诊断结果为 57.1%，满足暴雨定性预报模型第 3 条，即未来 12～24 h 内一定有暴雨发生，判断有无暴雨准确率为 100%。暴雨定量预报模型 Y_1、Y_3、Y_4 计算雨量达暴雨量级，Y_2 计算雨量为大雨，判断暴雨发生准确率为 75%。落区预报模型判断暴雨落区概率依次为万顺（18%）、新市（17%）、渡舟（17%）、长寿（15%）、西山（15%）、天台（15%）、云台（14%）、邻封（14%）、海棠（12%）、龙河（12%）、晏家（12%）、石堰（11%）、八颗（11%）、双龙（11%）、长寿湖（11%），预报与实况落区准确率为 20%，如表 5.6 所示。

表 5.6　2018 年 "4 · 5" 暴雨及落区预报模型诊断

	物理量	层次	实况	指标	诊断结果
水汽条件	相对湿度（%）	700 hPa	89	≥ 88.4	1
		850 hPa	91	≥ 78.4	1
	水汽通量散度（g·s^{-1}·cm^{-2}·hPa^{-1}）	700 hPa	−6	≤ −7.1	0
	比湿（g/kg）	700 hPa	8.18	≥ 10.0	0
		850 hPa	9.6	≥ 13.8	0
	温度露点差（℃）	850 hPa	1.5	≤ 5.8	1
	水汽条件结果		50%		
动力条件	低空风速（m/s）	850 hPa	10.7	≥ 6.4	1
	相对涡度（10^{-6}s^{-1}）	700 hPa	56	≥ 9.8	1
		850 hPa	38	≥ 16.5	1
	垂直速度（10^{-3} hPa·s^{-1}）	500 hPa	−46	≤ −20.7	1
		700 hPa	−20.5	≤ −16.6	1
	散度（10^{-6}s^{-1}）	700 hPa	−17	≤ −8.0	1
	动力条件结果		100%		
热力条件	假相当位温 θ_{se}（℃）	850 hPa	53.77	≥ 75.2	0
	假相当位温 θ_{se} 梯度（℃）	500 hPa	2.2	≥ 1.8	1
	总温度场 TT（℃）	850 hPa	47	≥ 61.1	0
	温度平流（10^{-5}℃·s^{-1}）	850 hPa	−14	≥ 0.4	0
	热力条件结果		25%		
不稳定能量条件	500 hPa 和 850 hPa 的 θ_{se} 差（℃）	—	0.43	≥ 7.8	0
	500 hPa 和 850 hPa 的 T 差（℃）	—	22.3	≥ 19.9	1
	A 指数	—	13.1	≥ 10.4	1
	K 指数	—	26.7	≥ 40.8	0
	SI 指数	—	−4.77	≤ −2.83	1
	$CAPE$（J/kg）	—	1496.6	≥ 262.8	1
	垂直风切变	—	0.18	≥ 1.34	0
	不稳定能量条件结果		57.1%		

续表

物理量	层次	实况	指标	诊断结果
暴雨模型一：预报结论			R_1、R_2、R_4 均大于等于 50%，R_3 大于等于 25%。满足暴雨预报模型第三条，判定为未来 12~24 h 一定有暴雨发生	
预报模型 Y_1（mm）	预报模型 Y_2（mm）	预报模型 Y_3（mm）	预报模型 Y_4（mm）	降雨量实况（mm）
100.24	29.08	86.46	123.65	58.8
暴雨模型二：预报准确率		75%		
暴雨落区预报	南北风指数	$N \geqslant 3$ 且 $S \geqslant 4$ 区间最大落区概率预报		实况
	$N=11.52$ $S=12.34$	万顺（18%）、西山（15%）、海棠（12%）、龙河（12%）、天台（15%）、新市（17%）、云台（14%）、渡舟（17%）、邻封（14%）、长寿（15%）、晏家（12%）、石堰（11%）、八颗（11%）、双龙（11%）、长寿湖（11%）		飞龙、华中、江南、渡舟、沙石
暴雨落区预报准确率		20%		

（2）根据 7 月 6 日 20 时物理量数据计算得出，此次天气过程水汽条件诊断结果为 83.3%、动力条件诊断结果为 16.7%、热力条件诊断结果为 50%、不稳定能量条件诊断结果为 100%，则满足暴雨定性预报模型第 2 条，即未来 12~24 h 内一定有暴雨到大暴雨产生，判断有无暴雨准确率为 100%。暴雨定量预报模型 Y_1、Y_4 计算雨量达暴雨量级，模型 Y_2 计算雨量为中雨，Y_3 计算雨量为大雨，判断暴雨发生准确率为 50%。落区预报模型判断暴雨落区概率依次为万顺（18%）、渡舟（17%）、新市（17%）、西山（15%）、长寿（15%）、天台（15%）、邻封（14%）、云台（14%）、海棠（12%）、龙河（12%）、晏家（12%）、石堰（11%）、八颗（11%）、双龙（11%）、长寿湖（11%），预报与实况落区准确率达 100%，如表 5.7 所示。

表 5.7　2018 年"7·6"暴雨及落区预报模型诊断

	物理量	层次	实况	指标	诊断结果
水汽条件	相对湿度（%）	700 hPa	93	$\geqslant 81.4$	1
		850 hPa	95	$\geqslant 73.1$	1
	水汽通量散度（$g \cdot s^{-1} \cdot cm^{-2} \cdot hPa^{-1}$）	700 hPa	0.7	$\leqslant -5.2$	0
	比湿（g/kg）	700 hPa	12.65	$\geqslant 10.9$	1
		850 hPa	17.41	$\geqslant 14.5$	1
	温度露点差（℃）	850 hPa	0.9	$\leqslant 5.5$	1
	水汽条件结果		83.3%		
动力条件	低空风速（m/s）	850 hPa	3.3	$\geqslant 6.4$	0
	相对涡度（$10^{-6} s^{-1}$）	700 hPa	12	$\geqslant 3.4$	1
		850 hPa	12.7	$\geqslant 16.5$	0
	垂直速度（10^{-3} hPa·s^{-1}）	500 hPa	5	$\leqslant -10.4$	0
		700 hPa	0	$\leqslant -9.9$	0
	散度（$10^{-6} s^{-1}$）	700 hPa	0	$\leqslant -2.0$	0
	动力条件结果		16.7%		

续表

	物理量	层次	实况	指标	诊断结果
热力条件	假相当位温 θ_{se}（℃）	850 hPa	87.03	≥80.2	1
	假相当位温 θ_{se} 梯度（℃）	500 hPa	0.2	≥1.6	0
	总温度场 TT（℃）	850 hPa	76	≥72.2	1
	温度平流（10^{-5}℃·s^{-1}）	850 hPa	−0.5	≥0.4	0
	热力条件结果	\multicolumn{4}{c}{50%}			
不稳定能量条件	500 hPa 和 850 hPa 的 θ_{se} 差（℃）	—	5.84	≥5.8	1
	500 hPa 和 850 hPa 的 T 差（℃）	—	21.5	≥20.6	1
	A 指数	—	21.9	≥6.8	1
	K 指数	—	40.5	≥37.3	1
	SI 指数	—	−1.03	≤0.37	1
	$CAPE$（J/kg）	—	860.9	≥533.4	1
	垂直风切变	—	0.78	≥0.53	1
	不稳定能量条件结果	100%			
综合结论		R_1，R_3，R_4 均大于等于 50%，满足暴雨预报模型第二条，判断未来 12～24 h 一定会有暴雨发生。			

预报模型 Y_1（mm）	预报模型 Y_2（mm）	预报模型 Y_3（mm）	预报模型 Y_4（mm）	降雨量实况（mm）
55.84	12.17	46.65	67.29	73.9
暴雨发生概率		50%		

暴雨落区预报	南北风指数	3≤N 且 S≥4 区间最大落区概率预报	实况
	N=1.13 S=1.18	万顺（18%）、西山（15%）、海棠（12%）、龙河（12%）、天台（15%）、新市（17%）、云台（14%）、渡舟（17%）、邻封（14%）、长寿（15%）、晏家（12%）、石堰（11%）、八颗（11%）、双龙（11%）、长寿湖（11%）	八颗、云台、石堰、双龙、龙河、渡舟
落区预报准确率		100%	

（3）根据 7 月 30 日 08 时物理量资料分析可知：此次天气过程水汽条件诊断结果为 50%、动力条件诊断结果为 66.7%、热力条件诊断结果为 75%、不稳定能量条件诊断结果为 100%，满足暴雨定性预报模型第 1 条，即未来 12～24 h 一定会有暴雨到大暴雨产生，判断有无暴雨准确率为 100%。暴雨定量预报模型 Y_1、Y_2、Y_3、Y_4 计算雨量均达暴雨量级，判断暴雨发生准确率为 100%。落区预报模型判断暴雨落区概率依次为万顺（18%）、新市（17%）、渡舟（17%）、西山（15%）、天台（15%）、长寿（15%）、云台（14%）、邻封（14%）、海棠（12%）、龙河（12%）、晏家（12%）、石堰（11%）、八颗（11%）、双龙（11%）、长寿湖（11%），实况出现的 7 个站中有 5 个站包含在内，判断暴雨落区准确率为 71.4%，如表 5.8 所示。

表 5.8　2018 年 "7·30" 暴雨及落区预报模型诊断

	物理量	层次	实况	指标	诊断结果
水汽条件	相对湿度（%）	700 hPa	77	≥ 81.4	0
		850 hPa	74	≥ 73.1	1
	水汽通量散度（$g \cdot s^{-1} \cdot cm^{-2} \cdot hPa^{-1}$）	700 hPa	-23	≤ -5.2	1
	比湿（g/kg）	700 hPa	9.27	≥ 10.9	0
		850 hPa	14.13	≥ 14.5	0
	温度露点差（℃）	850 hPa	4.8	≤ 5.5	1
	水汽条件诊断结果		50%		
动力条件	低空风速（m/s）	850 hPa	5.7	≥ 6.4	0
	相对涡度（$10^{-6} s^{-1}$）	700 hPa	-6	≥ 3.4	0
		850 hPa	20	≥ 16.5	1
	垂直速度（10^{-3} hPa·s^{-1}）	500 hPa	-36	≤ -10.4	1
		700 hPa	-10	≤ -9.9	1
	散度（$10^{-6} s^{-1}$）	700 hPa	-22	≤ -2.0	1
	动力条件诊断结果		66.7%		
热力条件	假相当位温 θ_{se}（℃）	850 hPa	77.94	≥ 80.2	0
	假相当位温 θ_{se} 梯度（℃）	500 hPa	1.6	≥ 1.6	1
	总温度场 TT（℃）	850 hPa	73.8	≥ 72.2	1
	温度平流（10^{-5}℃·s^{-1}）	850 hPa	0.4	≥ 0.4	1
	热力条件诊断结果		75%		
不稳定能量条件	500 hPa 和 850 hPa 的 θ_{se} 差（℃）	—	9.55	≥ 5.8	1
	500 hPa 和 850 hPa 的 T 差（℃）	—	24.5	≥ 20.6	1
	A 指数	—	9.8	≥ 6.8	1
	K 指数	—	37.4	≥ 37.3	1
	SI 指数	—	-0.61	≤ 0.37	1
	$CAPE$（J/kg）	—	716.5	≥ 533.4	1
	垂直风切变	—	0.95	≥ 0.53	1
	不稳定能量条件诊断结果		100%		
综合结论			R_1，R_2，R_3，R_4 均大于等于 50%，满足暴雨预报模型第一条，判断未来 12~24 h 一定有暴雨到大暴雨发生		

预报模型 Y_1（mm）	预报模型 Y_2（mm）	预报模型 Y_3（mm）	预报模型 Y_4（mm）	降雨量实况（mm）
88.06	80.33	86.13	87.29	64.7
暴雨发生概率			100%	

续表

物理量		层次	实况	指标	诊断结果
暴雨落区预报	南北风指数		$N=1.76$ $S=4.17$	$3 \leq N$ 且 $S \geq 4$ 区间最大落区概率预报	实况
				万顺（18%）、西山（15%）、海棠（12%）、龙河（12%）、天台（15%）、新市（17%）、云台（14%）、渡舟（17%）、邻封（14%）、长寿（15%）、晏家（12%）、石堰（11%）、八颗（11%）、双龙（11%）、长寿湖（11%）	邻封、渡舟、长寿湖、双龙、宴家、但渡、飞龙
落区预报准确率			71.4%		

（4）根据9月24日08时物理量数据计算可知：此次天气过程水汽条件诊断结果为66.7%，动力条件诊断结果为66.7%，热力条件诊断结果为50%，不稳定能量条件诊断结果为0%，满足暴雨定性预报模型标准第2条，即未来12~24 h内一定有暴雨发生，判断有无暴雨准确率为100%。暴雨定量预报模型Y_1、Y_2、Y_3、Y_4计算雨量均达暴雨量级，判断暴雨发生准确率为100%。落区预报模型准确率达69.3%，如表5.9所示。

表5.9 2018年"9·25"暴雨及落区预报模型诊断

	物理量	层次	实况	指标	诊断结果
水汽条件	相对湿度（%）	700 hPa	91	≥ 89.8	1
		850 hPa	91	≥ 91	1
	水汽通量散度（g·s^{-1}·cm^{-2}·hPa^{-1}）	700 hPa	−7	≤ -3.7	1
	比湿（g/kg）	700 hPa	9.86	≥ 10.6	0
		850 hPa	12.66	≥ 14.4	0
	温度露点差（℃）	850 hPa	1.5	≤ 1.5	1
	水汽条件诊断结果		66.7%		
动力条件	低空风速（m/s）	850 hPa	5	≥ 6.8	0
	相对涡度（10^{-6}s^{-1}）	700 hPa	27.5	≥ 9.4	1
		850 hPa	25	≥ 16.0	1
	垂直速度（10^{-3} hPa·s^{-1}）	500 hPa	−5	≤ -13.2	0
		700 hPa	−18	≤ -11.2	1
	散度（10^{-6}s^{-1}）	700 hPa	−6	≤ -2.5	1
	动力条件诊断结果		66.7%		
热力条件	假相当位温 θ_{se}（℃）	850 hPa	67.55	≥ 75.6	0
	假相当位温 θ_{se} 梯度（℃）	500 hPa	1.3	≥ 1.3	1
	总温度场 TT（℃）	850 hPa	59.5	≥ 67.2	0
	温度平流（10^{-5}℃·s^{-1}）	850 hPa	2.4	≥ 1.6	1
	热力条件诊断结果		50%		

物理量		层次	实况	指标	诊断结果
不稳定能量条件	500 hPa 和 850 hPa 的 θ_{se} 差（℃）	—	6.68	≥ 8.4	0
	500 hPa 和 850 hPa 的 T 差（℃）	—	19.3	≥ 20.3	0
	A 指数	—	14.9	≥ 16.5	0
	K 指数	—	33	≥ 37.0	0
	SI 指数	—	3.34	≤ 0.28	0
	$CAPE$（J/kg）	—	136.2	≥ 274.2	0
	垂直风切变	—	0.27	≥ 0.51	0
不稳定能量条件诊断结果		0%			
综合结论		R_1，R_2，R_3 均大于等于 50%，满足暴雨预报模型第二条，判定未来 12～24 h 一定有暴雨发生			
预报模型 Y_1（mm）	预报模型 Y_2（mm）	预报模型 Y_3（mm）	预报模型 Y_4（mm）		降雨量实况（mm）
79.22	73.17	83.92	101.1		65.7
暴雨发生概率		100%			
暴雨落区预报		南北风指数	$3 ≤ N$ 且 $S ≥ 4$ 区间最大落区概率预报		实况
		$N=7.14$ $S=6.05$	万顺（18%）、西山（15%）、海棠（12%）、龙河（12%）、天台（15%）、新市（17%）、云台（14%）、渡舟（17%）、邻封（14%）、长寿（15%）、晏家（12%）、石堰（11%）、八颗（11%）、双龙（11%）、长寿湖（11%）		邻封、江南、但渡、飞龙、双龙、西山、长寿、八颗、渡舟、华中、云台、海棠、天台
落区预报准确率		69.3%			

（5）根据4月19日08时物理量资料计算可知：此次天气过程水汽条件诊断结果为50.0%、动力条件诊断结果为16.7%、热力条件诊断结果为50%、不稳定能量条件诊断结果为71.4%，满足暴雨定性预报模型第3条，即未来12～24 h 内一定有暴雨发生，判断有无暴雨准确率为100%。暴雨定量预报模型 Y_1、Y_2、Y_3、Y_4 计算雨量均达暴雨量级，判断暴雨发生准确率为100%。落区预报模型准确率达80.0%，如表5.10所示。

表 5.10　2019 年"4·19"暴雨及落区预报模型诊断

物理量		层次	实况	指标	诊断结果
水汽条件	相对湿度（%）	700 hPa	90	≥ 88.4	1
		850 hPa	76	≥ 78.4	1
	水汽通量散度（g·s^{-1}·cm^{-2}·hPa^{-1}）	700 hPa	1.0	≤ -7.1	0
	比湿（g/kg）	700 hPa	9.02	≥ 10.0	0
		850 hPa	12.26	≥ 13.8	0
	温度露点差（℃）	850 hPa	4.4	≤ 5.8	1
水汽条件结果		50%			

续表

	物理量	层次	实况	指标	诊断结果
动力条件	低空风速（m/s）	850 hPa	10	≥6.4	1
	相对涡度（$10^{-6}s^{-1}$）	700 hPa	5.0	≥9.8	0
		850 hPa	6	≥16.5	0
	垂直速度（10^{-3} hPa·s^{-1}）	500 hPa	0.6	≤−20.7	0
		700 hPa	−9	≤−16.6	0
	散度（$10^{-6}s^{-1}$）	700 hPa	−4.75	≤−8.0	0
	动力条件结果		16.7%		
热力条件	假相当位温 θ_{se}（℃）	850 hPa	69.25	≥75.2	0
	假相当位温 θ_{se} 梯度（℃）	500 hPa	57.98	≥1.8	1
	总温度场 TT（℃）	850 hPa	61	≥61.1	1
	温度平流（10^{-5}℃·s^{-1}）	850 hPa	−1	≥−0.4	0
	热力条件结果		50%		
不稳定能量条件	500 hPa 和 850 hPa 的 θ_{se} 差（℃）	—	11	≥7.8	1
	500 hPa 和 850 hPa 的 T 差（℃）	—	27.7	≥19.9	1
	A 指数	—	18.1	≥10.4	1
	K 指数	—	40.8	≥40.8	1
	SI 指数	—	−3.25	≤−2.83	1
	CAPE（J/kg）	—	134.0	≥262.8	0
	垂直风切变	—	0.2	≥1.34	0
	不稳定能量条件结果		71.4%		
综合结论		R_1、R_3、R_4 均大于等于 50%，满足暴雨预报模型第三条，判定未来 12~24 h 一定有暴雨发生			

预报模型 Y_1（mm）	预报模型 Y_2（mm）	预报模型 Y_3（mm）	预报模型 Y_4（mm）	降雨量实况（mm）
136	219.8	177.4	155.3	54.2

暴雨发生概率	100%		
暴雨落区预报	南北风指数	0＜N＜3 且 0＜S＜4 区间最大落区概率预报	实况
	N=2.3 S=3.5	西山（16%）、龙河（13%）、天台（16%）、新市（16%）、沙石（18%）、云台（13%）、渡舟（11%）、双龙（11%）、华中（11%）、八颗（11%）、长寿（11%）、石堰（11%）	渡舟（64.7 mm）、邻封（62.2 mm）、双龙（51 mm）、西山（48.7）、华中（44.1）
落区预报准确率	80%		

（6）根据 5 月 11 日 20 时物理量数据计算可知：此次天气过程水汽条件诊断结果为 0.0%，动力条件诊断结果为 16.7%，热力条件诊断结果为 0.0%，不稳定能量条件诊断结果为 42.8%，不满足暴雨定性预报模型任一条，即未来 12~24 h 内一定没有暴雨发生，判断有无暴雨准确率为 100%。如表 5.11 所示。

表 5.11　2019 年"5·12"暴雨及落区预报模型诊断

	物理量	层次	实况	指标	诊断结果
水汽条件	相对湿度（%）	700 hPa	32	≥88.4	0
		850 hPa	64	≥78.4	0
	水汽通量散度（g·s^{-1}·cm^{-2}·hPa^{-1}）	700 hPa		≤-7.1	
	比湿（g/kg）	700 hPa	4.24	≥10.0	0
		850 hPa	10.61	≥13.8	0
	温度露点差（℃）	850 hPa	7.0	≤5.8	0
	水汽条件结果			0%	
动力条件	低空风速（m/s）	850 hPa	16.0	≥6.4	1
	相对涡度（10^{-6}s^{-1}）	700 hPa	5.0	≥9.8	0
		850 hPa	6	≥16.5	0
	垂直速度（10^{-3} hPa·s^{-1}）	500 hPa	3.5	≤-20.7	0
		700 hPa	-13	≤-16.6	0
	散度（10^{-6}s^{-1}）	700 hPa	1.3	≤-8.0	0
	动力条件结果			16.7%	
热力条件	假相当位温 θ_{se}（℃）	850 hPa	64.9	≥75.2	0
	假相当位温 θ_{se} 梯度（℃）	500 hPa		≥1.8	
	总温度场 TT（℃）	850 hPa		≥61.1	
	温度平流（10^{-5}℃·s^{-1}）	850 hPa		≥0.4	
	热力条件结果			0%	
不稳定能量条件	500 hPa 和 850 hPa 的 θ_{se} 差（℃）	—	10.71	≥7.8	1
	500 hPa 和 850 hPa 的 T 差（℃）	—	25.7	≥19.9	1
	A 指数	—	20.3	≥10.4	1
	K 指数	—	22.1	≥40.8	0
	SI 指数	—	0.79	≤-2.83	0
	$CAPE$（J/kg）	—	0.0	≥262.8	0
	垂直风切变	—	0.27	≥1.34	0
	不稳定能量条件结果			42.8%	
	综合结论			不满足暴雨预报模型任一条，判定为未来 12~24 h 没有暴雨发生	
	实况			无暴雨	
	预报准确率			100%	

综上所述，长寿暴雨物理量集合预报模型的建立，对本地暴雨预报提供了有效的参考，2018—2019年 6 次降雨天气过程中，暴雨定性预报模型判断暴雨有无准确率为 100%，定量预报模型判断暴雨发生准确率为 75.1%，落区预报模型判断暴雨落区准确率为 55.2%。

5.5 小结

（1）通过分析 2011—2017 年各项物理量产品与暴雨单相关系数，有 15 项物理量因子与暴雨关系通过了 0.05 显著性水平检验。长寿暴雨的发生与水汽条件、动力条件、热力条件关系密切，与不稳定能量条件有一定的关系。

（2）计算 2011—2017 年 28 次暴雨个例的物理量，建立长寿暴雨预报模型，该模型判断暴雨准确率较高。2018—2019 年 6 次降雨天气过程中，暴雨定性预报模型判断暴雨有无准确率为 100%，定量预报模型判断暴雨发生准确率为 75.1%，落区预报模型判断暴雨落区准确率为 55.2%。

（3）暴雨的发生可以依靠低空风场的变化确定中小尺度天气系统，计算低层南北风指数，可作为暴雨预报的关键。根据南北风指数的大小，判断暴雨落区站点出现的概率，站次概率值越大代表该站所在区域内越容易出现暴雨。

参考文献

朱乾根,林锦瑞,寿绍文,等,2007.天气学原理(第四版)[M].北京:气象出版社.
陈贵川,刘德,张炎,等,2005.重庆市暴雨天气分析图集[M].北京:气象出版社.
崔春光,彭涛,殷志远,等,2011.暴雨洪涝预报研究的若干进展[J].气象科技进展(2):32-37.
张远,2012.河南省大暴雨预报方法研究[D].兰州:兰州大学.
王昂生,1992.台风、暴雨灾害性天气监测、预报技术研究[J].中国减灾(01):63-64.
张彩英,2017.平顶山暴雨特征分析及预报方法研究[J].农业与技术,37(022):220-221.
王坚红,杨艺亚,苗春生,2017.华南沿海暖区暴雨系统研究进展[J].气象科技进展(04):38-46.
易升杰,郑飞,肖天贵,2019.西南地区两次典型大暴雨环境场的对比分析[J].气候与环境研究(01):73-85.
王蔓,宋辞,朱家谨,2020.一次西南低涡暴雨过程特征分析[J].气候变化研究快报,9(4):8.
邱静雅,李国平,郝丽萍,2015.高原涡与西南涡相互作用引发四川暴雨的位涡诊断[J].高原气象(6):1556-1565.
翟丹华,刘德,李强,等,2014.引发重庆中西部暴雨的西南低涡特征分析[J].高原气象(1):140-147.
卢萍,翟丹华,李英,等,2014.影响重庆暴雨的三类西南低涡浅析[J].热带气象学报(4):736-746.
李强,吉莉,徐前进,等,2019.重庆地区暴雨空间分布及雨量分时特征[J].气象科技(5):859-865.
孙佳,刘晓冉,程炳岩,等,2020.重庆不同天气系统短历时设计暴雨雨型比较研究[J].暴雨灾害,39(001):96-101.
王志毅,胡春梅,吴胜刚,等,2019.重庆"6·8"大暴雨过程诊断分析[J].中低纬度山地气象(3):8-16.
张涛,2004.东北华南干旱炎热、四川重庆暴雨成灾[J].气象杂志(12):86-89.
段伯隆,刘海文,张文龙,2017.重庆夏季暴雨和非暴雨天气的西南低涡个例对比分析[J].成都信息工程大学学报(3):304-312.